U0161050

钢结构
焊接标准
（GB 50661）
应用指南

马德志　段　斌　刘景凤　主编

化学工业出版社
·北京·

内容简介

本书是对《钢结构焊接标准》GB 50661—2023 主要技术条款及相关技术发展历史、现状和未来发展趋势进行释疑和介绍，同时针对我国目前钢结构领域比较突出的焊接质量问题和事故，结合标准和工程实例进行分析、研讨。配合标准使用本书，具有较强的针对性、指导性和补充性。

本书可供从事钢结构设计、制造、施工的技术人员、质量检测监理人员、焊接操作人员参考。

图书在版编目（CIP）数据

钢结构焊接标准（GB 50661）应用指南 / 马德志，段斌，刘景凤主编. —北京：化学工业出版社，2023.6
ISBN 978-7-122-43271-1

Ⅰ. ①钢…　Ⅱ. ①马…②段…③刘…　Ⅲ. ①钢结构-焊接-规范-中国-指南　Ⅳ. ①TG457.11-65

中国国家版本馆 CIP 数据核字（2023）第 062578 号

责任编辑：周　红
责任校对：李　爽
装帧设计：王晓宇

出版发行：化学工业出版社
　　　　　（北京市东城区青年湖南街 13 号　邮政编码 100011）
印　　装：北京盛通数码印刷有限公司
787mm×1092mm　1/16　印张 19　字数 484 千字
2023 年 9 月北京第 1 版第 1 次印刷

购书咨询：010-64518888
售后服务：010-64518899
网　　址：http://www.cip.com.cn
凡购买本书，如有缺损质量问题，本社销售中心负责调换。

定　　价：108.00 元

本书编写人员名单（排名不分先后）

主　　编：马德志　段　斌　刘景凤

参编人员：张　迪　傅彦青　宋晓峰　屈朝霞

　　　　　刘　春　陈振明　邓玉孙　李翠光

　　　　　徐向军　张宣关　李宪政　张国军

　　　　　刘　强　周进兵　张睿伟　付英杰

　　　　　常好诵　王汉武　徐韶锋　张　磊

　　　　　费新华　朱文伟　苏立超　胡朝晖

　　　　　朱爱希　吴佑明　谢　琦　严洪丽

　　　　　申献辉　顾忠文　王晋华　胡相伟

　　　　　来井满　张海凤　李　洁　常海林

　　　　　孙嘉昕　张　菁　周云芳　潘长春

钢结构焊接标准
(GB 50661)
应用指南

《钢结构焊接标准》GB 50661—2023 即将正式实施。在新版的《钢结构焊接标准》修订过程中，编制组进行了广泛的调查研究，总结了国家标准《钢结构焊接标准》GB 50661—2011 实施以来的工程实践经验，借鉴了有关国际和国外先进标准，开展了多项专题研究，并以多种方式广泛征求了有关单位和专家的意见，对主要问题进行了反复讨论、协调和修改。同时，结合国家标准《钢结构工程施工质量验收标准》GB 50205 的修订工作，同步进行了全面修订和完善。

本次修订的主要技术内容有：①调整了部分章节的安排；②增加了部分术语；③对钢结构工程焊接难度等级的规定进行了调整，更具可执行性；④增加了焊接材料复验的要求，对钢材牌号、焊材型号根据国家最新版相关标准进行了修改；⑤增加了单电双细丝埋弧焊、窄间隙焊、机器人焊接方法相关内容和技术要求；⑥调整了施焊位置代号的规定；⑦增加了承受动荷载且需疲劳验算的结构焊接工艺评定的替代原则，适当扩大了静载结构焊接工艺评定的覆盖范围，对焊接工艺评定有效期的规定进行了调整，在重新进行工艺评定的规定中增加了接头和坡口形式及尺寸与焊接热处理制度变化后重新评定的内容；⑧增加了焊材储存环境的具体温度、湿度的规定；⑨增加了机器人焊接的焊缝检测判定原则；⑩增加了桥梁钢结构产品试板检验的规定；⑪完善了焊接补强与加固的相关规定。

本书作为一种辅助性教材，主要是对《钢结构焊接标准》GB 50661—2023 中的主要技术条款及相关技术发展历史、现状和未来发展趋势进行释疑与介绍，同时针对我国目前钢结构领域比较突出的焊接质量问题和事故，结合标准和工程实例进行分析和研讨，配合标准使用，具有较强的针对性、指导性和补充性。本书可供从事钢结构设计、制造、施工的技术人员以及质量检测监理人员、焊接操作人员参考。

本书的编写凝聚了所有参编人员的集体智慧，通过大家辛苦的付出才得以完成。本书在编写过程中得到戴为志、张玉玲等专家的大力支持，他们提供了大量翔实的工程实践、试验数据和资料，在此特致谢意！

同时，向本标准已故主编周文瑛教授级高级工程师致以崇高的敬意，她的广博学识、严谨作风以及爱岗敬业、刻苦钻研、甘为人梯的精神永远值得我们怀念和学习！

本书难免有不足和不妥之处，敬请读者给予指正为盼。

编者

2023 年 6 月

第 1 章

综述

1.1 国内外钢结构焊接技术发展历史及现状

1.1.1 国外焊接技术的发展历史

从 19 世纪初英国人 H.Davy 发现电弧现象后的 200 多年间，焊接、切割及其检测技术不断发展和完善，并在此基础上建立起相应的理论、规范和技术标准，从而使焊接技术作为现代工业化制造加工的最有效方法之一成为现实。让我们追随先人的脚步，简单回顾一下焊接技术的历史发展进程。

1856 年，英格兰物理学家 James Joule 发现了电阻焊原理。

1881 年，法国人 De Meritens 发明了最早期的碳弧焊机。

1888 年，俄罗斯人 Н. г. Славянов 发明了金属极电弧焊。

1898 年，德国人 Goldschmidt 发明了铝热焊。

1900 年，英国人 Strohmyer 发明了焊条电弧焊（图 1-1）。

1900 年，法国人 Fouch 和 Picard 制造出第一个氧-乙炔割炬（图 1-2）。

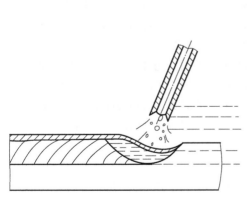

图 1-1　焊条电弧焊

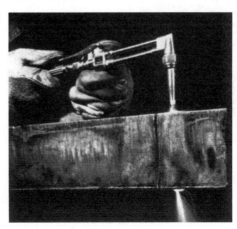

图 1-2　氧-乙炔割炬

1904 年，瑞典人奥斯卡·克杰尔贝格建立了世界上第一个电焊条厂——ESAB 公司的 OK 焊条厂。

1909 年，Schonherr 发明了等离子电弧（图 1-3）。

1916 年，安塞尔·先特·约发明了 X 射线无损探伤法。

1919 年，Comfort A.Adams 组建了美国焊接学会（AWS），如图 1-4 所示。

图 1-3　等离子电弧

图 1-4　美国焊接学会（AWS）

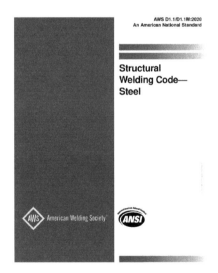

图 1-5　《钢结构焊接规范》AWS D1.1

1920 年，药芯焊丝被用于耐磨堆焊。

1926 年，美国人 Alexandre 发明了 CO_2 气体保护焊。

1928 年，第一部结构钢焊接法规《建筑结构中熔化焊和气割规范》由美国焊接学会出版发行，这部法规就是今天的《钢结构焊接规范》AWS D1.1 的前身（图 1-5）。

1929 年，超声波无损检测方法首次应用于材料检测。

1930 年，苏联人罗比诺夫发明了埋弧焊。

1941 年，美国人 Meredith 发明了钨极惰性气体保护电弧焊（氩弧焊）。

1943 年，美国人 Behl 发明了超声波焊。

1944 年，英国人 Carl 发明了爆炸焊。

1947 年，苏联人 Ворошевич 发明了电渣焊。

1953 年，苏联人柳波夫斯基、日本人关口等发明了 CO_2 气体保护电弧焊。

1955 年，美国人托姆·克拉浮德发明了高频感应焊。

1956 年，苏联人楚迪克夫发明了摩擦焊（如图 1-6 所示为中国早期的摩擦焊设备）。

1957 年，法国人施吉尔发明了电子束焊。

1957 年，苏联卡扎克夫发明了扩散焊。

1991 年，英国焊接研究所发明了搅拌摩擦焊（图 1-7）。

图 1-6　中国早期的摩擦焊设备

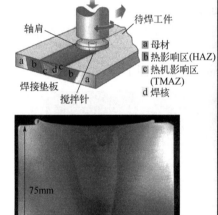

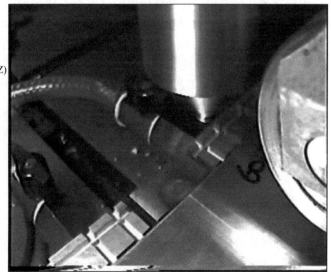

图 1-7　搅拌摩擦焊原理

　　焊接和切割技术作为一种工艺方法，最早于 20 世纪初应用于长输管线、压力容器、汽车制造、船舶修复与制造及老旧建筑的拆除等领域，如下所示。

　　1907 年，美国纽约拆除旧的中心火车站时，首次使用氧-乙炔切割技术。

　　1912 年，美国的 Edward G.Budd 公司生产出第一个使用电阻点焊焊接的全钢汽车车身。

　　1917 年，第一次世界大战期间美国使用电弧焊修理了 109 艘从德国缴获的船用发动机。

　　1917 年，美国 Webster & Southbridge 电气公司使用电弧焊设备焊接了 11mile（1mile=1.609km）长、直径为 3in（1in=2.54cm）的管线（图 1-8）。

　　1920 年，第一艘全焊接船体的汽船 Fulagar 号在英国下水。

　　1923 年，世界上第一个采用焊接方法建造的浮顶式储罐（用于储存汽油或其他化工品）建成。

图 1-8　管线焊接

　　焊接技术在建筑钢结构领域快速发展得益于18世纪欧洲工业革命以来，钢铁工业的快速发展。钢产量的提高、品种的丰富及品质的改善，迅速推动钢铁材料在各领域的应用。但相对于长输管线、压力容器、汽车制造、船舶修复与制造等行业，建筑领域应用焊接技术相对较晚，20世纪30年代起才逐渐被广泛采用，如下所示。

　　1931年，采用焊接工艺方法制造的全钢结构的美国帝国大厦（图1-9）建成。

图 1-9　美国帝国大厦

　　1933年，由 87750t 钢材焊接制造的当时世界上最高的悬索桥美国旧金山金门大桥（图1-10）建成通车。

　　焊接技术的发展，为各类金属设备和结构的加工制造提供了安全可靠的工艺方法，在提高工作效率的同时，大大降低了生产成本。

图 1-10　美国旧金山金门大桥

1.1.2　国内钢结构焊接技术的发展历程

　　钢结构焊接技术的发展离不开钢结构的发展需要，钢结构建筑属于典型的绿色环保节能型结构，与钢筋混凝土结构、砌体结构等相比，具有结构自重轻、强度高、抗震性能好、便于工业化生产、施工安装工期短等优点，符合我国发展循环经济和绿色可持续发展的要求。钢结构建筑更能体现新型建筑工业化的优势，符合我国建筑业转型升级和实现高质量发展的需求。大力发展钢结构，可大幅降低能源消耗，减少碳排放，有助于实现我国提出的 2030 年碳达峰、2060 年碳中和的碳排放总目标。同时能做到藏钢于民，加强国家对钢铁资源的战略储备，意义重大。可以说钢结构行业的发展对建筑业转型升级和高质量发展有着重要的推动作用。

　　2020 年，我国粗钢产量为 10.65 亿吨，首次突破 10 亿吨大关，同比增长 6.87%；钢结构加工量为 8900 万吨，同比增长 12.37%，2008 年以来产量平均年增长 13.3%，连续十余年保持两位数高速增长，近 10 年来钢结构的平均增速开始显著高于粗钢，钢结构推广成效显现。我国近 10 年粗钢产量及增长率和钢结构加工量及增长率见图 1-11 和图 1-12。

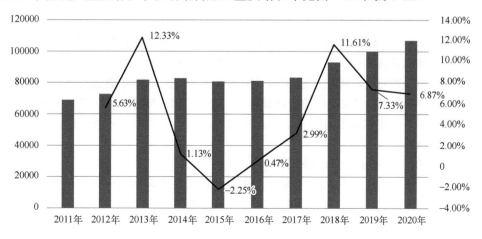

图 1-11　我国近 10 年粗钢产量及增长率

■ 全国粗钢产量(万吨)；── 增长率

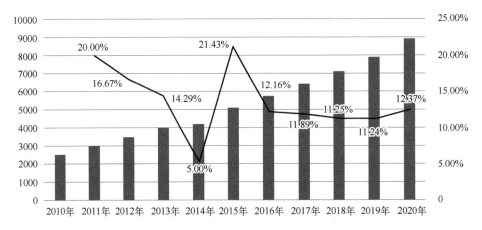

图 1-12　我国近 10 年全国钢结构加工量及增长率

■ 钢结构加工量(万吨)；—— 增长率

回顾我国钢结构行业的发展历程，大致可分为四个阶段，如图 1-13 所示。

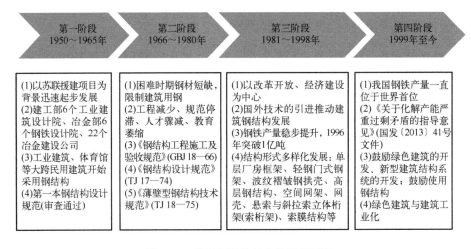

图 1-13　我国钢结构行业的发展历程

（1）第一阶段（1950~1965 年）

从 1949 年新中国诞生至 20 世纪 60 年代中期，国家初建，百废待兴。当时虽有苏联的支援，但由于基础设施和相关技术工艺落后，以及技术人才的极度匮乏，发展速度缓慢，除一些重工业和军工项目外，民用的建设项目屈指可数，如：1954 年的北京体育馆（图 1-14）、1954 年的重庆人民礼堂、1956 年的天津体育馆、1959 年的人民大会堂（图 1-15）等。即便是在上述为数不多的国家或地方的重点工程项目中，由于受当时技术条件的限制，钢结构的应用也非常有限。

（2）第二阶段（1966~1980 年）

在这期间，除一些工业厂房、仓库外，几乎没有民用建筑钢结构项目产生。20 世纪 70 年代后期，随着焊接技术的进步和低钢耗螺栓球节点网架结构（图 1-16 和图 1-17）的诞生，才使停滞不前的建筑钢结构行业显现出一丝生机。

图 1-14　北京体育馆

图 1-15　人民大会堂

图 1-16　焊接螺栓球节点网架结构

图 1-17　螺栓球节点网架结构

（3）第三阶段（1981~1998 年）

随着国家经济的快速发展，钢材产量和品种的快速增加及相关技术的发展完善，以超高层建筑（图 1-18 和图 1-19）为代表的各类民用建筑钢结构大量涌现。

图 1-18　深圳发展中心大厦
（国内第一座钢结构超高层建筑）

图 1-19　京城大厦
（第一座国内企业总承包的钢结构超高层建筑）

伴随着超高层建筑钢结构的发展，各种新颖的结构形式不断出现。如管结构（图 1-20）、悬索结构（图 1-21）、膜及索膜结构（图 1-22）等。

图 1-20　北京植物园（管结构）

图 1-21　汕头海湾大桥（悬索结构）

图 1-22　膜及索膜结构

（4）第四阶段（1999年至今）

随着国民经济的高速发展，钢产量连创新高，至2020年我国年钢产量已突破10亿吨，稳居世界第一；钢结构行业相关产业政策暖风频吹，政府出台了对行业发展有重要影响的多项政策，例如，2016年初，中央国务院关于进一步加强城市规划建设管理工作的若干意见提出，中国力争用10年左右时间，使装配式建筑占新建建筑的比例达到30%；城镇化推动下的国内建筑市场、轨道交通建设、仓储和物流园的建设及能源建设工程迅猛发展，也是钢结构行业持续向好的主要推动因素。

在此背景下，伴随着北京奥运会、上海世博会的举办以及"一带一路"倡议，京津冀协同发展、雄安新区、长江经济带、长三角一体化、粤港澳大湾区等国家发展战略的深入推广，带动了体育场馆、城市建筑以及航空、交通、铁路和文化等配套设施的建设，为钢结构的发展提供了强劲动力。一大批超高、超大、超难、结构新颖、设计独特的钢结构工程出现在全国各地，如：北京奥运场馆"鸟巢"（国家体育场，图1-23）、"水立方"（国家游泳中心，图1-24）、世界最大单口径球面射电望远镜FAST（中国天眼，图1-25）以及深圳平安金融中心大厦（图1-26）、广州电视塔（图1-27）、港珠澳大桥（图1-28）、北京大兴国际机场（图1-29）、世界第一高（385m）的凤城-梅里500kV长江大跨越输电铁塔（图1-30）等。

图1-23 国家体育场"鸟巢"

图1-24 国家游泳中心"水立方"

图 1-25　中国天眼"FAST"射电望远镜

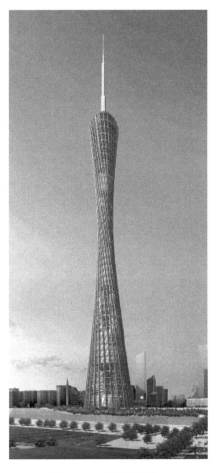

图 1-26　深圳平安金融中心大厦　　　　图 1-27　广州电视塔

图 1-28 港珠澳大桥

图 1-29 北京大兴国际机场

图 1-30 凤城-梅里 500kV 长江大跨越输电铁塔

这一时期也是我国钢结构焊接技术发展的高峰期，许多技术规范、标准、施工工艺和方法、焊接设备及材料得到创新和发展。

1.2　我国钢结构焊接技术的发展现状
和未来发展趋势

随着国家经济的快速发展，我国每年的钢产量、钢结构产量及配套焊接材料的产量逐年递增，以 2020 年为例，钢结构产量达到 8900 万吨、消耗焊接材料超过 143 万吨。在巨大需求的推动下，涉及钢结构的各项技术也得到长足的进步，可以毫不夸张地讲，目前，我国在钢结构的许多技术领域中，已经达到世界先进水平，甚至是领先水平。

根据钢结构的使用功能和外部形状，其结构形式大体可分为以下几种类型：特殊结构、超高层结构、大跨度结构、高耸结构、桥梁结构及单层和多层结构等。纵观近年来钢结构工程的发展趋势，可以简单地用"高、大、特、新、难"几个字来概括其特点。

高：越来越高，从 632m 的上海中心大厦，到 528m 的北京第一高楼中国尊，一座座"天空之城"拔地而起。据统计，在世界 10 大高楼排行榜单中，国内建筑占据了 7 席之多。

大：规模宏大，功能完善，如北京大兴国际机场工程，总建筑规模约 140 万平方米；航站楼面积 78 万平方米，设 104 座登机廊桥；地上地下一共 5 层。该工程目前已成为集轨道交通、公路交通功能于一体的世界最大空港。

特：结构新颖独特，标新立异，具有强烈的视觉冲击效果，令人震撼，过目难忘。此类建筑以"鸟巢"（国家体育场）、"水立方"（国家游泳中心）、中央电视台新台址大楼、国家大剧院等为代表。

新：各种新技术、新工艺、新材料、新方法的不断应用，体现了钢结构建筑开放、发展、与时俱进的特点，如广州电视塔 BR520C 耐候钢结构，江门中微子实验中心奥氏体不锈钢结构工程。

难：随着技术进步，以前无法想象的工程极限一个个被突破，如港珠澳大桥工程，是目前为止规模最大、标准最高（120 年）、技术最复杂的桥、岛、隧一体化的集群工程，总用钢量约 43 万吨。

焊接是钢铁的"裁缝"，焊接技术的发展进步总是与金属材料的发展和工程技术的需求相伴相生的。下面从钢结构焊接从业人员、综合技术、工艺方法与材料、设备等方面对建筑钢结构焊接技术的发展现状及未来发展趋势进行分析和展望。

1.2.1　钢结构焊接从业人员

焊接作为钢结构构件的主要连接方式之一，其质量的优劣直接关系到整个工程建设的质量，但由于焊接质量在焊后的试验或检验中，不可能充分验证是否满足标准要求，因此，从设计阶段、材料选择、施工直到检验，必须始终进行全过程管理。而焊接从业人员，包括焊接技术管理人员、焊接作业指导人员、焊工、焊接检验人员、焊接热处理人员，是焊接实施的直接或间接参与者，是焊接质量控制环节中的重要组成部分，焊接从业人员的素质是关系到焊接质量的关键因素。钢结构焊接从业人员的管理可按照国家现行标准《钢结构焊接从业人员资格认证标准》T/CECS 331 执行。

1.2.1.1 焊接技术管理人员

钢结构制作、安装中负责焊接工艺的设计、施工计划和管理的技术人员统称焊接技术管理人员。

作为焊接工作实施的组织者，焊接技术管理人员具有管理和协调的职责，其作用相当于欧美标准中的工程师，应具备与资格等级相匹配的专业知识和职务技术能力，并完成相应的焊接管理和技术任务。

目前我国技术人员的资格认定存在两套并行的体系：一是企业内部的职称评定体系；二是全国范围内统一的职业资格考试体系。前者虽有国家、地区或行业规定，但基本是企业内部行为。由于行业和技术领域的不同，标准难以统一，同一技术职称从业人员水平参差不齐在所难免。后者标准相对统一，考核严格，更适于对专业技术要求高、技术特点突出的行业或领域。但目前国内职业资格考试体系所涵盖的专业范围较窄，焊接作为一个相对独立的技术领域，只在一些隶属于政府行政管理范围内的行业，如压力容器、管道及石油化工、天然气等行业得以实行，建筑行业尚未纳入其体系范围。我国要想从根本上提高焊接工程质量，应尽快建立健全焊接从业人员的职业资格考核体系。

1.2.1.2 焊工

焊工是焊接工作的执行者，焊接质量的好坏在很大程度上取决于焊工的技能水平和敬业程度。就焊工的个体技能水平和总体数量而言，中国无疑是处于世界领先地位的。据统计，我国钢结构领域的焊接从业人员（主要指焊工）已达到120万。另外，我国每年都举办各种全国性的焊工技能大赛，各行业高度重视，选手踊跃参加，参赛选手整体的操作技能水平很高，并在国际赛场上也屡获殊荣。自2010年我国加入世界技能组织以来，已成功参加了5届世界技能大赛，在中国工程建设焊接协会的技术支持下，依托中冶建筑研究总院焊接基地，中国焊接选手在世界技能大赛中为中国取得第一块奖牌（2011年41届世界技能大赛焊接项目银牌）、第一块金牌（2015年43届世界技能大赛焊接项目金牌）并实现焊接项目三连冠（2017年44届世界技能大赛、2019年45届世界技能大赛焊接项目金牌）的骄人成绩，这些都足以证明中国在焊工技能培训方面已处于世界一流水平。但是在焊接从业人员的管理、教育及个人职业道德和敬业程度方面，我国与发达国家相比仍有一定差距。导致这种现象的主要原因有以下几方面。

（1）制度、规范

从20世纪80年代初至今，我国的社会体制发生了很大变化，从原来单一的公有制逐步向公私合营、私有制及股份制转化。体制的变化造成人员管理模式的改变。目前绝大多数企业均采取项目承包、专业分包的管理模式。专业分包多为一些私营小企业，管理不规范，人员流动性大。而焊工是一种技术性强且具有时效性的工种，所谓时效性主要是指焊工技术水平的高低和水平的维持与其从业时间和从业频度以及个体健康等因素都有密切的关系，同样是持证焊工，其真实的技能水平是有很大不同的。特别是对于参与重点工程建设的焊工，更应重视对其实际技能水平的审核，这就要求管理者应即时了解其所聘用焊工的工作状况。《钢结构焊接从业人员资格认证标准》T/CECS 331规定："凡从事钢结构制作和安装施工的焊工，均应进行理论知识和操作技能考试，认证合格者，方可从事与认证资格相符的焊接操作。"在对"手工操作技能附加考试"的一般规定中明确指出：

① 从事高层及其他大型钢结构构件制作和安装焊接的焊工，应根据钢结构的焊接节点形式、采用的焊接方法和焊工所承担的焊接工作范围及操作位置要求决定附加项目考

试内容；

　　② 凡申报参加附加项目考试的焊工，应已取得相应的手工操作基本技能资格证书。

　　但以上规定，除少数国家重点工程外，多数企业执行情况并不尽如人意，最终导致焊工管理难以到位，焊接质量良莠不齐。

　　（2）职业素质

　　根据《钢结构焊接从业人员资格认证标准》T/CECS 331，焊接从业人员的职业要求应符合下列规定：

　　① 了解资格认证的能力范围，不从事超出认证能力范围的工作；

　　② 按要求向相关部门或人员提交真实有效的资格证明文件；

　　③ 不得伪造、擅自变更资格证书；

　　④ 应认真执行国家现行相关标准或焊接技术文件的规定。

　　我国的职业教育从最初只注重技能培养向同时关注安全、环保及职业素质全面的教育模式的转变经历了较长的时期，但即使是在钢结构迅猛发展的今天，我们对职业素质教育的重视程度仍然不够。造成这种局面的原因可能有以下两方面：一是技能、安全和环保教育成果容易量化，便于考核、宣传，领导重视；二是上述三方面关乎就业、人身健康和安全问题，大家十分重视。而涉及人们精神文明的职业素质是隐性的，难以量化，也不便于考核，易于被人忽视。

1.2.1.3　焊接检验人员

　　焊接检验人员是对焊接施工过程或结果实施检验并进行符合性验证的人员。国内钢结构行业从事焊接质量检验的人员主要有两类：一类为无损检测人员；另一类则主要是在焊接全过程中从事其他检验工作的人员。对于无损检测人员，相关标准都有明确规定，检测人员应经过专业技术培训，并已取得由国家相关行政部门或行业学会、协会授予的合格证书，方可从事认可合格范围内的检测工作。而对于无损检测人员以外的从事焊前、焊中及焊后检验的其他检验人员，则少有明确规定和要求。

　　目前，国内钢结构焊接检验行业存在以下问题。

　　对于除无损检测人员以外的焊接检验人员管理相对混乱，从业人员鱼龙混杂，很多人员未经过专业培训、考核，对自己所从事工作的职责要求模糊不清，对所应有的技术能力更是一知半解甚至一窍不通，有些人员虽经过培训，但专业不对口，所学内容不规范，这些人员从事焊接质量的检验工作势必会在焊接工程质量管理中留下诸多隐患。

　　长期以来，钢结构行业相当一部分企业对焊接质量的控制理念还停留在以无损检测为主的水平上。但我们应当清楚，焊接作为特殊的施工过程，其施工质量影响因素复杂。其焊接质量的获得来自焊接全过程各环节的综合贡献，因此需要针对焊接质量管理体系中的各个主要环节，通过制定完善的技术管理文件来预防焊接质量问题的产生，从而获得高的施工质量，同时降低成本、提高效率。因此，在焊接工作实施的各个环节都要进行检验和确认，不能仅仅局限于焊后无损检测。一方面，无损检测只能检测焊缝金属的几何缺陷，而且是被动地对最终质量结果的认定，如果忽视对过程的全面控制，检测手段的先进只会增加返修率；另一方面，焊接接头的力学性能既有焊接材料的合理匹配因素，也有焊接工艺等因素，一旦制定了焊接工艺文件，其执行情况往往会影响最终的质量结果，而最终的焊接接头力学性能往往无法进行检验，只能通过对焊接工艺实施过程进行严格的管理，确认其完全执行了事先制定的工艺来控制。

根据《钢结构焊接从业人员资格认证标准》T/CECS 331，焊接检验人员的职责包括以下内容。

① 理解并解释图纸和其他相关技术文件的要求。

② 对母材和焊材与技术要求的一致性进行确认。

③ 确认使用的焊接设备与焊接工艺规程的要求一致，并能够满足焊接过程的要求。

④ 监督焊接工艺的实施并提出检查记录或报告。

⑤ 对焊接作业人员的资格进行核实，确认其具有从事相应焊接作业的能力。

⑥ 实施过程检验，包括坡口的准备和组装、焊接材料的存储与使用、焊接参数以及焊接质量等内容。

1.2.2　综合技术

这里所说的综合技术主要是指行业内标准规范体系的完善程度，相关标准规范的技术水平，实现难焊材料和复杂节点焊接并保证焊接质量，以及对含缺陷在用建筑结构进行安全评定与修复的综合技术能力。

1.2.2.1　标准及标准体系

工程建设标准是经济建设及项目投资的重要制度和技术依据，对贯彻落实国家相关方针政策，规范建设市场行为，保护人民群众生命财产安全，保障建设工程质量，节约和合理利用能源资源，促进科技进步发展，提高项目投资效益，均具有十分重要的作用。

在我国正式加入世界贸易组织后，建立完善的工程建设焊接标准体系成为焊接标准化工作的主旋律。焊接标准覆盖面广，标准数量繁多、复杂，既包括产品标准、工艺标准，还包括质量管理标准和试验、检验标准，同时，由于我国标准化工作是部门分管、条块分割的管理体制，各行业工程建设标准之间协调不够，统一性差，特别是涉及跨行业、跨部门应用的共性技术，给标准的应用带来诸多不方便，制约了行业之间的相互交流，给使用者造成不应有的混乱。另外还存在标准缺失、老化、滞后等问题，因此进一步调整、完善焊接标准化体系，使之发展均衡、协调合理、配套完整，接近或达到国际水平，满足国内行业发展和国际接轨的需求，是我们工程建设焊接工作者的重要任务。

焊接标准体系，是指为实现一定的焊接生产及建设目标，按照相互间内在联系而组成的焊接标准系列或集合，这些标准相互依存、相互制约、相互补充和衔接，成为一个科学的有机整体，建立并实施科学规范的焊接标准体系，可以达到覆盖全面，避免重复和矛盾，实现焊接标准化的科学管理和标准项目的合理布局，减少资源浪费的目的。

目前，国家住建部在其颁布的相关规定中，明确指出国内工程建设标准体系应由三部分组成，即基础标准、通用标准和专用标准。其中，基础标准是指在某一专业范围内，作为其他标准的基础并普遍使用，具有广泛指导意义的术语、符号、计量单位、图形、模数、基本分类、基本原则等的标准。如城市规划术语、建筑结构术语和符号等。通用标准是指针对某一类标准化对象制定的覆盖面较大的共性标准，它可作为制定专用标准的依据，如通用的安全、卫生与环保要求，通用的质量要求，通用的设计、施工要求与试验方法，以及通用的管理技术等。专用标准是指针对某一具体标准化对象或作为通用标准的补充、延伸制定的专项标准，它的覆盖面一般不大，如某种工程的勘察、规划、设计、施工、安装及质量验收的要求和方法，某个范围的安全、卫生、环保要求，某项试验方法，某类产品的应用技术以及管理技术等。

根据这一规定要求，国内钢结构焊接相关标准规范可进行以下分类。

① 基础标准：包括焊接方法的分类及划分原则；术语和符号；焊缝的标注方法、坡口形式、尺寸公差及表示方法；钢结构焊接常用计量单位及主要参数的计算方法等。

② 通用标准：包括各种结构类型、不同材料种类及不同焊接工艺方法的焊接技术规范；人员资质要求；焊接环境、安全及防护措施、相关企业的管理职责、焊接质量的基本要求、热处理制度等。

③ 专用标准：包括钢材及焊接材料标准；各种焊接检验、试验方法和验收标准等。

《钢结构焊接标准》GB 50661，是一部针对钢结构焊接的国家标准，有效改善了原来各行业标准条块分割、协调不够、统一性差的状况。该标准反映了中国钢结构行业发展的最新状态，适用于各行业（有特殊要求的如压力容器和压力管道除外），在应用中可操作性强，国际交往交流更方便。该标准为综合性标准，属于标准体系中的通用标准。以该标准为中心构建的国内钢结构焊接标准体系，如图1-31所示。

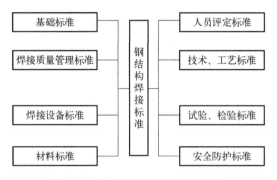

图1-31　钢结构焊接标准体系结构

① 基础标准：包括焊接术语、符号、方法代号等基本定义、基本原则方面的标准，为与国际接轨，这部分标准可等同、修改采用国际标准。

② 焊接质量管理标准：在欧洲，是以 ISO 3834 标准为核心的工厂控制体系，作为制造企业必须满足的强制性规定，确保企业生产出合格的焊接产品。国标 GB/T 12467 等同采用了 ISO 3834 标准，规定了制造企业生产满足规定要求的结构所必需的能力，同时也为评价钢结构制造企业的焊接能力提供依据。

③ 焊接设备标准：包括通用标准 GB 15579 和各种焊接设备的专用标准。这部分标准中，还包括钢结构焊接的专用设备标准，如栓钉焊接设备，电渣焊、气电立焊设备标准等。

④ 材料标准：包括钢材和焊材的标准，这些标准基本都是采用国际标准或国外先进标准，而且比较完善，能够满足钢结构焊接的要求。

⑤ 人员评定标准：这部分标准中已有《焊接管理　任务与职责》GB/T 19419（IDT ISO 14731）、《无损检测　人员资格鉴定与认证》GB/T 9445、《钢结构焊接从业人员资格认证标准》T/CECS 331 等标准。

⑥ 技术、工艺标准：这类标准有一部分采用国际标准，如焊接工艺评定标准，但与钢结构焊接长期使用的规则、习惯相去甚远，因此建议这类规定还是以国标 GB 50661 为主，其他的仅供参考或承担某些国外工程时使用。

⑦ 试验、检验标准：包括破坏性试验和外观及无损检测标准，其中破坏性试验基本为等同（IDT）或修改（MOD）采用国际标准的国家标准，外观及无损检测标准在国内标准中都有详尽规定，能够满足钢结构焊接的基本需要。

⑧ 安全防护标准：根据国家标准化建设方针，这部分标准应与国际接轨，逐步达到100%采用国际标准的水平。

1.2.2.2 特种材料和复杂节点的焊接

近二十年来，随着国家钢结构行业的蓬勃发展，各种奇异新颖的结构体系不断涌现，为满足建筑设计的要求，许多复杂的节点形式和特殊材料被选用。如国家游泳中心"水立方"的非对称、不规则球管节点；国家体育场"鸟巢"的空间弯扭构件多分支节点；广州歌剧院的树枝状铸钢节点；广州电视塔耐候钢结构；深圳大运会超大型铸钢节点；港珠澳大桥免涂装耐候钢结构、北京大兴国际机场复杂空间钢结构、江门中微子实验中心奥氏体不锈钢结构以及输电铁塔各种复杂节点等，见图1-32～图1-40。

图1-32 国家游泳中心"水立方"钢结构节点

图1-33 国家体育场"鸟巢"钢结构节点

图1-34 广州歌剧院钢结构节点

图 1-35　广州电视塔耐候钢结构

图 1-36　深圳大运会超大型铸钢节点

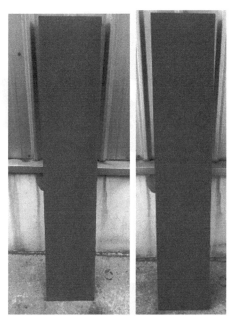

图 1-37　港珠澳大桥裸露使用免涂装耐候钢结构

图 1-38 北京大兴国际机场复杂空间钢结构

图 1-39 江门中微子实验中心奥氏体不锈钢结构

图 1-40 输电铁塔横担连接节点和球节点

这些复杂节点和特种材料的出现无疑增加了制造施工的难度，但在国内设计、制造、施工及科研院校等单位的通力合作下，圆满地解决了各种技术难题，保证了工程施工质量，也证明我国在钢结构难焊材料和复杂节点的焊接施工方面处于世界领先水平。

1.2.2.3　在用含缺陷建筑钢结构的安全评定与修复

传统钢结构设计理论基础是材料力学、结构力学。材料力学的应用前提之一是材料的连续均匀假设，即认为材料是完美的，是没缺陷的。然而实际工程中，几乎所有材料都不是完美的，都不可避免存在着缺陷；同时，在钢结构使用期间，也会由于各种内外因素产生新的缺陷。随着服役时间的不断增长，这些缺陷也会不断变化发展，因此基于断裂力学理论基础，本着"合于使用"原则，建立在用含缺陷建筑钢结构安全评定方法，并应用于实际建筑钢结构中，保证其安全运行、预防安全事故的发生，意义重大。迄今为止，国际上较有权威性的含缺陷结构完整性评定规范或指导性文件有：欧洲工业完整性评定方法（SINTAP）；英国含缺陷结构完整性评定标准（R6）；英国标准 BS 7910 金属结构中缺陷验收评定方法导则；美国石油学会标准 API 579 合乎使用实施推荐规程等。国内基于断裂力学，以"合于使用"为原则的缺陷评定技术研究方面起步较晚，但发展较快，主要表现在压力容器的安全评定方面。1984 年，我国颁布以 COD 理论为基础的《压力容器缺陷评定规范》CVDA—1984；随后又制定了以 J 积分为基础的《压力容器安全评定规程》SAPV—1995；2004 年，国家标准《在用含缺陷压力容器安全评定》GB/T 19624 颁布实施。然而由于建筑钢结构焊接接头形式多样、结构复杂，目前还没有形成一套较为完整的、针对含缺陷建筑钢结构的安全评定标准。但任何时候都是挑战与机遇并存，目前我国拥有世界上任何国家都无法比拟的巨大建筑钢结构市场，因此我们对新技术、新方法的需求理应更迫切，应当充分利用这些有利条件，尽快发展拥有自主知识产权的高新技术，这对保证建筑钢结构的安全和服役可靠性都有着极其重要的作用。

1.2.3　工艺方法和材料

从 20 世纪 80 年代中期，第一批超高层钢结构建筑，如深圳发展中心大厦、北京京城大厦、北京京广中心等落成至今，我国建筑钢结构行业走过了近四十年的发展历程。纵观这一历程，在工艺方法和材料方面具有如下的特点：工艺方法主要向着高效率、自动化、智能化方向发展；而材料则向高性能、大厚度以及适应特殊环境使用的特种材料方向发展。

1.2.3.1　工艺方法

20 世纪 40~70 年代，我国相继引进发展包括焊条电弧焊、埋弧焊、气体保护焊、熔嘴电渣焊、熔丝电渣焊、气电立焊、栓钉焊等焊接方法。而建筑钢结构高效焊接方法的发展则相对较晚，大约是从 20 世纪 80 年代中期开始的。当时主要从两方面进行了试验尝试。一方面是以深圳发展中心大厦为代表，主要采用高效的 CO_2 气体保护焊焊接工艺方法。从那时起国内首次在室外大规模采用 CO_2 气体保护焊，随后双丝、多丝埋弧焊、电渣焊及栓钉焊等方法先后被采用。高效焊接方法的采用极大地提高了焊接效率，降低了施工成本，促进了钢结构建筑的发展，也带动了相关材料的进步。另一方面是以北京京城大厦为代表，曾尝试采用窄间隙和半自动机械焊接方法。在施工前期准备阶段，以冶金部建筑研究总院为主的科研人员对上述两项技术进行了深入细致的试验研究，并经过反复试用，但结果并不理想，原因是窄间隙焊工艺对构件的安装精度、电弧的稳定性和自动跟踪等技术要求高，这在当时的技术条件下很难得到保证，而且窄间隙焊一旦出现缺陷，相较坡口焊缝其返修难度将大幅增加。

经过焊接工作者几十年的深耕探索、努力攻关，一些高效焊接工艺，包括埋弧双丝焊、多丝焊，CO_2 双丝、粗丝焊接，高效焊接方法如电渣焊、气电立焊、栓钉焊等都得到长足发展，极大地促进了钢结构综合技术的提升。

（1）CO$_2$气体保护焊

CO$_2$气体保护焊在钢结构中的应用，极大地提高了焊接生产效率，缩短了施工周期，同时由于电弧气氛的氧化性，所得熔敷金属的含氢量极低，具有较好的抗氢裂性，已基本取代手工焊条电弧焊，成为钢结构使用最广的一种焊接方法。CO$_2$气体保护焊按熔滴过渡形式，又可分为喷射过渡、脉冲电流过渡、熔滴过渡及短路过渡四种。对直径一定的焊丝，这四种过渡形式对应的电流是从大到小变化的；其施工效率、热输入和变形也是从大到小变化的。在钢结构的制作中，可根据板厚和坡口、裂纹敏感性，来选择相应过渡形式的CO$_2$气体保护焊。但CO$_2$气体保护焊较高的飞溅率是其一大缺点，为克服这一不足，在CO$_2$气体中加入一定比例的Ar气，可大大减少焊接飞溅，并改善焊缝成形。目前各国已研制出多种二元、三元和四元混合气体，对改善焊接工艺性能起到了很好效果。为提高焊接效率，双丝、粗丝气保焊也在钢结构的制作上得到应用，据相关资料，近期开发的一种双丝串列电弧高速MIG/MAG焊，与常规的单丝焊接相比，焊接速度可提高3倍之多；另外，国内某一大型钢结构制作厂家开发的2.4mm无镀铜粗丝CO$_2$气体保护焊，焊接电流为530~630A，电流密度大，电弧热量集中，焊丝熔化效率高，母材的熔透深度大，焊接速度高，可达到80cm/min，所以能够显著提高效率，比GMAW直径为1.2mm的CO$_2$气体保护焊的效率提高2倍以上。

但由于条件限制，双丝、粗丝气保焊仅适用于工厂制作长焊缝的自动焊接，尚无法应用于现场安装。

（2）药芯焊丝电弧焊

药芯焊丝电弧焊分气体保护和自保护两种。药芯焊丝电弧焊与实心焊丝CO$_2$气体保护焊相比，具有熔敷率高、飞溅小、焊缝成形美观等特点。在同等尺寸的角焊缝焊接中，由于飞溅小、清理方便且焊缝成形较凹，整体效率和经济效益甚至优于实心焊丝CO$_2$气体保护焊，因此在钢结构行业受到普遍关注。当然，药芯焊丝电弧焊也有其突出缺点：一是焊接烟尘较大，对作业环境的污染大；二是焊丝严重吸潮后，不易复烘，只能进行报废处理；三是厚板多层焊的性能易受工艺因素影响而波动。

自保护药芯焊丝也开始在钢结构工程中使用，由于不需要气体保护，使用更方便，但由于自保护药芯焊丝的扩散氢含量较高，因此目前仅应用于冷裂倾向不大的钢种或不重要部位的焊接上。

根据日本对结构钢药芯焊丝的一项调查报告，偏重工艺性要求的场合，如造船行业的大量全位置角焊缝，适宜采用药芯焊丝电弧焊；而偏重于受力的主体焊缝，适宜采用实心焊丝气保护焊。我国压力容器标准委员会已明确表示，目前不推荐在压力容器焊接中采用药芯焊丝。但随着产品性能的改进，上述规定也有可能改写。

因此，药芯焊丝电弧的发展既有广阔前景，也有诸多工作要做，如焊丝抗冷裂性能的提高、材料成本的降低、相应焊接设备的改进等。

（3）埋弧焊

埋弧焊由于具有高效、优质的特点，因此大量应用于钢结构工厂制作焊缝的焊接上。为进一步提高焊接效率，近年来成功应用了双丝、多丝埋弧焊、窄间隙埋弧焊等高效焊接工艺，埋弧横焊、带极埋弧焊等在钢结构中的应用也在研究中，并取得了一定进展。

① 双丝、多丝埋弧焊。双丝埋弧焊（图1-41）采用两根焊丝，每根焊丝分别由各自电源供电。通常是两根焊丝沿焊缝轴线前后布置，前置焊丝由直流电源供电，选用大电流，达到一定熔深；后置焊丝由交流电源供电，以增加填充金属量。焊接效率与传统的单丝埋弧焊相比，至少可提高1倍。采用双丝埋弧焊，还有很多显著优点，首先是节能，高速度的焊接

有效降低了因二次加热所带来的能量损耗，这部分损耗包括工件的热量损耗、焊剂的二次热量损耗等；其次是可高速焊接，其焊接速度较单丝焊可提高 1.5～2.5 倍；另外，还可有效改善焊缝成形。由于单电弧的能量密度集中于一点，导致电弧穿透力极强，熔化金属来不及摊开，从而导致焊缝呈现锥形截面，而双丝埋弧焊，可用调节跟随电弧的焊丝角度来调节熔池形状，从而可改善焊缝成形。

多丝埋弧焊（图 1-42）采用多根（3～6 根）焊丝，每根焊丝由单独的电源供电，可达到 30kg/h 以上的高熔敷率，同时成倍地提高焊接速度。

图 1-41　双丝埋弧焊　　　　　　　　　　　图 1-42　三丝埋弧焊

值得注意的是，钢结构领域采用的大部分低碳或低合金高强钢，其热输入的耐受极限值大约为 50kJ/cm，即便是双丝埋弧焊，由于其热输入量已接近 50kJ/cm，因此，对于有等强等韧要求的焊接节点，在使用过程中应严格控制焊接工艺参数，避免对焊接接头的低温冲击性能造成不良影响。

② 单电源双细丝埋弧自动焊。针对上述双丝、多丝埋弧焊热输入量大的问题，国内相关科研机构联合设备生产厂家创新开发了一种针对结构钢用的新型单电源双细丝埋弧自动焊焊接工艺（图 1-43），在成本增加不大的情况下，通过对普通单丝埋弧焊电源控制电路和送丝机构进行改造，用双细丝（ϕ1.2mm 或 ϕ1.6mm）取代传统的普通单粗丝（ϕ5mm 或 ϕ6mm），实现了低热输入条件下焊接效率的大幅提高。该焊接工艺与传统的单电源单丝埋弧焊相比，在焊接电流与电压相同的情况下，焊接效率（焊缝熔敷速度）提高 70％ 以上（图 1-44），热输入降低 30％（图 1-45），焊缝性能（冲击功）显著改善。

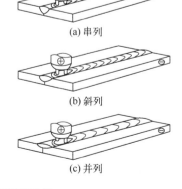

(a) 串列

(b) 斜列

(c) 并列

图 1-43　单电源双细丝埋弧自动焊

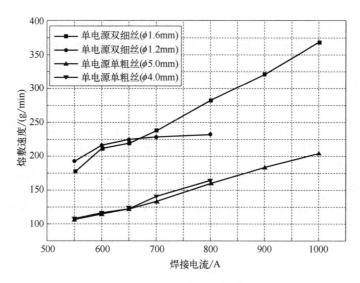

图 1-44 单电源双细丝和普通单电源单粗丝熔敷速度比较

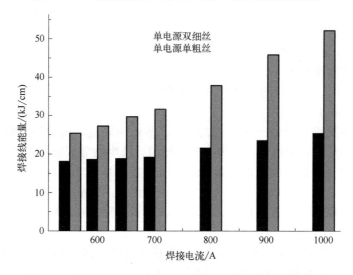

图 1-45 单电源双细丝和普通单电源单粗丝焊接热输入比较

③ 窄间隙埋弧焊。窄间隙埋弧焊是由窄间隙气电立焊演变而成的，是近年来发展起来的一种高效、省时、节能的埋弧焊方法。与普通坡口埋弧焊相比，由于窄间隙埋弧焊坡口窄、焊材消耗量少、热输入低、焊接时间短、焊接变形和焊接应力小，降低了开裂倾向，实现了高效率、低成本、高质量焊接。随着其关键技术接触式光电跟踪器日益成熟，可焊间隙越来越小，坡口深度也越来越深，使其特点更明显、应用更广泛。

但窄间隙埋弧焊在钢结构领域要获得普遍应用还存在一定困难。首先，窄间隙埋弧焊装配质量要求高，要能够精确地控制焊丝位置；其次，窄间隙埋弧焊对焊剂的脱渣性要求高，在焊接过程中若出现缺陷，进行焊接修补时则比较困难。

（4）电渣焊

钢结构行业中使用的电渣焊主要有熔嘴电渣焊和熔丝电渣焊两种。与电弧焊相比，电渣焊有以下优点：

① 电渣焊焊接较厚工件可以一次成形；

② 电渣焊只要求工件边缘保持一定的装配间隙，不需要坡口；

③ 进行电渣焊时金属熔池的凝固速率低，熔池中的气体和杂质较易浮出，不易产生气孔和夹渣；

④ 渣池的热容量大，对电流的短时间变化甚至中断不敏感；

⑤ 多数情况下不需预热。

电渣焊焊缝的塑性和韧性较差，其主要原因是电渣焊的热输入较大，熔嘴电渣焊热输入可达 900kJ/cm 以上，熔丝电渣焊最小也要 400kJ/cm，因此，目前电渣焊主要应用于箱型构件的隔板焊缝的焊接上。

（5）气电立焊

气电立焊是熔化极气体保护焊的特殊形式，是在垂直位置采用实心焊丝或药芯焊丝完成焊接过程的高效焊接方法，其应用范围在不断扩大，主要应用于船舶、大型储罐、冶金设备和重型钢结构等制造行业。

气电立焊与电渣焊相比，除焊接方法和保护方式的变化外，气电立焊明显的特点是采用了小的坡口角度和实现了更快的焊接速度，从而有效地降低了焊接热输入（小于 200kJ/cm），为焊接接头性能的提高提供了保证。对于 Q235、Q345、Q390 等结构钢，气电立焊的焊缝及热影响区的强度、塑性、韧性能够达到试验母材的要求，各个指标都优于电渣焊，尤其在对接头有韧性要求时，气电立焊更体现出其优越性，因此是一种值得推广的高效焊接方法。

（6）机器人智能化焊接

发展高度自动化、智能化的机器人焊接技术是钢结构行业提高生产效率和产品质量，解决技能人才短缺的必由之路。

机器人焊接主要应用于统一规格、大批量产品或因环境、质量等有特殊要求，而人工难以或无法完成的场合，如汽车、压力容器、船舶、核电站等行业的制造，及水下焊接等。其中汽车行业是焊接机器人技术发展最快、应用最多的行业。相对而言，钢结构领域受设计、材料、加工工艺、生产成本及生产环境等诸多因素的限制，焊接自动化和智能化技术的发展水平及速度明显落后其他行业。近年来，机器人焊接在钢结构行业得到一定的推广和应用。

在桥梁钢结构领域，尤其是桥梁板单元的焊接制造中（图 1-46 和图 1-47），已得到一定规模的应用，并受到业内的普遍认可，如港珠澳大桥工程。

δ6+20mm，熔透深度5.5mm，板厚的92%

δ6+20mm，熔透深度5.0mm，板厚的83%

δ8+20mm，熔透深度7.0mm，板厚的88%

δ8+20mm，熔透深度7.0mm，板厚的88%

图 1-46　桥梁板单元 U 肋机器人焊接

(a) 角焊缝外观

(b) 板肋板单元焊接

δ20+20mm

δ20+20mm

(c) 开坡口角焊缝

δ16+20mm

(d) 不开坡口角焊缝

图 1-47　桥梁板单元加劲肋机器人焊接

在输电铁塔领域，目前已广泛使用塔脚焊接机器人系统。输电铁塔参数化编程塔脚焊接机器人（图 1-48），可通过智能变位机和 6 轴焊接机器人实现塔脚所有焊缝的自动焊接。

在建筑钢结构领域，尚处于应用的初始阶段（图 1-49），对小批量、复杂构造及制造和安装精度较低的产品的生产存在各种各样的问题，尚不成熟，还需进行进一步完善。

(a) 激光扫描

(b) 生产进行中

图 1-48　输电铁塔参数化编程塔脚焊接机器人

图 1-49　建筑钢结构机器人焊接

在钢结构行业推广应用机器人焊接技术是大势所趋，但要解决以下问题：

① 推广与机器人焊接配套的标准化设计，改变传统钢结构的生产方式，推行模块化、集成化的生产模式；

② 提高各类冷、热轧型钢的生产能力，丰富和完善产品规格型号。并从设计入手，鼓励采用型钢产品；

③ 在低、多层建筑结构中采用梁贯通的梁-柱节点型式；

④ 改变粗放的生产管理模式，提高构件的生产、组装精度；

⑤ 构建完善的焊接数据库、开发智能编程软件，提升焊接机器人智能化程度，以逐步解决钢结构机器人焊接技术应用的难题。

1.2.3.2　材料

（1）钢材

就钢材而言，目前主要的发展趋势是在不降低材料综合性能，即具有良好的塑韧性和焊接性的前提下，向高强度方向发展；另外就是满足特殊需要的特种材料也是钢材的发展趋势之一。在高强钢方面，从 20 世纪 80 年代的 Q345 向 Q460、Q550 及 Q690 发展，其生产工艺方法，也由原来传统的合金强化或组织强化，向微合金化与控制轧制温度和冷却速率，即所谓的控轧控冷（TMCP）新工艺方面发展。采用控轧控冷工艺方法生产的钢材，可在较低的碳当量和较好的塑韧性条件下，获得相对较高的强度。目前，由控轧控冷工艺生产的高强钢，在建筑领域已被一些国家重点工程采用，例如，国家体育场"鸟巢"采用 Q460E-Z35 钢；国家游泳中心"水立方"采用 Q420C 钢；中央电视台新台址采用 Q390D、Q420D-Z25、Q460E-Z35 钢等。对于 Q460 以上级别的高强钢屈强比较高，达到我国《建筑抗震设计规范》GB 50011 屈强比不大于 0.85 的要求比较困难，从而阻碍了其普及与发展。另外，如何更好地改善由于采用焊接方法而造成热影响区晶粒粗化从而导致力学性能的降低，也是未来需要进一步研究完善的问题。对特殊材料的需求，主要是由于特种钢结构发展的需要，如铸钢节点的出现是为了解决由于结构造型要求而导致节点过于复杂，容易产生变形和应力集中，采用传统的加工制造方法难以实现的问题；耐候钢则是在大气腐蚀的环境中（沿海、高温潮湿及高原复杂环境等）为减少钢材腐蚀及使用期间的维修工作量而对普通钢材进行的升级替代。

结构钢高性能化（高强、高韧、轻型、耐蚀、防火、环保）与应用减量化是"十一五"以来国家产业结构调整的重大战略决策，也是冶金、建筑等行业实现节能降耗的最有效途径之一。

目前，高性能结构钢的相关成果已成功应用于国家体育场"鸟巢"、广州新电视塔、中央电视台新台址、港珠澳大桥、北京中国尊、北京新机场等近百项重大工程中，并纳入《钢结构焊接规范》《焊接 H 型钢》《钢筋焊接及验收规程》等国家、行业标准，大大促进了国内高性能钢在工程建设领域的推广应用。

（2）焊材

焊接材料的发展和工艺方法与钢材的发展是密切相关的。

从目前钢结构行业焊接实际状况来看，焊接材料还存在如下不足：

① 焊材的品种不能够很好地满足钢材新品种的应用要求，焊接材料企业与钢铁企业产品开发的同步性不足，焊接材料的强度等级偏少，导致部分钢材在选择焊材时往往采用过高的强度匹配，而部分高性能钢材所匹配的焊材塑、韧性储备不足；

② 焊接材料的产品标准中，焊接材料的复验工艺要求与实际应用差异较大，导致熔敷金属的检验结果与钢结构焊接工艺评定结果不一致，影响焊接工程的质量；

③ 应用于钢结构领域的焊接材料产品质量差异较大，部分产品质量稳定性较差。

基于上述问题，建议如下。

① 焊接材料企业及相关管理部门应充分认识钢结构焊接施工的特点，关注结构用钢的发展进步，不断丰富焊材品种，针对日益推广的高性能结构钢努力攻关，与钢材产品的开发和应用保持同步。

② 推进焊接材料标准与钢材标准之间的协调匹配。目前，国内焊材标准普遍等同或修改采用国际标准，提高了产品国际化水平，方便了国际间产品的替代交流，但由于目前国内外钢结构行业发展并不平衡，国内发展速度远高于国外，完全采用国际标准，还不能充分满足国内需要，因此，还需焊接工作者在这方面积极探讨，从标准层面与时俱进。

③ 努力研发并推广环保无镀铜焊丝。当前，气体保护焊和埋弧焊所采用的焊丝基本上是镀铜焊丝，而镀铜焊丝在其生产过程中，会产生大量的酸、碱，污染破坏环境。在焊接过程中，镀铜焊丝产生的铜蒸气也有害于人体健康。因此，目前国内外都在积极研发替代产品，环保型无镀铜焊丝是目前发展的主要方向，其主要优点正好弥补了镀铜焊丝对环境和人身健康造成不利影响的不足。但在现阶段，此种产品并未得到广泛的重视和认同。一方面产品的质量和稳定性有待进一步的提高，比如非铜质镀层的均匀性、耐久性、导电性及焊丝对导电嘴的磨损性等，均需进一步的验证和改进；另一方面，其产品的价格有待进一步降低，以符合市场的要求。最为重要的是要加强宣传和引导，以改变人们的固有观念和习惯，使好的产品尽快走向市场。

④ 完善焊接材料全熔质复验方法，避免由于复验方法与实际焊接工艺不统一，而造成焊材与母材不匹配。

⑤ 另外，焊接辅材的发展也应引起关注，如栓钉、陶瓷衬垫等。特别值得一提的是，目前，在日本已被广泛采用的陶瓷挡板，其功能基本与钢制引弧、收弧板相当，但其所具有的独特优点则是钢制引弧板、收弧板无法比拟的。首先是节省钢材和焊材，其次是节省了为减少应力集中和保持节点外形美观所需打磨工作占用的时间和消耗的人工成本。其最终结果是在提高工作效率、降低成本的同时，改善了焊接节点的应力集中状况，提高了节点的疲劳强度、抗地震冲击载荷和脆性破坏的能力，见图1-50～图1-52。

图 1-50　陶瓷挡板的安装状态

图 1-51　平焊

图 1-52　横焊

1.2.4　设备

国内钢结构焊接设备的发展，主要有以下特点：

① 为适应现场高空和复杂节点作业，越来越趋向于使用体积小、重量轻、高效、可靠、安全性好的焊接设备；

② 为提高焊接效率，优先采用埋弧焊、电渣焊、气电立焊，在钢材焊接热输入允许的条件下，越来越多地使用双丝、多丝焊接设备；

③ 对于高强钢尤其是 TMCP 钢的焊接，需要外特性可调、焊接参数可控、性能优良的焊接设备；

④ 围护结构（屋面板、墙面板）铝合金、不锈钢以及薄板焊接设备应用前景广泛；

⑤ 广泛采用先进技术和新成就，焊机功能更趋完善；

⑥ 机械化、自动化和成套水平进一步提高；

⑦ 以焊接机器人为核心的智能化焊接装备开始在钢结构的生产制作中应用。

经过四十多年的快速发展，国内钢结构焊接技术实现了长足的进步，许多方面达到了世界领先或先进水平，取得了令世人瞩目的成绩。但我们也应当清醒地认识到存在的不足，如人员培养、考核体制需要进一步完善健全，焊接从业人员职业素质有待提高，以及拥有自主知识产权的先进焊接装备研发亟待加强等。

第2章

《钢结构焊接标准》GB 50661 修订过程及主要工作简介

2.1　标准修订的目的、意义

《钢结构焊接规范》GB 50661—2011 自颁布实施（2012 年 8 月 1 日）以来，与《建筑抗震设计规范》GB 50011、《钢结构设计标准》GB 50017、《钢结构工程施工质量验收标准》GB 50205、《高层民用建筑钢结构技术规程》JGJ 99、《网架结构设计与施工规程》JGJ 17 等相关标准一起，为我国建筑钢结构的制作和安装施工起到了指导作用，对规范焊接工艺技术，保证钢结构质量及使用安全发挥了重要作用。

但由于我国国民经济和基础建设的迅速发展，钢结构所使用的材料逐步向超高强钢、特厚板或满足特殊要求的高性能钢发展，节点形式更趋于复杂，对焊接工艺也提出更高的要求，焊接施工技术难度加大，国内各单位纷纷开展相应的应用研究。如以中冶建筑研究总院有限公司为牵头单位承担的国家科技支撑计划课题"钢结构民用建筑高性能结构钢成套应用技术研究与示范"，对适用于有抗震设防要求的建筑物、具有良好减震性能的低屈服点钢材和强度级别为 Q460、Q550、Q690 的高强钢材在钢结构中的应用配套技术进行研究和应用示范，已取得满意成果；以清华大学为主编单位的《高强钢结构设计标准》JGJ/T 483 已于 2020 年 10 月 1 日实施；本标准的母标——《钢结构工程施工质量验收标准》GB 50205 也已完成修订并于 2020 年 8 月 1 日实施。综合上述原因，都要求有配套的焊接标准对钢结构焊接施工予以规范引导，方可发挥最大效应。

同时，《钢结构焊接规范》自颁布执行以来，受到钢结构设计、制作、施工、检测、监理以及建设单位相关技术、管理人员的广泛关注，大家在实践应用过程中，针对自身的应用需求提出了很多合理化建议，包括标准中存在的不足。根据广大用户要求，编制组于 2013 年 9 月 17 日在北京召开了本规范的应用研讨会，最终一致认为，应尽快启动标准的修订工作，完善相关内容，使其更好地为国内钢结构的建设服务。

综上所述，在《钢结构焊接规范》GB 50661 中及时补充、调整相应内容，是本标准修订当务之急的工作，更是国内钢结构发展的需要。

2.2　主要工作过程

① 2015 年 10 月 15 日，在主编单位中冶建筑研究总院有限公司（以下简称"中冶建研院"）召开了国家标准《钢结构焊接规范》GB 50661—2011 修订工作准备会。

本次会议确定了标准修订的主要目的：一是对标准应用三年多来发现的问题及存在的不足进行修订；二是与国际标准接轨，扩大材料范围，使规范修订工作与国家标准体系改革思路保持一致；三是将焊接从业人员管理规定纳入标准中，弥补标准缺口；四是明确《钢结构焊接规范》GB 50661 拟修订的主要技术内容和计划进度。

本次会议还确定了试验研究、文献调研、经费使用以及编制组资料共享、信息传递等重点工作安排。

② 2016 年 1~5 月，编制组收集有关技术资料，开展调研及试验研究工作，草拟修订工作大纲和工作计划。

③ 2016 年 5 月 4 日，在北京召开编制组成立暨第一次编制工作会议。

会议主要内容是讨论标准修订原则、主要修订内容和拟补充的新内容、需重点解决的问题、编制分工和进度等，最终确定了各章节编制负责人和编制工作进度安排，原则通过了修订工作大纲的总体结构。

④ 2016 年 5 月~2018 年 5 月，编写标准初稿及条文说明。

⑤ 2016 年 9 月 12 日，编制组部分专家一行到唐山开元电器集团有限公司讨论《钢结构焊接标准》第五章、第七章、第十章与机器人自动焊接相关内容的修订工作安排。

会议确定唐山开元电器集团有限公司参与本标准第五章、第七章、第十章节的修编，具体负责这三个章节中涉及自动化焊接和机器人焊接相关的焊接节点构造形式、接头坡口形式、坡口尺寸和加工组对精度、焊接新方法和新工艺、自动焊与机器人焊接操作人员的培训和考试等内容的编写。

与会专家一致认为：通过在本标准中补充适合自动化焊接和机器人焊接相关的焊接节点构造形式、接头坡口形式、坡口尺寸和加工组对精度、焊接新方法和新工艺，为在钢结构行业推广焊接机器人打下基础。通过在本标准中补充新的高效的焊接生产工艺及焊接方法，为提高整个钢结构焊接的生产能力提供新的参考方向。

会议分析了现有工作基础，确定了机器人焊接部分的修订原则，讨论了修订重点和内容并进行了工作安排及任务分工。

⑥ 2018 年 4 月 16~26 日，编制组部分专家与中国工程建设焊接协会、唐山开元电器集团有限公司、安徽马钢工程技术集团有限公司、安徽工布智造工业科技有限公司、山东宇通路桥集团有限公司 5 家企业单位一行共 15 人出访日本，就先进焊接技术、焊接标准、焊接机器人制造及应用、钢结构焊接技术现状与发展进行了为期 10 天的考察、访问与交流。先后访问了日本名古屋的钢结构生产厂池田工业株式会社、三重县四日市的中央铁骨株式会社、位于东京的日本驹井集团驹井富津工场和神户制钢集团，并参观了 2018 年日本国际焊接展览，全面考察了日本钢结构行业机器人焊接应用现状，并与日本同行在相关标准中规定做了充分讨论和交流。编制组通过此次访问获得了大量一手资料，为标准的修订起到积极促进作用。

⑦ 2018 年 5 月 25 日，在北京召开第二次编制工作会议。会议主要内容为主编单位介绍标准的修订情况，与会专家逐条对标准初稿的内容、需研究解决的问题进行认真细致的讨论并确定下一步工作计划。

由于本次修订工作的一个重点是补充机器人焊接的相关规定，涉及节点设计、焊接工艺、质量控制以及人员要求，与目前广泛使用的手工、自动和半自动焊完全不同，同时本部分在国内尚无先例，国际上也仅有美国、日本等国家标准有相应规定，但其设计理念、生产条件、设备工艺、加工精度与国内现状差异较大，需要经过系统试验研究论证方可成文。专家一致认为：为确保相关部分的编制水平和质量，建议标准修订延期 1～2 年，希望编制组成员集思广益，充分发挥聪明才智，把本标准的修订工作确保质量、高效有序地进行下去。

⑧ 2018 年 11 月 29 日，根据第二次编制工作会议的决议，编制组向主管单位中国冶金建设协会提交延期报批的申请，将本标准报批时间延长至 2019 年 6 月。

⑨ 2018 年 5 月～2019 年 2 月，主编单位根据工作会议达成的一致意见，对标准初稿内容进行修改，并发至编制组所有专家审议，收到了来自 15 位专家的 87 条建议。

⑩ 2019 年 2～5 月，主编单位根据编制组专家返回意见，对初稿进行修改和完善，形成征求意见稿。

⑪ 2019 年 9～10 月，标准征求意见稿及其条文说明上网公示并寄送 40 多位专家广泛和有针对性的征求意见。截至 2019 年 11 月 15 日，共收到来自 40 位专家的 123 条意见。

⑫ 2019 年 10～11 月，逐条归纳整理各方提出的意见，分析研究并提出处理结果。编制标准送审文件，包括标准送审稿、送审稿条文说明、送审报告等。

⑬ 2020 年 9 月 5 日，中国冶金建设协会在北京组织召开了送审稿审查会议。与会审查专家听取了主编单位对标准编制过程及征求意见反馈结果采纳情况的汇报，并对该标准送审稿逐章逐节、逐条进行了认真讨论和审查，形成审查意见。

⑭ 2020 年 9～12 月，编制组根据专家审查意见，对规范全文进行了相应修改，最终形成报批稿。

2.3　标准修订的技术内容

《钢结构焊接标准》GB 50661 的修订工作，总的指导思想是：修正不足、完善内容、补充新规，进一步提高规程的技术水平，与国际同类先进标准接轨。本次修订工作以 2011 版标准为基础，充分考虑国内现行各相关标准的最新版本和新颁标准的各项规定，并借鉴欧洲、美国、日本等先进国家和地区的标准的最新规定，同时进行必要的试验加以验证。本次修订的主要技术内容如下。

① 调整了部分章节的安排。

② 增加了部分术语。

③ 对钢结构工程焊接难度等级的规定进行了调整，更具可执行性。

④ 增加了焊接材料复验的要求；对钢材牌号、焊材型号，根据国家最新版相关标准进行了修改。

⑤ 增加了单电双细丝埋弧焊、窄间隙焊、机器人焊接方法相关内容和技术要求。

⑥ 调整了施焊位置代号的规定。

⑦ 增加了承受动荷载且需疲劳验算的结构焊接工艺评定的替代原则，适当扩大了静载结构焊接工艺评定的覆盖范围；对焊接工艺评定有效期的规定进行了调整；在重新进行工艺评定的规定中增加了接头和坡口形式，以及尺寸和焊接热处理制度变化后重新评定的内容。

⑧ 增加了焊材储存环境的具体温湿度的规定。

⑨ 增加了机器人焊接的焊缝的检测判定原则。
⑩ 增加了桥梁钢结构产品试板检验的规定。
⑪ 完善了焊接补强与加固的相关规定。

2.4　标准的主要内容

本标准按照《工程建设标准编制指南》的规定进行编写，主要包括以下内容：前言、总则、术语和符号、基本规定、材料、焊接连接构造设计、焊接工艺评定、焊接工艺、焊接检验、焊接补强与加固以及条文说明等内容。

2.5　审查会议意见的处理情况

审查会议意见的处理情况见表 2-1。

表 2-1　审查会议意见的处理情况

序号	审查意见	处理结果	备注
1	按照工程建设标准编写规定，对标准编写格式进一步规范；对相应条文补充条文说明，提高标准的可操作性	按照工程建设标准编写规定，规范用语，调整编写格式，对 2.1.2、2.1.9 等内容补充条文说明	—
2	规范标准中图的画法	对标准中的图进行修改，去掉图中的说明文字，使其符合标准的编写规定	—
3	图不建议做规定	修改相应条文	—
4	涉及"组织管理、机构职能、资质资格证书"的内容，建议删除	修改相应条文	—
5	对 3.0.1 补充低碳微合金钢碳当量（P_{CM}）公式并对表 3.0.1 修改完善	对 3.0.1 和表 3.0.1 进行了补充、修改	—
6	根据相应钢材标准，对表 4.0.5 钢材分类的标称屈服强度进行微调	将Ⅰ类钢的上限和Ⅱ类钢的下限由 295MPa 调整到 300MPa	—
7	对第 5 章部分内容进行相应调整、补充	根据审查专家意见进行了相应调整，与 GB 50205—2020 相协调，并补充了机器人焊接产品试板的具体规定和 H 型钢典型节点形式，同时对相应条文说明进行了调整	—
8	在 6.5 中补充耐候钢焊缝的试样耐候性能检验合格标准	补充了相应内容	—
9	在 7.10.4 中补充单电双细丝埋弧焊焊道尺寸的规定	补充了相应内容	—
10	在 7.13.2 中增加 TMCP 钢矫正温度的规定	补充了相应内容	—

2.6　标准的技术水平、作用和效益

历时 4 年多完成的《钢结构焊接标准》GB 50661 修订工作，是一项集全体编制组及业内众多专家智慧的结晶，在钢结构机器人焊接、新型高效钢结构焊接方法及工艺等方面填补了国内空白。

以岳清瑞院士为组长，王立军勘察设计大师、杨建平教授级高工为副组长的专家审查组对本标准的评价如下。

① 《钢结构焊接标准（送审稿）》内容积极响应了国家生态文明建设、产能结构调整、供给侧改革等政策要求，也符合钢结构行业在绿色环保、智能化、节能降耗方面的产业发展需求和技术发展趋势。《钢结构焊接标准》符合宏观产业政策要求，满足钢结构行业高质量发展的需要。

② 首次针对机器人焊接、单电双细丝埋弧焊、窄间隙焊接等高效焊接方法和工艺提出了标准要求，在焊接节点设计、人员技能要求、工艺控制、质量检验等章节增加了相应条款规定，填补了国内空白。

③ 提出了钢结构焊接质量全过程控制的要求，独创了钢结构焊接难度等级划分原则和方法，确定了焊接质量控制的基本原则，形成了与企业、人员、材料选择、工艺控制、质量检验等内容相对应的技术和管理要求，可操作性强，为提高国内钢结构焊接质量的管理水平奠定基础。

④ 《钢结构焊接标准（送审稿）》的编制过程和条文符合《工程建设国家标准管理办法》和《工程建设标准编写规定》的要求，其格式、内容、范围和深度符合国家有关规定，与国内现行有效的相关标准规范协调一致。

⑤ 《钢结构焊接标准（送审稿）》内容完整、技术先进、科学合理，经与国外相关标准比较，整体达到国际领先水平。

本标准编制组涵盖了建筑、桥梁、冶金、电力、水利、铁路等行业的科研、设计、制作、施工、监理等相关单位，标准内容充分考虑了各行业钢结构焊接技术和质量要求的特点及与现行相关标准、技术的协调、统一，特别是钢结构几个主要标准规范，包括《钢结构设计标准》GB 50017、《钢结构工程施工质量验收标准》GB 50205、《钢结构工程施工规范》GB 50755、《铁路钢桥制造规范》Q/CR 9211 等的主要编写人员都参与了本标准的修订或审查工作，因此，可以说本标准是一项集全体编制组成员及业内众多专家智慧的结晶，相信此项标准的颁布执行必将产生不可估量的社会和经济效益。

2.7　标准中尚存问题及今后工作

① 以川藏铁路为代表的复杂严酷环境下应用工程的相继开工，为满足相应需求（高寒、大温差、高盐、高湿以及复杂荷载等）的高强耐候钢、耐火钢、碳钢-不锈钢复合钢等高性能钢材的开发、生产、应用都带来新的机遇和挑战，必将引发新一轮的全面技术升级。我们也将持续关注并积极参与，及时总结经验，收集数据，为标准的不断完善奠定基础，确保标准的先进性。

② 机器人焊接工艺尚需完善：基于"5G+工业互联网"的钢结构"智造"是目前国内钢结构行业发展的重要方向之一，而机器人智能焊接技术则是实现钢结构"智造"的关键所在。我们将在今后的工作实际中，不断收集验证相应的应用数据，在今后的修订中对标准的相应内容给予补充。

③ 不断引入新技术将是标准编制组以后的工作重点，如无损检测中的超声全矩阵捕捉/全聚焦（FMC/TFM）检测方法、光子计数射线检测技术，这些先进技术在钢结构焊接检测中有着广阔的应用前景，相关国际标准也在编制之中，本标准编制组将持续跟踪国际动态，积极开展相关技术的应用研究，掌握充足数据，待时机成熟后，纳入本标准的相应规定中。

第 3 章

《钢结构焊接标准》GB 50661 详释

3.1 对"总则"的详释

1 总则

1.0.1 为在钢结构焊接工作中贯彻执行国家的技术经济政策，做到技术先进、经济合理、安全适用、确保质量、节能环保，制订本标准。

[释义]：本条阐述了本标准制定的基本目的，这也是工程建设标准的基本要求。工程建设标准是经济建设和项目投资的重要制度及依据，对确保工程质量安全、促进城乡科学发展、落实国家技术经济政策等都发挥了不可替代的作用。本标准对钢结构焊接给出的具体规定，是为了保证钢结构工程的焊接质量和施工安全，为焊接工艺提供技术指导，使钢结构焊接质量满足设计文件和相关标准的要求。钢结构焊接，应贯彻节材、节能、环保等技术经济政策。本标准的编制主要根据我国钢结构焊接技术发展现状，充分考虑现行的各行业相关标准，同时借鉴欧洲、美国、日本等先进国家和地区的标准规定，适当采用我国钢结构焊接的最新科研成果、施工实践编制而成。

1.0.2 本标准适用于工业与民用钢结构工程中承受静荷载或动荷载、钢材厚度不小于3mm 的结构焊接。本标准适用的焊接方法包括焊条电弧焊、气体保护电弧焊、自保护药芯焊丝电弧焊、埋弧焊、电渣焊、气电立焊、栓钉焊等及其组合。

[释义]：本条在荷载条件、钢材厚度以及焊接方法等方面规定了《钢结构焊接标准》GB 50661 的适用范围。

对于一般桁架或网格结构、多层和高层梁-柱框架结构的工业与民用建筑钢结构、公路桥梁钢结构、电站电力塔架、非压力容器罐体以及各种设备钢构架、工业炉窑壳体、照明塔架、通廊、工业管道支架、人行过街天桥或城市钢结构跨线桥等钢结构的焊接，可按照本标准规定执行，如图 3-1～图 3-9 所示。

对于特殊技术要求领域的钢结构，根据设计要求和专门标准的规定，补充特殊规定后，仍可按照本标准执行。

本条所列的焊接方法包括了目前我国钢结构制作、安装中广泛采用的焊接方法。

图 3-1　框架结构

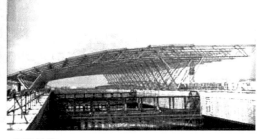

图 3-2　桁架结构

图 3-3　网格结构

图 3-4　桥梁结构

图 3-5　塔桅结构

图 3-6 构件截面形式——箱形构件

图 3-7 构件截面形式——十字形构件

图 3-8 构件截面形式——圆管形构件

图 3-9　构件截面形式——H 形构件

1.0.3　钢结构焊接除应符合本标准外，尚应符合国家现行有关标准的规定。

[**释义**]：焊接过程是钢材的热加工过程，焊接过程中产生的火花、热量、飞溅物等往往是建筑工地火灾事故的起因，如果安全措施不当，会对焊工的身体造成伤害。因此，无论是在车间还是在现场，职业健康、安全与环境（HSE）是每一个焊接工作者必须注意的问题。焊接施工必须遵守国家现行安全技术和劳动保护的有关规定，确保焊接工作是在安全的条件下进行的，相关人员要在焊前检查焊接设备的安全性，评估焊接操作的危险性。概括起来，进行焊接生产，主要考虑以下四个因素：

① 电击；

② 热和光；

③ 烟尘及气体；

④ 噪声。

要保证焊接安全，焊接施工必须遵守以下文件。

① 国家法规：职业健康、安全与环境（HSE）法规。

② 标准规范：《焊接与切割安全》GB 9448 等。

③ 行业规定：针对具体行业，给出的特殊规定。

④ 现场安全要求：工作许可、危险评估、安全防护措施、突发事件应对等文件。

与焊接施工有关的焊接从业人员都要进行相关法律法规、安全技术及标准规范的培训，取得安全上岗资格，在焊接前要进行安全交底，针对具体的焊接施工采取相应的安全措施，保证焊接工作的安全进行。

本标准是有关钢结构制作和安装工程对焊接技术要求的专业性标准，是对钢结构相关标准的补充和深化，与《建筑抗震设计规范》GB 50011、《构筑物抗震设计规范》GB 50191、《钢结构通用规范》GB 55007、《钢结构设计标准》GB 50017、《钢结构工程施工质量验收标准》GB 50205、《空间网格结构技术规程》JGJ 7、《公路桥涵施工技术规范》JTG/T 3650 等标准相协调使用。因此，在钢结构工程焊接施工中，除应按本标准的规定执行外，还应符合国家现行有关强制性标准的规定。

3.2 对"术语和符号"的详释

现行国家标准《焊接术语》GB/T 3375 收录了 527 条术语，除压焊、钎焊术语本规范未涉及外，在实际焊接生产中，该标准中所确立的相应术语均适用于本标准。此外，本标准规定了 9 个特定术语，这些术语是从钢结构焊接的角度赋予其涵义的。

2 术语和符号

2.1 术 语

2.1.1 消氢热处理 hydrogen relief heat treatment

焊接后立即将焊接接头加热至一定温度并保温一段时间，以加速焊接接头中氢的扩散逸出，防止由于扩散氢的积聚而导致延迟裂纹产生的焊后热处理方法。

2.1.2 消应力热处理 stress relief heat treatment

焊接后将焊接接头加热到母材 A_{c1} 线以下的一定温度并保温一段时间，以降低焊接残余应力，改善接头性能为目的的焊后热处理方法。

[**2.1.1～2.1.2 释义**]：消氢热处理和消应力热处理，因钢结构所用钢材基本上为低碳钢和低合金钢，淬硬倾向及裂纹敏感性不高，且钢结构节点复杂、体积庞大，进行焊后热处理困难较大，对于厚板、拘束度大的焊接接头，一般做法是焊前预热，焊后保温缓冷，能够满足质量要求。但近年来，大厚度、高强钢在钢结构工程中的应用越来越多，节点越来越复杂，对焊接材料、焊接工艺的要求也越来越高，有些场合需要进行焊后消氢热处理和消应力热处理，针对这些情况，本标准特别在焊接工艺一章安排了两节，分别对消氢热处理和消应力热处理进行规定。

由于国内结构用钢品种越来越丰富，针对不同强化机理和供货状态的结构钢，其消应力热处理温度也应有所不同，对于普通正火或热轧供货状态的低碳和低合金结构钢，热处理温度一般为 550～630℃；对于其他类型钢种，如采用析出强化钢或调质钢，应谨慎采用消应力热处理，如果需要，其温度可为 480～550℃，或按照厂家推荐温度进行。

2.1.3 过焊孔 weld access hole

在构件焊缝交叉的位置，为保证主要焊缝的连续性，并有利于焊接操作的进行，在相应位置开设的焊缝穿过孔。

[**释义**]：过焊孔是钢结构独有的术语，它是为了避免焊缝交叉，保证主要焊缝的连续性，有利于焊接操作而开设的焊缝穿过孔。如在 H 形钢构件对接接头中，为保证翼缘板焊缝的连续，在腹板对接焊缝的两个端部开设过焊孔。

2.1.4 免予焊接工艺评定 prequalification of WPS

在满足本标准规定的某些特定焊接方法和参数、钢材、接头形式、焊接材料组合的条件下，可以不经焊接工艺评定试验，直接采用本标准规定的焊接工艺制定焊接工艺规程。

[释义]：免予评定焊接工艺是一个舶来词，其英文为 prequalification of WPS，是标准编制组根据国内具体情况，借鉴美国《钢结构焊接规范》AWS D1.1，首次在国内标准引入此概念。一个企业接到一项焊接工程，往往先要根据结构所用钢材、接头形式以及施工工艺，选择焊接方法和焊接材料，然后进行工艺评定，评定试验合格，焊接技术人员据之编写焊接工艺规程（WPS），借以指导规范焊工的操作，这样的一个程序即焊接工艺评定。焊接工艺评定对保证焊缝质量及工程质量是十分必要的，并且，它是在长期实践中逐步发展起来的。当然，在大量的工作实践中，一些钢材、焊接方法、焊接材料和母材的组合已经过了大量的使用，被证明是完全成熟的，是经过考验的，只要在一定的工艺参数范围内，焊接质量是完全有保障的，因此，对于这样的组合，不要求再进行工艺评定试验，可以直接采用，即"免予评定"。这样的规定，符合客观事实，符合科学规律，而且也具有显著的经济意义。

2.1.5　焊接环境温度　temperature of welding circumstance
施焊时，焊件周围环境的温度。

[释义]：焊接环境温度是不同于气温的概念，本标准之所以对这个术语进行定义，是因为在以往的焊接工程中由于相关人员对焊接技术不是很熟悉，往往将焊接环境温度和气温混为一谈，而具体在焊接过程中，影响焊接质量的是焊接环境温度，即焊接区域的温度。如果是在露天进行焊接施工，气温即为焊接环境温度，若在车间或防风棚内等封闭空间进行焊接施工，则该封闭空间内的温度即为焊接环境温度。本标准第 7.5 节所讲的温度即为焊接环境温度。

2.1.6　自保护药芯焊丝电弧焊　self-shielded flux cored arc welding
不需外加气体或焊剂保护，仅依靠焊丝药芯在高温时反应形成的熔渣和气体保护焊接区进行焊接的方法。

[释义]：在现行国家标准《焊接术语》GB/T 3375 中有药芯焊丝电弧焊（第 3.122 条）的术语规定，该术语包括了气体保护药芯焊丝电弧焊和自保护药芯焊丝电弧焊。在钢结构焊接行业，应用的药芯焊丝电弧焊，普遍采用气体保护，如果没有强调，药芯焊丝电弧焊习惯上就认为是气体保护药芯焊丝电弧焊。而随着药芯焊丝在钢结构焊接中的应用越来越多，自保护焊也开始有所应用，为将这两种焊接方法区分开来，在本标准中增加了这一术语，避免应用中发生混淆。

2.1.7　检测　testing
按照规定程序，由确定给定产品的一种或多种特性进行处理或提供服务所组成的技术操作。
2.1.8　检验　inspection
对材料、人员、工艺、过程或结果的核查，并确定其相对于特定要求的符合性，或在专业判断的基础上，确定相对于通用要求的符合性。

[2.1.7～2.1.8 释义]：检测和检验是符合性评定的两种方式。检测是按照规定程序，对产品的某一种或多种特性进行检验、测试，得到产品的某一项指标的结果，如对焊接试件进

行拉伸、弯曲、冲击等试验，得到一定的试验结果，根据试验结果来判断是否符合相关标准对该项指标的要求。而检验则是对材料、人员、工艺、过程或结果的综合核查，或在专业判断基础上，确定其是否满足特定的要求，如焊接工艺评定、焊接材料复验等。检测是通过一定技术手段，对产品的某一项性能指标进行测试，获取相应的结果或数据；而检验活动所针对的不仅是产品，还包括材料、人员、工艺、过程等，利用感官检验的结果、各种检测的数据结果以及其他可获得的数据，按照一定的标准或规范要求，由具有一定专业能力的人员做出综合判断。

针对检测与检验，其执行机构包括由中国合格评定国家认可委员会根据《检测和校准实验室能力认可准则》CNAS-CL01（IDT ISO/IEC 17025）认可的检测试验室和根据《检验机构能力认可准则》CNAS-CI01（IDT ISO/IEC 17020）认可的检验试验室，试验室的认可程序与国际通用程序相同。

2.1.9　自检　self-inspection
施工单位在制造、安装过程中，由本单位具有相应技术能力的检测人员或委托第三方检测机构进行的检验。

2.1.10　监检　supervisory inspection
由业主或其代表委托独立第三方检测机构进行的检验。

[2.1.9~2.1.10 释义]：自检是钢结构焊接质量保证体系中的重要步骤，涉及焊接作业的全过程，包括过程质量控制、检验和产品最终检验。自检人员的资质要求除应满足本标准的相关规定外，其无损检测人员数量的要求尚需满足产品所需检测项目每项不少于 2 名 2 级及 2 级以上人员的规定。监检与自检一样是产品质量保证体系的一部分，但需由具有资质的独立第三方来完成。监检的比例需根据设计要求及结构的重要性确定，对于焊接难度等级为 A、B 级的结构，监检的主要内容是无损检测，而对于焊接难度等级为 C、D 级的结构，其监检内容还应包括过程中的质量控制和检验。

2.1.11　加强焊脚　reinforce fillet weld leg
对接与角接组合焊缝中角焊缝翼板侧的焊脚尺寸，即从翼板表面上的焊趾到腹板表面的垂直距离。

[释义]：本标准的加强焊脚是对接角接组合焊缝中非对称角焊缝翼板侧的焊脚，如图 3-10 所示，是对对接焊缝部分的加强，因为该接头的受力主要由对接部分承担，所以与纯角焊缝的焊脚有所不同，本标准中使用 h_k 表示对接角接组合焊缝加强焊脚尺寸，用 h_f 表示角焊缝焊脚尺寸，以示区别。

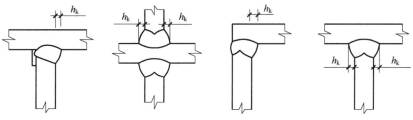

图 3-10　对接角接组合焊缝中的加强焊脚

2.2　符　　号

α	——	焊缝坡口角度;
h	——	焊缝坡口深度;
b	——	焊缝坡口根部间隙;
P	——	焊缝坡口钝边高度;
h_e	——	焊缝计算厚度;
z	——	焊缝计算厚度折减值;
h_f	——	焊脚尺寸;
h_k	——	加强焊脚尺寸;
L	——	焊缝的长度;
B	——	焊缝宽度;
C	——	焊缝余高;
Δ	——	对接焊缝错边量;
$D\ (d)$	——	主（支）管直径;
Φ	——	圆钢直径;
Ψ	——	两面角;
δ	——	试样厚度;
t	——	板、壁的厚度;
a	——	间距;
W	——	型钢杆件的宽度;
Σ_f	——	角焊缝名义应力;
T_f	——	角焊缝名义剪应力;
η	——	焊缝强度折减系数;
f_f^w	——	角焊缝的抗剪强度设计值;
$HV10$	——	试验力为 98.07N（10kgf），保持荷载（10~15）s 的维氏硬度;
R_{eH}	——	上屈服强度;
R_{eL}	——	下屈服强度;
R_m	——	抗拉强度;
A	——	断后伸长率;
Z	——	断面收缩率。

[释义]：本标准给出了 29 个符号，并对每一个符号给出了相应的定义。这些符号在本标准各章节中均有引用，其中材料力学性能符号与现行国家标准《金属材料　拉伸试验　第 1 部分：室温试验方法》GB/T 228.1 相一致，强度用英文字母 R 表示，伸长率用英文字母 A 表

示，断面收缩率用英文字母 Z 表示。鉴于目前有些相关的产品标准未进行修订，为避免力学性能符号的引用混乱，建议在试验报告中，力学性能名称及其新符号之后，用括号标出旧符号。例如：上屈服强度 R_{eH}（σ_{sU}），下屈服强度 R_{eL}（σ_{sL}），抗拉强度 R_m（σ_b），规定非比例延伸强度 $R_{p0.2}$（$\sigma_{p0.2}$），伸长率 A（δ_5），断面收缩率 Z（Ψ）等。

3.3 对"基本规定"的详释

3 基 本 规 定

3.0.1 钢结构焊接难度可按表 3.0.1 分为 A、B、C、D 四个等级。钢材碳当量（CEV）宜采用公式（3.0.1）计算；对于热机械轧制或热机械轧制加回火状态交货的钢材，钢材碳当量（P_{cm}）宜采用公式（3.0.2）计算。

$$CEV\,(\%)=C+\frac{Mn}{6}+\frac{Cr+Mo+V}{5}+\frac{Cu+Ni}{15}\ (\%) \qquad (3.0.1)$$

$$P_{cm}\,(\%)=C+\frac{Si}{30}+\frac{Mn+Cu+Cr}{20}+\frac{Ni}{60}+\frac{Mo}{15}+\frac{V}{10}+5B\ (\%) \qquad (3.0.2)$$

表 3.0.1 钢结构焊接难度等级

影响因素 焊接难度等级	板厚 t (mm)	钢材分类	钢材碳当量	
			CEV （%）	P_{cm} （%）
A（易）	$t\leqslant30$	I	$CEV\leqslant0.38$	$P_{cm}\leqslant0.20$
B（一般）	$30<t\leqslant60$	II	$0.38<CEV\leqslant0.45$	$0.20<P_{cm}\leqslant0.22$
C（较难）	$60<t\leqslant100$	III	$0.45<CEV\leqslant0.50$	$0.22<P_{cm}\leqslant0.25$
D（难）	$t>100$	IV	$CEV>0.50$	$P_{cm}>0.25$

注：1. 根据表中影响因素所处最难等级确定焊接难度；
　　2. 钢材分类应符合本标准表 4.0.5 的规定。

[释义]：对钢结构焊接进行难度划分，这是本标准的特色，其目的是在以后的章节中根据施工企业承担钢结构焊接的具体难度等级，对施工企业的资质、焊接施工装备能力、施工技术和人员水平能力、焊接工艺技术措施、检验与试验手段、质保体系和技术文件提出相应的要求。适度要求，既能保障工程质量，又不至于门槛过高，使各类企业都有自己的生存空间，有利于国内钢结构产业的健康发展。另外，本标准针对不同钢结构的焊接难度等级，提出了适当的技术、质量要求，避免因一刀切而造成的不必要的浪费。焊接难度的划分，在实际生产施工中是很有意义的。招投标阶段，企业可以根据工程中焊接的最高难度等级，确定自身条件是否符合要求，业主或招标方也可以根据焊接的难易程度选择合适的承包单位并提出适当的工程技术、质量要求；施工验收阶段，工程参与各方可以根据工程的具体要求进行相应的工作。

本标准适用的钢材类别、结构类型比较广泛，基本上涵盖了目前钢结构焊接施工的实际需要。为了提高钢结构工程焊接质量，保证结构使用安全，根据影响施工焊接的各种基本因素，将钢结构焊缝焊接按难易程度区分为易、一般、较难和难四个等级。针对不同情况，施工企业在承担钢结构工程时应具备与焊缝焊接难度相适应的技术条件，如施工企业的资质、焊接施工装备能力、施工技术和人员水平能力、焊接工艺技术措施、检验与试验手段、质保体系和技术文件等。

表 3.0.1 中钢材碳当量应根据钢材含碳量选用相应的公式进行计算或与钢材产品标准的规定相一致。P_{cm} 来自英文 Composition Parameter，根据第三版《焊接手册》，其准确名称应为"低碳微量合金元素钢的碳当量"，在有些地方甚至包括一些标准（如 GB/T 1591）将其称为"焊接裂纹敏感指数"是不够准确的，焊接冷裂纹敏感指数是通过由 P_{cm}、熔敷金属含氢量［H］及板厚（δ）或拘束度（R）所建立的冷裂纹敏感性判据公式计算得到的（具体可参考中国机械工程学会焊接学会编写的《焊接手册》），因此 P_{cm} 与焊接冷裂纹敏感指数是两个不同概念，不能等同。

板厚的区分，是按照目前国内钢结构的中厚板使用情况，将板厚≤30mm 的构件定为易焊的结构，将板厚为 30～60mm 的构件定为焊接难度一般的结构，将板厚为 60～100mm 的构件定为较难焊接的结构，板厚＞100mm 时为难焊的结构。

在使用表 3.0.1 时，应先根据"板厚""钢材分类""钢材碳当量"分别确定各影响因素所处的难度等级，再对各因素所处的难度等级进行比较，各因素中最高的难度等级即为最终的难度等级。如某一焊接接头，使用钢材为 Q355B 和 Q420C，最大板厚为 80mm，钢材碳当量最大为 0.40，确定其难度等级的程序如下。

① 板厚：80mm，根据表 3.0.1，难度级别为 C。
② 钢材分类：Q355B 为Ⅱ类钢，Q420C 为Ⅲ类钢，应按照 Q420C 确认焊接难度为 C。
③ 碳当量：0.40，难度等级为 B。

根据以上 3 个因素所处难度等级，最高为 C，则此焊接接头难度等级为 C（较难）级。

3.0.2　钢结构焊接工程设计、施工单位应具备与工程结构类型相应的设计或施工技术能力。设计施工图应按规定经政府建设主管部门批准的审图机构审查合格，当施工单位承担钢结构工程焊接深化设计时，应经原设计单位确认。

3.0.3　承担钢结构焊接工程的施工单位应符合下列规定：

　　1　应具有相应的焊接质量管理体系和技术标准；

　　2　应具有具备相应技术能力的焊接技术人员、焊接检验人员、无损检测人员、焊工、焊接热处理人员；

　　3　应具有与所承担的焊接工程相适应的焊接设备、检验和试验设备；

　　4　检验仪器、仪表应经计量检定、校准合格且在有效期内。

［3.0.2～3.0.3 释义］："欲善其事，先利其器"，或者说"没有金刚钻，不揽瓷器活"。钢结构焊接工程也是一样道理。根据第 3.0.1 条规定，钢结构焊接可根据具体情况分为不同难度等级，能否把工程干好，有赖于施工制造单位的自身条件是否满足相应要求。鉴于目前国内钢结构工程承包的实际情况，结合近二十年来的实际施工经验和教训，本标准要求承担钢结构工程制作安装的企业必须具有相应的设备条件、焊接技术质量保证体系，并配备具有金属材料、焊接结构、焊接工艺及设备等方面专业知识的焊接技术人员。实践证明，强调对施工企业焊接相关从业人员的技术资格要求，明确其职责，十分必要。

随着大中城市现代化的进程，在钢结构的设计中越来越多地采用一些超高、超大新型钢结构。这些结构中焊接节点设计复杂，接头拘束度较大，一旦发生质量问题，尤其是裂纹，往往对工程的安全、工期和投资造成很大损失。目前，重大工程中经常采用一些进口钢材或新型国产钢材，这样就要求施工单位要全面了解其冶炼、铸造、轧制上的特点，掌握钢材的焊接性，才能制定出正确的焊接工艺，确保焊接施工质量。本条款规定了对于特殊结构或采用高强度钢材、特厚材料及焊接新工艺的钢结构工程，其制作、安装单位应具备相应的焊接工艺试验室和基本的焊接试验开发技术人员，也是对焊接质量的一个重要保障。

3.0.4 钢结构焊接工程相关人员应满足下列要求：

　　1 焊接技术人员应具备相应的焊接技术能力，且有 1 年以上焊接生产或施工实践经验；

　　2 焊接检验人员应具备相应的技术能力，且有 3 年以上焊接相关领域从业经历；

　　3 无损检测人员资格证应在有效期内，并应按考核合格项目及权限从事无损检测和审核工作。承担焊接难度等级为 C 级和 D 级焊缝无损检测的审核人员应具有现行国家标准《无损检测人员资格鉴定与认证》GB/T 9445 规定的 3 级资格技术能力；

　　4 焊接热处理人员应具备相应的专业技术。用电加热设备加热时，操作人员应经过专业培训。

[释义]：本条对焊接相关人员的资格作出了明确规定，借以加强对各类人员的管理。

1949 年以来，我国钢结构经历了困难期、低潮期、发展期、成熟期四个阶段。目前，我国的钢结构进入了成熟期。进入成熟期的主要标志就是以国家体育场"鸟巢"、港珠澳大桥以及北京大兴国际机场、中国尊、深圳平安大厦等为代表的超级钢结构工程的顺利竣工，标志着我国的施工技术和钢结构产业进入世界先进行列。

然而，现实并不能完全令人乐观，不可回避的现实是：由于钢结构焊接工程对象的不确定性、现代钢结构工程的复杂性、市场竞争的残酷性、施工环境条件的多样性，使焊接工作始终面临诸多困难和挑战。

众所周知，焊接是一项需要理论与实践紧密结合的工作，其贯穿于钢结构施工的整个过程，由此决定了焊接从业人员，包括焊工、焊接技术人员、焊接检验人员、无损检测人员、焊接热处理人员在工程中的地位和作用，他们是焊接实施的直接或间接参与者，是焊接质量控制环节中的重要组成部分，焊接从业人员的专业素质是关系到钢结构工程焊接质量的关键因素。2008 年北京奥运会场馆钢结构工程的成功建设和鄂尔多斯跑马场钢结构的倒塌，从正反两个方面都说明了加强焊接从业人员管理的重要性。随着国家经济建设的快速发展，焊接新材料、新设备、新工艺不断涌现，焊接工程量越来越大、施工难度越来越高、质量要求越来越严，这无疑也给焊接从业人员的人数和业务素质提出了更高的要求。

从全行业角度上看，我国钢结构焊接技术水平的发展是不平衡的，具体反映在钢结构建设队伍的组成人员数量和业务素质，以及人们对新型钢结构焊接应用技术理论的掌握和认识程度。目前，钢结构行业从业人员中，懂得焊接应用技术的人员不多，精通的更少，与钢结构行业的业务需求相比差距甚大。同时由于迄今国内尚未有相应的准入机制和标准，缺乏对相关人员的考核管理（目前只有对焊工和检测人员的考试规定），致使国内一些钢结构企业焊接从业人员尤其是技术管理人员良莠不齐，十分混乱，造成一些钢结构工程在生产制作、施工安装过程中的粗制滥造，给整个工程质量埋下安全隐患，这对于我国蒸蒸日上的钢结构行业无疑是一个亟待解决的问题。

团体标准《钢结构焊接从业人员资格认证标准》已经颁布实施，行业标准《冶金工程建设焊工考试规程》YB/T 9259 也现行有效，因此，对于焊接从业人员具体的资格认证和管理，可按照这两个标准的规定具体执行。

根据标准《钢结构焊接从业人员资格认证》CECS 331，焊接从业人员的定义和划分如下。

① 焊接从业人员：焊接的直接或间接参与者，包括焊接技术管理人员、焊工、焊接操作指导人员、焊接检验人员、焊接热处理人员、焊接监理人员等。

② 焊接技术管理人员：钢结构制作、安装中负责焊接工艺制定、施工计划和管理的技术人员。

③ 焊工：定位焊工、焊工、焊接操作工的总称。

a. 定位焊工：正式焊缝焊接前，为了使焊件的一些部分保持在对准合适的位置而进行定位焊接的人员。

b. 焊工：进行手工或半自动焊焊接操作的人员。

c. 焊接操作工：全机械或全自动熔化焊、电阻焊的焊接设备操作人员。

④ 焊接检验人员：对焊接施工过程或结果进行符合性验证的人员。

⑤ 焊接热处理人员：从事焊接热处理工作的人员，包括焊接热处理技术人员和焊接热处理操作人员。

3.0.5　钢结构焊接工程相关人员的技术工作应符合下列规定：

1　焊接技术人员应负责组织进行焊接工艺评定，并应编制焊接工艺方案及技术措施和焊接作业指导书或焊接工艺卡等焊接技术文件，处理施工过程中的焊接技术问题；

2　焊接检验人员应负责对焊接作业进行全过程的检验和控制，并应出具检验报告；

3　无损检测人员应按设计文件或相应技术要求规定的检测方法及标准，对受检部位进行检测，并应出具检测报告；

4　焊工应按照焊接工艺文件的要求施焊，其技术能力应满足所从事钢结构的钢材种类、焊接节点形式、焊接方法、焊接位置等的要求，施焊范围不得超越评定合格技术能力的范围；

5　焊接热处理人员应按照热处理作业指导书及相应的操作规程进行作业。

[释义]：本条对焊接相关人员的职责作出了规定，其中焊接检验人员负责对焊接作业进行全过程的检验和控制，出具检验报告。所谓检验报告，是根据若干检测报告的结果，通过对材料、人员、工艺、过程或质量的核查进行综合判断，确定其相对于特定要求的符合性，或在专业判断的基础上，确定相对于通用要求的符合性所出具的书面报告，如焊接工艺评定报告、焊接材料复验报告等。与检验报告不同，检测报告是对某一产品的一种或多种特性进行测试并提供检测结果，如材料力学性能检测报告、无损检测报告等。

出具检测报告、检验报告的检测机构或检验机构均要有具有相应检测、检验资质，其中，检测机构应通过国家认证认可监督管理委员会的 CMA 计量认证（具备国家有关法律、行政法规规定的基本条件和能力，可以向社会出具具有证明作用的数据和结果）或中国合格评定国家认可委员会的试验室认可［符合《检测和校准试验室能力认可准则》CNAS-CL01（IDT ISO/IEC 17025）的要求］；检验机构应通过中国合格评定国家认可委员会的试验室认可［符合《检验机构能力认可准则》CNAS-CI01（IDT ISO/IEC 17020）的要求］。

3.4 对"材料"的详释

4 材 料

4.0.1 钢结构焊接工程用钢材及焊接材料应符合现行强制性国家规范《钢结构通用规范》GB 55006 的要求。

[释义]： 合格的钢材及焊接材料是获得良好焊接质量的基本前提，其化学成分和力学性能是影响焊接性的重要指标，现行国家工程规范《钢结构通用规范》GB 55006 中明确要求，钢材和连接材料应按设计文件的选材要求订货，焊接材料应与母材匹配，钢结构焊接材料应具有焊接材料厂出具的产品质量证明书或检验报告。钢结构施工企业必须严格遵守相关规定。

4.0.2 钢材的化学成分、力学性能复验应符合工程质量验收的有关要求；焊接难度等级为 C 级和 D 级的焊缝及重型、特殊钢结构采用的焊接材料应按生产批号进行复验。

[释义]： 钢材的化学成分决定了钢材的碳当量数值，化学成分是影响钢材的焊接性和焊接接头安全性的重要因素之一。在工程前期准备阶段，钢结构焊接施工企业就应确切了解所用钢材的化学成分和力学性能，以作为焊接性试验、焊接工艺评定以及钢结构制作和安装的焊接工艺及措施制定的依据。并应按国家现行有关工程质量验收标准要求对钢材的化学成分和力学性能进行必要的复验，具体操作可参照国家现行团体标准《钢结构钢材选用与检验技术规程》（CECS 300）的相关规定。

无论对于国产钢材还是国外钢材，除满足本标准免予评定规定的材料外，其焊接施工前，要按本标准第 6 章的要求进行焊接工艺评定试验，合格后制定出相应的焊接工艺文件或焊接作业指导书。钢材的碳当量，是作为制定焊接工艺评定方案时所考虑的重要因素，但非唯一因素。

低合金结构钢的发展，满足了焊接结构多方面的要求，如高强度、耐高温、耐低温及耐候、耐蚀等。在低合金结构钢中，随着碳及合金元素含量的增多，碳当量也会有所提高，导致接头的脆化、硬化及裂纹倾向增大。为了改善低合金结构钢的焊接性，用于造船、桥梁、钢结构建筑、压力容器的低温钢、耐热钢、管线钢等都在向"纯净化、低碳、低合金、微合金化和控轧控冷"方向发展。这也是世界钢铁工业的发展方向，其基本思想是打破传统的 C、Mn、Si 系钢的设计思想，采用降碳、多种微量元素（如 V、Nb、Ti、Cu、Re 等）合金化，并通过控轧控冷工艺细化晶粒，提高强韧性，保证综合的力学性能。因此，在关注钢材碳当量的同时，钢材的强化机理、特殊性能以及供货状态对焊接质量的影响同样不可忽视。

焊接材料对焊接质量的影响重大，纵观近年来国内发生的钢结构焊接质量问题，有很大比例是由于焊材因素造成的，包括焊材的选用、焊材自身质量以及保存和处理等，因此焊材复验是必要的，同时由于不同生产批号焊材的质量也往往存在一定的差异，本着安全、经济、适应的原则，本标准对钢结构工程的焊接材料复验做出了明确规定。

4.0.3　选用的钢材应具备完善的焊接性资料、指导性焊接工艺、热加工工艺参数、相应钢材的焊接接头性能数据等资料；在钢结构焊接工程中首次应用的新材料应经技术论证、评审和焊接工艺评定合格后，方可在工程中采用。

[释义]：新材料是指未列入国家或行业标准的材料，或已列入国家或行业标准，但对钢厂或焊接材料生产厂为首次试制或生产。鉴于目前国内新材料技术开发工作发展迅速，其产品的性能和质量良莠不齐，新材料的使用必须有严格的规定。

目前，中国焊材与钢材的生产总量均已高居世界第一，但两者在高端品种上均有进口，距离钢铁与焊接材料强国的水平还有很大差距。国外知名的焊材企业基本都与钢厂合办在一起，如：日本的神钢焊材厂、新日铁焊材厂；欧洲的山特维克、阿维斯塔、伯乐蒂森。因此，加强国内钢厂和焊材厂之间的合作与沟通，对提高我国焊材质量和拓展焊材品种意义重大。

4.0.4　焊接材料应由生产厂提供熔敷金属化学成分、性能鉴定资料及指导性施焊参数。

[释义]：焊接材料的选配原则，根据设计要求，除保证焊接接头强度、塑性不低于钢材标准规定的下限值以外，还应保证焊接接头的冲击韧性不低于母材标准规定的冲击韧性下限值。

对于结构钢而言，一般采用等强度匹配。母材强度级别较低时，如 Q235、Q355，往往采用高（强度）组配。当强度级别很高时（如 Q460 以上），往往采用稍低（强度）组配，即高韧性组配，焊缝强度低、韧性好，接头承载时，焊缝金属和母材相比，有一定的塑性变形能力，有利于减小缺陷或应力集中的影响，促使应力均匀化，阻止或减少裂纹的萌生、扩展。

对于焊接材料，根据不同焊接方法，其适用的主要标准如下。

（1）手工电弧焊

R_{eL} 或 $R_{0.2}$ 在 500MPa 以下（美标：R_m 在 570MPa 以下）：ISO 2560。

R_{eL} 或 $R_{0.2}$ 在 500MPa 以上（美标：R_m 在 570MPa 以上）：ISO 18275。

国标全范围：GB/T 5117、GB/T 5118、GB/T 32533。

（2）实芯焊丝气体保护焊

R_{eL} 或 $R_{0.2}$ 在 500MPa 以下（美标：R_m 在 570MPa 以下）：ISO 14341。

R_{eL} 或 $R_{0.2}$ 在 500MPa 以上（欧标）：EN 12534。

美标全范围：AWS A5.29。

国标全范围：GB/T 8110。

保护气体：ISO 14175、GB/T 39255。

（3）氩弧焊

R_{eL} 或 $R_{0.2}$ 在 500MPa 以下（美标：R_m 在 570MPa 以下）：ISO 636。

R_{eL} 或 $R_{0.2}$ 在 500MPa 以上（欧标）：EN 12534。

美标全范围：AWS A5.29。

国标全范围：GB/T 8110。

保护气体：ISO 14175、GB/T 39255。

（4）埋弧焊

R_{eL} 或 $R_{0.2}$ 在 500MPa 以下（美标：R_m 在 570MPa 以下）：ISO 14171。

R_{eL} 或 $R_{0.2}$ 在 500MPa 以上（欧标）：EN 14295。

美标全范围：AWS A5.23。

国标全范围：GB/T 5293、GB/T 12470。

焊剂：ISO 14174、GB/T 36037。

（5）药芯焊丝气体保护焊

R_{eL} 或 $R_{0.2}$ 在 500MPa 以下（美标：R_{m} 在 570MPa 以下）：ISO 17632。

R_{eL} 或 $R_{0.2}$ 在 500MPa 以上（美标：R_{m} 在 570MPa 以上）：ISO 18276。

国标全范围：GB/T 10045、GB/T 17493。

4.0.5 钢结构焊接工程中常用国内钢材按其标称屈服强度分类应符合表 4.0.5 的规定。

表 4.0.5 常用国内钢材分类

类别号	标称屈服强度	钢材牌号举例	对应标准号
I	≤300MPa	Q195、Q215、Q235、Q275	GB/T 700
		20、25、15Mn、20Mn、25Mn	GB/T 699
		Q235GJ	GB/T 19879
		Q235NH、Q265GNH、Q295NH、Q295GNH	GB/T 4171
		ZG 200-400H、ZG 230-450H、ZG 270-480H	GB/T 7659
		G17Mn5QT、G20Mn5N、G20Mn5QT	JGJ/T 395
II	>300MPa 且 ≤370MPa	Q355	GB/T 1591
		Q345q、Q370q、Q345qNH、Q370qNH	GB/T 714
		Q345GJ	GB/T 19879
		Q310GNH、Q355NH、Q355GNH	GB/T 4171
		ZG300-500H、ZG340-550H	GB/T 7659
III	>370MPa 且 ≤420MPa	Q390、Q420	GB/T 1591
		Q390GJ、Q420GJ	GB/T 19879
		Q420q、Q420qNH	GB/T 714
		Q415NH	GB/T 4171
IV	>420MPa	Q460、Q500、Q550、Q620、Q690	GB/T 1591
		Q460q、Q500q、Q460qNH、Q500qNH	GB/T 714
		Q460GJ	GB/T 19879
		Q460NH、Q500NH、Q550NH	GB/T 4171

注：国内新钢材和国外钢材按其屈服强度级别归入相应类别。

[释义]：钢材可按化学成分、强度、供货状态、碳当量等进行分类。按钢材的化学成分分类，可分为低碳钢、低合金钢和不锈钢等；按钢材的标称屈服强度分类，可分为235MPa、295MPa、345（355）MPa、370MPa、390MPa、420MPa、460MPa 等级别；按钢材的供货状态分类，可分为热轧钢、正火钢、控轧钢、控轧控冷钢、TMCP 钢、TMCP+回火处理钢、调质（淬火+回火）钢、DQ 钢、淬火+自回火钢等。

本标准中，常用国内钢材分类是按钢材的标称屈服强度级别划分的。常用国外钢材大致对应国内钢材分类见表 3-1，由于国内外钢材屈服强度标称值与实际值的差别不尽相同，国外钢材难以完全按国内钢材进行分类，所以只能兼顾按照国内钢材的标称和实际屈服强度来大体区分。

表 3-1　常用国外钢材大致对应国内钢材分类

类别号	屈服强度/MPa	国外钢材牌号举例	国外钢材标准
I	195～245	SM400（A、B）　t≤200mm SM400C　t≤100mm	JIS G 3106
	215～355	SN400（A、B）　6mm＜t≤100mm SN400C　　16mm＜t≤100mm	JIS G 3136
	145～185	S185　t≤250mm	EN 10025-2
	175～235 175～235 165～235	S235JR　t≤250mm S235J0　t≤250mm S235J2　t≤400mm	EN 10025-2
	195～235	S235 J0W　t≤150mm S275 J2W　t≤150mm	EN 10025-5
	≥260	S260NC　t≤20mm	EN 10149-3
	≥250	ASTM A36/A36M	ASTM A36/A36M
	225～295	E295　t≤250mm	EN 10025-2
	205～275 205～275 195～275	S275 JR　t≤250mm S275 J0　t≤250mm S275 J2　t≤400mm	EN 10025-2
	205～275	S275 N　t≤250mm S275 NL　t≤250mm	EN 10025-3
	240～275	S275 M　t≤150mm S275 ML　t≤150mm	EN 10025-4
II	≥290	ASTM A572/A572M Gr42　t≤150mm	ASTM A572/A572M
	≥315	S315NC　t≤20mm	EN 10149-3
	≥315	S315MC　t≤20mm	EN 10149-2
	275～325	SM490（A、B）　t≤200mm SM490C　　　t≤100mm	JIS G 3106
	325～365	SM490Y（A、B）t≤100mm	JIS G 3106
	295～445	SN490B　6mm＜t≤100mm SN490C　16mm＜t≤100mm	JIS G 3136
	255～335	E335　t≤250mm	EN 10025-2
	275～355 275～355 265～355 265～355	S355 JR　t≤250mm S355J0　t≤250mm S355J2　t≤400mm S355K2　t≤400mm	EN 10025-2
	275～355	S355 N　t≤250mm S355 NL　t≤250mm	EN 10025-3
	320～355	S355 M　t≤150mm S355 ML　t≤150mm	EN 10025-4
	345～355	S355 J0WP　t≤40mm S355 J2WP　t≤40mm	EN 10025-5:2004

续表

类别号	屈服强度/MPa	国外钢材牌号举例	国外钢材标准
II	295～355	S355 J0W　　t≤150mm S355 J2W　　t≤150mm S355 K2W　　t≤150mm	EN 10025-5
	≥345	ASTM A572/A572M Gr50　　t≤100mm	ASTM A572/A572M
	≥355	S355NC　　t≤20mm	EN 10149-3
	≥355	S355MC　　t≤20mm	EN 10149-2
	≥345	ASTM A913/ A913M　Gr50	ASTM A913/A913M
	285～360	E360　　t≤250mm	EN 10025-2
III	325～365	SM520（B、C）t≤100mm	JIS G 3106
	≥380	ASTM A572/A572M Gr55　　t≤50mm	ASTM A572/A572M
	≥415	ASTM A572/A572M Gr60　　t≤32mm	ASTM A572/A572M
	≥415	ASTM A913/ A913M　Gr60	ASTM A913/A913M
	320～420	S420 N　　t≤250mm S420 NL　　t≤250mm	EN 10025-3
	365～420	S420 M　　t≤150mm S420 ML　　t≤150mm	EN 10025-4
IV	420～460	SM570　　t≤100mm	JIS G 3106
	≥450	ASTM A572/A572M Gr65　　t≤32mm	ASTM A572/A572M
	≥420	S420NC　　t≤20mm	EN 10149-3
	≥420	S420MC　　t≤20mm	EN 10149-2
	380～450	S450 J0　　t≤150mm	EN 10025-2
	370～460	S460 N　　t≤200mm S460 NL　　t≤200mm	EN 10025-3
	385～460	S460 M　　t≤150mm S460 ML　　t≤150mm	EN 10025-4
	400～460	S460 Q　　t≤150mm S460 QL　　t≤150mm S460 QL1　t≤150mm	EN 10025-6
	≥460	S460MC　　t≤20mm	EN 10149-2
	≥450	ASTM A913/A913M　Gr65	ASTM A913/A913M

　　随着节能减排需求不断加强，国内对于高强钢的需求非常旺盛。对于热轧高强钢和厚板高强钢，主要生产工艺有两种：一是 TMCP（thermo mechanical control process，热机械控制工艺）；二是调质生产工艺。下面简要介绍一下这两种生产工艺以及给焊接带来的不同点。

　　（1）TMCP

　　TMCP 就是在热轧过程中，在控制加热温度、轧制温度和压下量的基础上，再实施空冷或控制冷却及加速冷却的技术总称。由于 TMCP 能在不添加过多合金元素，也不需要复杂的后续热处理的条件下生产出高强度、高韧性的钢材，因而被认为是一项节约合金和能源，并有利于环保的工艺，故自 20 世纪 80 年代开发以来，已经成为生产低合金、高强度宽厚板不可或缺的技术。在 TMCP 工程中，产品主要通过 C、Mn、Si、Ni 等合金元素的固溶强化，添加 Nb、V、Ti 微合金元素，以及采用控轧工艺达到的细晶强化、析出强化、位错强化等机制获得材料的高强度和高韧性。

　　TMCP 带来的碳含量（碳当量）降低，有效地改善了钢材的淬硬倾向，降低了冷裂倾向。但当采用大焊接热输入的焊接方法，如电渣焊、气电立焊时，会引起 TMCP 钢的 HAZ 软化现象。由于采用 TMCP，大大降低了钢中的含碳量，因此同等强度、板厚相同条件下，TMCP 钢比调质钢焊接性略好，预热温度低。

　　（2）调质生产工艺

　　淬火后回火称为调质处理，按淬火介质不同，调质可分为水淬调质、油淬调质和空气淬火调质，调质工艺曲线如图 3-11 所示。淬火时将钢加热到奥氏体化温度以上（亚共析钢为 A_{c3}+30～50℃；过共析钢为 A_{c1}+30～50℃；合金钢可比碳钢稍稍提高一点），快速冷却，是钢的强度和硬度提高的工艺。回火时将工件加热到室温与 A_{c1} 之间的温度，保温后冷却，通过回火，工件强度有所降低，延伸率和缩颈将增加，回火温度的选择要使工件达到具有较高强度的同时获得合适的韧性，实际上是提高综合力学性能。调质的主要目的是得到强度和塑性都比较好的综合力学性能。在调质工艺过程中，产品主要通过 C、Mn、Si、Ni 等合金元素的固溶强化以及添加 Nb、V、Ti 微合金元素细晶强化，通过马氏体相变产生的相变强化等机制使材料的强度提高。

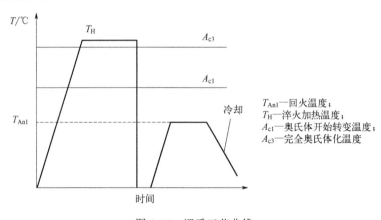

图 3-11　调质工艺曲线

　　淬硬的钢材在回火过程中发生的不同改变取决于回火温度。

　　① 回火温度约为 150℃时：

　　a. C 原子在空隙偏聚扩散；

　　b. 立方晶格畸变取决于温度和时间；

　　c. 铁碳合金在亚结构马氏体结晶中析出。

　　② 回火温度为 150～290℃时：

　　a. C 原子改变在晶格中的位置，由四面体马氏体转变为立方体马氏体；

　　b. 碳化铁合金析出（Fe_xC）；

　　c. 残余奥氏体转变为马氏体。

　　③ 回火温度为 290～400℃时：

　　a. 所有碳以碳化物形式析出；

b. 越来越多的立方马氏体转化成立方铁素体（自由碳）。

④ 回火温度为 400～723℃时：

a. 有碳化物存在的针状铁素体；

b. 碳化物聚集。

调质高强钢一般是在低碳的基础上加入提高渗透性的合金元素获得低碳马氏体和贝氏体的混合组织，淬透倾向相当大，冷裂倾向比较大。在焊接过程中，冷速较低时，铁素体 F 首先析出，剩余的奥氏体 A 富碳，这部分高碳 A 在继续冷却时将转变为高碳的马氏体 M 或贝氏体 B。这种由 F、高碳 M 和高碳 B 组成的混合组织使过热区严重脆化。但这并不代表冷速越高越好，过分提高冷速可能使钢的塑性下降并导致冷裂纹产生。对强度级别高的钢都存在一个韧性最佳的冷却时间 $t_{8/5}$，此时对应的组织为 M(10%～30%)+B $_下$。

对于高强钢，无论是 TMCP 钢，还是调质钢，均应控制焊接热输入在较小的范围内。因为较小的焊接热输入，有利于接头韧性、强度提高，减小变形量，降低残余应力，使 HAZ 变窄。

4.0.6 T 形接头、十字形接头、角接接头，当其翼缘板厚度等于或大于 40mm 时，设计宜采用对厚度方向性能有要求的钢板。钢材的厚度方向性能级别应根据工程的结构类型、节点形式及板厚和受力状态等情况进行选择并应符合现行国家标准《厚度方向性能钢板》GB/T 5313 的有关规定。

[释义]：T 形、十字形、角接节点，当翼缘板较厚时，由于焊接收缩应力较大，且节点拘束度大，而使板材在近缝区或近板厚中心区沿轧制带状组织晶间产生台阶状层状撕裂。这种现象在国内外工程中屡有发生。焊接工艺技术人员虽然针对这一问题研究出一些改善、克服层状撕裂的工艺措施，取得了一定的实践经验（见本标准第 5.4.1 条）。但要从根本上解决问题，需要提高钢材自身的厚度方向即 Z 向性能，因此，在设计选材阶段就应考虑选用对厚度方向性能有要求的钢材。

对厚度方向性能有要求的钢材，在质量等级后面加上厚度方向性能级别（Z15、Z25 或 Z35），如 Q235GJD Z25。对厚度方向性能有要求时，其钢材的磷、硫含量以及断面收缩率值的要求见表 3-2。

表 3-2 钢板厚度方向性能级别及其磷、硫含量以及断面收缩率值

级别	磷含量（质量分数）/% ≤	含硫量（质量分数）/% ≤	断面收缩率（Ψ_Z）/%	
			三个试样平均值 ≥	单个试样值 ≥
Z15	≤0.020	0.010	15	10
Z25		0.007	25	15
Z35		0.005	35	25

4.0.7 焊条应符合现行国家标准《非合金钢及细晶粒钢焊条》GB/T 5117、《热强钢焊条》GB/T 5118、《高强钢焊条》GB/T 32533 的有关规定。

4.0.8 焊丝应符合现行国家标准《熔化焊用钢丝》GB/T 14957、《熔化极气体保护电弧焊用非合金钢及细晶粒钢实心焊丝》GB/T 8110、《钨极惰性气体保护电弧焊用非合金钢及细晶粒钢实心焊丝》GB/T 39280 及《非合金钢及细晶粒钢药芯焊丝》GB/T 10045、《热强钢药芯焊丝》GB/T 17493、《高强钢药芯焊丝》GB/T 36233 的有关规定。

4.0.9　埋弧焊用焊丝和焊剂应符合现行国家标准《埋弧焊用非合金钢及细晶粒钢实心焊丝、药芯焊丝和焊丝-焊剂组合分类要求》GB/T 5293、《埋弧焊用热强钢实心焊丝、药芯焊丝和焊丝—焊剂组合分类要求》GB/T 12470、《埋弧焊用高强钢实心焊丝、药芯焊丝和焊丝-焊剂组合分类要求》GB/T 36034 的有关规定。

[4.0.7~4.0.9 释义]：焊接材料熔敷金属中扩散氢的测定方法依据现行国家标准《熔敷金属中扩散氢测定方法》GB/T 3965 的规定进行。钢材分类为Ⅲ、Ⅳ类钢种匹配的焊接材料扩散氢含量指标，由供需双方协商确定，也可以要求供应商提供。埋弧焊时应按现行国家标准并根据钢材的强度级别、质量等级和牌号选择适当焊剂，同时尽可能有良好的脱渣性等焊接工艺性能。

4.0.10　气体保护焊使用的氩气、二氧化碳及混合气体应符合现行国家标准《焊接与切割用保护气体》GB/T 39255 的有关规定；当采用二氧化碳气体保护焊焊接难度为 C、D 级或特殊钢结构工程中主要构件的重要焊接节点时，保护气体中的二氧化碳含量（体积分数）不应低于 99.9%。

[释义]：GB/T 39255—2020 标准规定了焊接与切割用保护气体的型号、技术要求、试验方法、复验和供货技术条件等内容。适用于钨极惰性气体保护电弧焊、熔化极气体保护电弧焊、等离子弧焊、等离子弧切割、激光焊、激光切割和电弧钎接焊等工艺方法用保护、工作和辅助气体及混合气体（简称"保护气体"）。

4.0.11　栓钉焊使用的栓钉及焊接瓷环应符合现行国家标准《电弧螺柱焊用圆柱头焊钉》GB/T 10433 的有关规定。

3.5　对"焊接连接构造设计"详释

5　焊接连接构造设计

5.1　一般规定

5.1.1　钢结构焊接连接构造设计，应符合下列规定：

　　1　宜减少焊缝的数量和尺寸；

　　2　焊缝的布置宜对称于构件截面的中性轴；

　　3　节点区应便于焊接操作和焊后检测；

　　4　宜采用刚度较小的节点形式；

　　5　焊缝位置宜避开高应力区；

　　6　应根据不同焊接工艺方法选用相应的坡口形式和尺寸，并符合现行强制性国家规范《钢结构通用规范》GB 55006 的相应规定。

[释义]：本条对焊接连接构造设计原则作出规定。钢结构焊接连接构造设计原则，主要

应考虑便于焊工操作，以得到致密的优质焊缝，尽量减少构件变形，降低焊接收缩应力的数值及其分布不均匀性，尤其要避免局部焊接应力集中。

现代建筑钢结构类型多样复杂，施工中会遇到各种焊接位置。目前无论是工厂制作还是工地安装施工中仰焊位置都已广泛存在，经相关考试认定合格的焊工，其技术水平也足以保证该位置的焊接质量，因此本标准未把仰焊列为应避免的焊接操作位置，但由于仰焊位置相对其他位置焊接困难，焊接质量也不易保证，因此在设计阶段也要给予足够重视，尽量减少仰焊位置施焊。

对于截面对称的构件，焊缝布置对称于构件截面中性轴的规定是减少构件整体变形的根本措施。但对于桁架中角钢类非对称型材构件端部与节点板的搭接角焊缝，并不需要把焊缝对称布置，因其对构件变形影响不大，也不能提高其承载力。

为了满足建筑艺术的要求，钢结构形状日益多样化，这往往使节点复杂、焊缝密集甚至立体交叉，而且板厚大、拘束度大使焊缝不能自由收缩，导致双向、三向焊接应力产生，这种焊接残余应力一般能达到钢材的屈服强度值，这对焊接延迟裂纹以及板材层状撕裂产生极重要的影响。一般在选材上采取控制碳当量和控制焊缝扩散氢含量的方法，工艺上采取预热甚至消氢热处理，但即使不产生裂纹，施焊后节点区在焊接收缩应力作用下，由于晶格畸变产生的微观应变，将使材料塑性下降，相应强度及硬度增高，使结构在工作荷载作用下产生脆性断裂的可能性增大。因此，要求节点设计时应尽可能减少焊缝数量和尺寸，合理选择坡口形状和尺寸，避免焊缝密集、交叉并使焊缝布置避开高应力区是非常必要的。

此外，为了结构安全而对焊缝几何尺寸要求宁大勿小这种做法是不正确的，盲目加大焊缝尺寸，不一定增加结构安全性，反而可能产生不利影响。无论设计、施工或监理各方都要走出这一概念上的误区。

5.1.2 设计施工图、深化设计图中标识的焊缝符号应符合现行国家标准《焊缝符号表示法》GB/T 324 和《建筑结构制图标准》GB/T 50105 的有关规定。

[释义]：施工图中应采用统一的标准符号标注，如焊缝计算厚度、焊接坡口形式等焊接有关要求，可以避免在工程实际中因理解偏差而产生质量问题。

5.1.3 钢结构设计施工图中应明确规定下列焊接技术要求：
1 构件采用钢材的牌号和焊接材料的型号、性能要求及相应的国家现行标准；
2 构件相交节点的焊接部位、焊缝长度、焊脚尺寸、部分焊透焊缝的计算厚度；
3 焊缝质量等级，无损检测方法和检测比例；
4 工厂制作单元及构件拼装节点的允许范围。

[释义]：本条明确了钢结构设计施工图的具体技术要求。
① 现行国家标准《钢结构设计标准》GB 50017 没有明确对施工图的要求，本标准作为具体的技术标准，在条文中予以规定。
② 依据国家住房和城乡建设部《建筑工程设计文件编制深度规定》（2016 版）第 4.4.10 条的规定，钢结构设计制图分为钢结构设计施工图和钢结构深化设计图两个阶段。钢结构设计施工图应由具有设计资质的设计单位完成，其内容和深度应满足进行钢结构制作详图设计的要求。
③ 本条编制依据《建筑工程设计文件编制深度规定》（2016 版）、国家标准图《钢结构

设计制图深度和表示方法》03G102，美国《钢结构焊接规范》AWS D1.1 对钢结构设计施工图的焊接技术也有规定要求。

④ 由于构件的分段制作或安装焊缝位置对结构的承载性能有重要影响，同时考虑运输、吊装和施工的方便，特别强调应在设计施工图中明确规定工厂制作和现场拼装节点的允许范围，以保证工程焊接质量与结构安全。

5.1.4　深化设计图中应标明下列焊接技术要求：

1　对设计施工图中所有焊接技术要求进行详细标注，明确构件相交节点的焊接部位、焊接方法、有效焊缝长度、焊缝坡口形式、焊脚尺寸、部分焊透焊缝的计算厚度、焊后热处理要求；

2　明确标注焊缝坡口详细尺寸，以及钢衬垫的尺寸；

3　对于重型、大型钢结构，明确工厂制作单元和工地拼装焊接的位置，标注工厂制作或工地安装焊缝；

4　根据运输条件、安装能力、焊接可操作性和设计允许范围确定构件分段位置和拼接节点，按设计标准有关规定进行焊缝设计并提交原设计单位进行结构安全审核。

[释义]：本条明确了深化设计图的具体技术要求：

① 钢结构深化设计图一般应由具有钢结构专项设计资质的加工制作单位完成，也可由有该项资质的其他单位完成。钢结构深化设计图是对钢结构施工图的细化，其内容和深度应满足钢结构制作、安装的要求。

② 本条编制依据《建筑工程设计文件编制深度规定》（2016 版）、国家标准图《钢结构设计制图深度和表示方法》03G102，美国《钢结构焊接规范》AWS D1.1 对钢结构深化设计图焊接技术也有规定要求。

③ 本条明确要求制作详图应根据运输条件、安装能力、焊接可操作性和设计允许范围确定构件分段位置和拼接节点，按设计标准有关规定进行焊缝设计并提交设计单位进行安全审核，以便施工企业遵照执行，保证工程焊接质量与结构安全。

5.1.5　焊缝质量等级应根据钢结构的重要性、荷载特性、焊缝形式、工作环境以及应力状态等情况，按下列原则确定：

1　在承受动荷载且需要进行疲劳验算的构件中，凡要求与母材等强连接的焊缝应焊透，质量等级应符合下列规定：

1）作用力垂直于焊缝长度方向的横向对接焊缝或 T 形对接与角接组合焊缝，受拉时应为一级，受压时不应低于二级；

2）作用力平行于焊缝长度方向的纵向对接焊缝不应低于二级；

3）铁路、公路桥的横梁接头板与弦杆角焊缝应为一级，桥面板与弦杆角焊缝、桥面板上的 U 形肋角焊缝应为二级；

4）现行国家标准《起重机设计规范》GB/T 3811 中整机工作级别为 A6～A8 和起重量 Q 大于或等于 50t 的 A4、A5 起重机吊车梁的腹板与上翼缘之间以及吊车桁架上弦杆与节点板之间的 T 形连接部位焊缝应焊透，焊缝形式宜为对接与角接组合焊缝，其质量等级不应低于二级。

2　在工作温度等于或低于-20℃的地区，构件对接焊缝的质量不得应低于二级。

3　不需要疲劳验算的构件中，凡要求与母材等强的对接焊缝宜焊透，其质量等级受拉时不应低于二级，受压时不宜低于二级。

4　部分焊透的对接焊缝、T 形连接部位的角焊缝或部分焊透的对接与角接组合焊缝、搭接连接角焊缝，其质量等级应符合下列规定：

1）直接承受动荷载且需要疲劳验算的结构和吊车起重量大于或等于 50t 的 A4、A5 级起重机吊车梁以及梁柱、牛腿等重要节点不应低于二级；

2）其他结构可为三级。

[释义]：焊缝质量等级是焊接技术的重要控制指标，本条结合现行国家标准《钢结构设计标准》GB 50017，并根据钢结构焊接的具体情况做出了相应规定。

①　焊缝质量等级主要与其受力情况有关，受拉焊缝的质量等级要高于受压或受剪的焊缝；受动力荷载的焊缝质量等级要高于受静力荷载的焊缝。凡对接焊缝，除作为角焊缝考虑的部分熔透的焊缝外，一般都要求熔透并与母材等强，故需要进行无损探伤。因此，对接焊缝的质量等级不宜低于二级。在钢结构工程中，角焊缝一般不进行无损探伤检验，但对外观缺陷的等级可按实际需要选用二级或三级。

②　由于本标准涵盖了钢结构桥梁，结合现行行业标准《公路桥涵施工技术规范》JTG/T 3650 增加了对桥梁相应部位角焊缝质量等级的规定。

③　为了在工程质量标准上与国际接轨，对要求熔透的与母材等强的对接焊缝（无论是承受动力荷载或静力荷载，亦无论是受拉或受压），其焊缝质量等级均不宜低于二级。因为在美国《钢结构焊接规范》AWS D1.1 中对上述焊缝的质量均要求进行无损检测，而我国规范对三级焊缝是不要求进行内部缺陷无损检测的。

④　设计者需特别理清本条规定与《钢结构设计标准》GB 50017 中焊缝强度取值的关系问题。本条是供设计人员如何根据焊缝的重要性、受力情况、工作条件和设计要求等对焊缝质量等级的选用作出原则和具体规定，而《钢结构设计标准》GB 50017 则是根据焊缝的不同质量等级对各种受力情况下的强度设计值作出规定，这是两种性质不同的规定。在 GB 50017 中，虽然受压和受剪的对接焊缝无论其质量等级如何均具有相同的强度设计值，但不能据此就误认为这种焊缝可以不考虑其重要性和其他条件而一律采用三级焊缝。正如质量等级为一、二级的受拉对接焊缝虽具有相同的强度设计值，但设计时不能据此一律选用二级焊缝的情况相同。

5.1.6　焊接接头坡口形式、尺寸及标记方法应符合本标准附录 A 的规定。

[释义]：现行国家标准《气焊、焊条电弧焊、气体保护焊和高能束焊的推荐坡口》GB/T 985.1 和《埋弧焊的推荐坡口》GB/T 985.2 中规定了坡口的通用形式，其中坡口部分尺寸均给出了一个范围，并无确切的组合尺寸；GB/T 985.1 中板厚 40mm 以上、GB/T 985.2 中板厚 60mm 以上均规定采用 U 形坡口，且没有焊接位置规定及坡口尺寸及装配允差规定。总体来说，上述两个国家标准比较适合可以使用焊接变位器等工装设备及坡口加工、组装要求较高的产品，如机械行业中的焊接加工，对钢结构制作的焊接施工则不适合，尤其不适合钢结构工地安装中各种钢材厚度和焊接位置的需要。目前大型、大跨度、超高层建筑钢

结构多由国内进行施工图设计，在本标准中，将坡口形式和尺寸的规定与国际先进国家标准接轨是十分必要的。美国与日本国家标准中全焊透焊缝坡口的规定差异不大，部分焊透焊缝坡口的规定有些差异。美国《钢结构焊接规范》AWS D1.1 中对部分焊透焊缝坡口的最小焊缝尺寸规定值较小，工程中很少应用。日本建筑施工标准《钢结构工程》JASS 6 所列的日本钢结构协会《焊缝坡口标准》JSSI 03 中，对部分焊透焊缝规定最小坡口深度为 $2\sqrt{t}$（t 为板厚）。实际上日本和美国的焊缝坡口形式标准在国际和国内均已广泛应用。本标准根据日本标准的分类排列方式，综合选用美国、日本两国标准的内容，制定了三种常用焊接方法的标准焊缝坡口形式与尺寸。

焊缝的计算厚度是结构设计中构件焊缝承载应力计算的依据，无论是角焊缝、对接焊缝或角焊缝与对接组合焊缝中的全焊透焊缝或部分焊透焊缝，还是管材 T、K、Y 形相贯接头中的全焊透焊缝、部分焊透焊缝、角焊缝，均存在焊缝计算厚度的问题。设计单位在进行施工图设计时，应严格遵照本规定进行计算，以保证钢结构焊接连接安全。

5.2　焊缝计算厚度

5.2.1　全焊透的对接焊缝及对接与角接组合焊缝，采用双面焊时，反面宜清根后焊接。焊缝计算厚度 h_e 对于对接焊缝应为焊接部位较薄的板厚，对于对接与角接组合焊缝，焊缝计算厚度 h_e 应为坡口根部至焊缝两侧表面不包括余高的最短距离之和（图 5.2.1）；采用加衬垫单面焊，当坡口形式、尺寸符合本标准表 A.0.3～表 A.0.5 的规定时，焊缝计算厚度 h_e 应为坡口根部至焊缝表面不包括余高的最短距离。

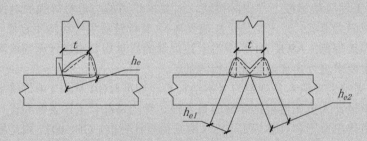

图 5.2.1　全焊透的对接与角接组合焊缝计算厚度 h_e

h_e、h_{e1}、h_{e2}—焊缝计算厚度

5.2.2　部分焊透的对接焊缝和 T 形接头对接与角接组合焊缝，焊缝计算厚度 h_e（图 5.2.2）应根据不同的焊接方法、坡口形式及尺寸、焊接位置对坡口深度 h 进行折减，并应符合表 5.2.2 的规定。对于 α 大于等于 60° 的 V 形坡口及 U、J 形坡口，当坡口尺寸符合本标准表 A.0.6～表 A.0.8 的规定时，焊缝计算厚度 h_e 应为坡口深度 h。

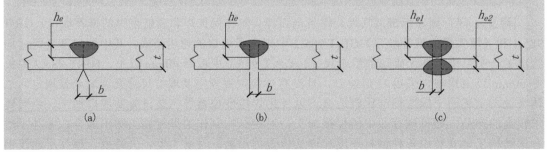

(a)　　　　　　　　　　(b)　　　　　　　　　　(c)

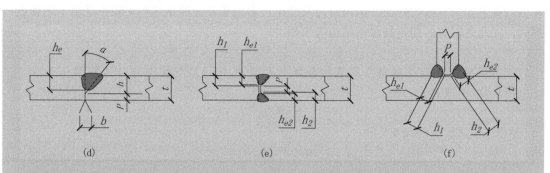

图 5.2.2　部分焊透的对接焊缝及对接与角接组合焊缝计算厚度

表 5.2.2　部分焊透的对接焊缝及对接与角接组合焊缝计算厚度

图号	坡口形式	焊接方法	t (mm)	α (°)	b (mm)	P (mm)	焊接位置	焊缝计算厚度 h_e (mm)
5.2.2 (a)	I 形坡口单面焊	焊条电弧焊	3	—	1.0~1.5	—	全部位置	$t-1$
5.2.2 (b)	I 形坡口单面焊	焊条电弧焊	$3<t\leq6$	—	$\frac{t}{2}$	—	全部位置	$\frac{t}{2}$
5.2.2 (c)	I 形坡口双面焊	焊条电弧焊	$3<t\leq6$	—	$\frac{t}{2}$	—	全部位置	$\frac{3}{4}t$
5.2.2 (d)	L 形坡口	焊条电弧焊	≥6	45	0	3	全部位置	$h-3$
5.2.2 (d)	L 形坡口	气体保护焊	≥6	45	0	3	F,H	h
							V,O	$h-3$
5.2.2 (d)	L 形坡口	埋弧焊	≥12	60	0	6	F	h
							H	$h-3$
5.2.2 (e)、(f)	K 形坡口	焊条电弧焊	≥8	45	0	3	全部位置	h_1+h_2-6
5.2.2 (e)、(f)	K 形坡口	气体保护焊	≥12	45	0	3	F,H	h_1+h_2
							V,O	h_1+h_2-6
5.2.2 (e)、(f)	K 形坡口	埋弧焊	≥20	60	0	6	F	h_1+h_2

[5.2.1~5.2.2 释义]：焊缝计算厚度是结构设计中构件焊缝承载应力计算的依据，无论是角焊缝、对接焊缝或角接与对接组合焊缝中的全焊透焊缝或部分焊透焊缝，还是管材 T、K、Y 形相贯接头中的全焊透焊缝、部分焊透焊缝、角焊缝，都存在着焊缝计算厚度的问题。对此，设计者应提出明确要求，以免在焊接施工过程中引起混淆，影响结构安全。对于对接焊缝、对接与角接组合焊缝，其部分焊透焊缝计算厚度的折减值在第 5.2.2 条给出了明确规定，见表 5.2.2。如果设计者应用该表中的折减值对焊缝承载应力进行计算，即可允许采用不加衬垫的全焊透坡口形式，反面不清根焊接。施工中不使用碳弧气刨清根，对提高施工效率

和保障施工安全有很大好处。国内目前某些由日本企业设计的钢结构工程中采用了这种坡口形式，如北京国贸二期超高层钢结构等工程。

5.2.3　搭接角焊缝及直角角焊缝计算厚度 h_e（图 5.2.3）应按下列公式计算：

1　当间隙 $b \leqslant 1.5$ 时：

$$h_e = 0.7 h_f \tag{5.2.3-1}$$

2　当间隙 $1.5 < b \leqslant 5$ 时：

$$h_e = 0.7 (h_f - b) \tag{5.2.3-2}$$

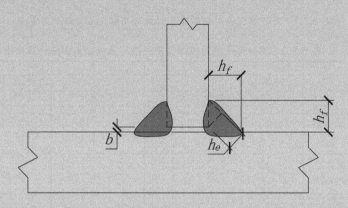

图 5.2.3　直角角焊缝及搭接角焊缝计算厚度

5.2.4　斜角角焊缝计算厚度 h_e，应根据两面角 ψ 按下列公式计算：

1　$\psi = 60° \sim 135°$［图 5.2.4 (a)、(b)、(c)］：

当间隙 b、b_1 或 $b_2 \leqslant 1.5$ 时：

$$h_e = h_f \cos \frac{\psi}{2} \tag{5.2.4-1}$$

当间隙 $1.5 < b$、b_1 或 $b_2 \leqslant 5$ 时：

$$h_e = \left[h_f - \frac{b(\text{或}b_1、b_2)}{\sin \psi} \right] \cos \frac{\psi}{2} \tag{5.2.4-2}$$

式中　　ψ——两面角（°）；

h_f——焊脚尺寸（mm）；

b、b_1 或 b_2——焊缝坡口根部间隙（mm）。

2　$30° \leqslant \psi < 60°$［图 5.2.4 (d)］时，应将公式（5.2.4-1）和公式（5.2.4-2）所计算的焊缝计算厚度 h_e 减去折减值 z，不同焊接条件的折减值 z 应符合表 5.2.4 的规定。

表 5.2.4　$30° \leqslant \psi < 60°$ 时的焊缝计算厚度折减值（z）

两面角 ψ	焊接方法	折减值 z（mm）	
		焊接位置 V 或 O	焊接位置 F 或 H
$60° > \psi \geqslant 45°$	焊条电弧焊	3	3
	自保护药芯焊丝电弧焊	3	0

续表

两面角 ψ	焊接方法	折减值 z（mm）	
		焊接位置 V 或 O	焊接位置 F 或 H
60°＞ψ≥45°	药芯焊丝气体保护焊	3	0
	实心焊丝气体保护焊	3	0
45°＞ψ≥30°	焊条电弧焊	6	6
	自保护药芯焊丝电弧焊	6	3
	药芯焊丝气体保护焊	10	6
	实心焊丝气体保护焊	10	6

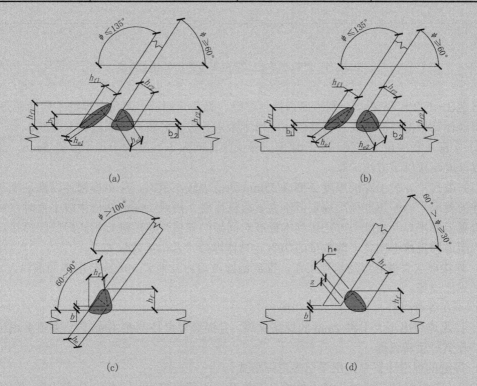

(a)

(b)

(c)

(d)

图 5.2.4　斜角角焊缝计算厚度

ψ—两面角；b、b_1 或 b_2—根部间隙；h_f—焊脚尺寸；
h_e—焊缝计算厚度；z—焊缝计算厚度折减值

3　ψ＜30°：应进行焊接工艺评定，确定焊缝计算厚度。

5.2.5　圆钢与平板、圆钢与圆钢之间的焊缝计算厚度 h_e 应按下列公式计算：

1　圆钢与平板连接［图 5.2.5（a）］：

$$h_e = 0.7h_f$$

(5.2.5-1)

2　圆钢与圆钢连接［图 5.2.5（b）］：

$$h_e = 0.1(\phi_1 + 2\phi_2) - a$$

(5.2.5-2)

式中：ϕ_1——大圆钢直径（mm）；

　　　ϕ_2——小圆钢直径（mm）；

　　　a——凹焊缝时为下凹表面至两个圆钢公切线的间距（mm），凸焊缝时，a 取值为 0。

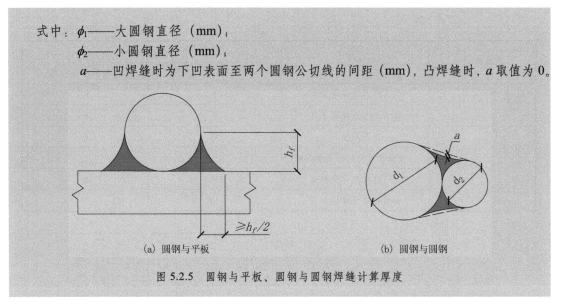

（a）圆钢与平板　　　　　　　　　（b）圆钢与圆钢

图 5.2.5　圆钢与平板、圆钢与圆钢焊缝计算厚度

　　[5.2.3～5.2.5 释义]：分别给出搭接角焊缝、直角角焊缝、斜角角焊缝不同两面角（ψ）时的焊缝计算厚度计算公式及折减值。应用本条进行设计时将经常遇到如下问题。

　　① 实际工程中由于施工误差等原因，接头根部间隙 b 经常大于规范限值 5mm，此时焊缝计算厚度应按以下方法计算。

　　当间隙尺寸 b 大于腹板厚度 2 倍或 25mm 两值中较小值时，应更换构件以满足规范中间隙尺寸的要求。当 b 超过标准规定但不大于腹板厚度 2 倍或 25mm 两值中较小值时，可采用在坡口翼板侧堆焊并修磨的方法达到本标准对间隙的限值，然后进行正式焊缝的焊接，其数量不应超过同批次中同类焊缝数量的 20%。具体焊接工艺措施建议如下：

　　a. 焊接前认真做好焊道清理工作，彻底清除坡口内及两侧 50mm 范围内的油污、水分、铁锈、氧化皮等；

　　b. 不在焊缝以外母材上打火、引弧；

　　c. 打底焊使用不大于 $\phi3.2$mm 的焊条施焊，且焊缝厚度控制在 4mm 内，采用多道错位焊打底，收弧时填满弧坑；

　　d. 焊缝的焊道布置宜采用多层多道焊形式。

　　按以上工艺措施完成的焊缝，经检验合格后，焊缝厚度可按本标准公式计算，但不能考虑堆焊层的厚度。同时考虑到可能仍存在的超厚焊缝的不利影响，焊接连接强度验算时，建议考虑 0.8～0.9 折减系数。

　　② 斜交角焊缝的角度小于 30° 时，要求由焊缝工艺评定确定焊缝计算厚度。

　　5.2.6　圆管、矩形管 T、Y、K 形相贯节点的焊缝计算厚度 h_e，应根据局部两面角 ψ 的大小，按相贯节点趾部、侧部、跟部各区和局部细节计算取值（图 5.2.6-1～图 5.2.6-2），并应符合下列规定：

　　1　管材相贯节点全焊透焊缝坡口尺寸及计算厚度宜符合表 5.2.6-1 的规定（图 5.2.6-3）；

　　2　管材台阶状相贯节点部分焊透焊缝 [图 5.2.6-4（a）]、矩形管材相配的相贯节点部分焊透焊缝 [图 5.2.6-4（b）]，焊缝计算厚度的折减值 z 应符合本标准表 5.2.4 的规定；

3 管材相贯节点角焊缝（图 5.2.6-5）的焊缝计算厚度 h_e 应符合表 5.2.6-2 的规定。

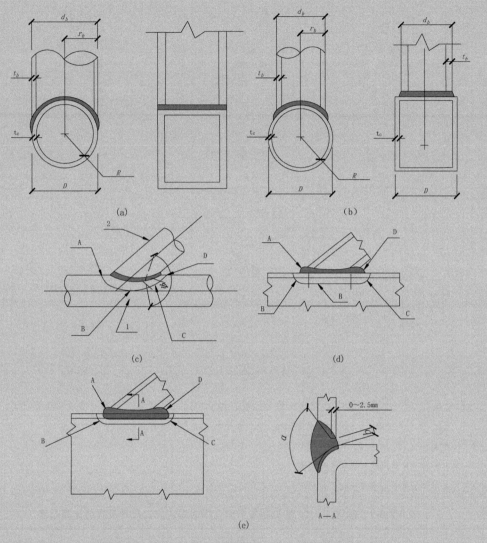

(a)

(b)

(c)

(d)

(e)

A—A

图 5.2.6-1 圆管、矩形管相贯节点焊缝分区
1—主管；2—支管；A—趾部区；B—侧部区；C—过渡区；D—跟部区

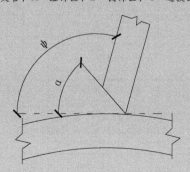

图 5.2.6-2 局部两面角 ψ 和坡口角度 α

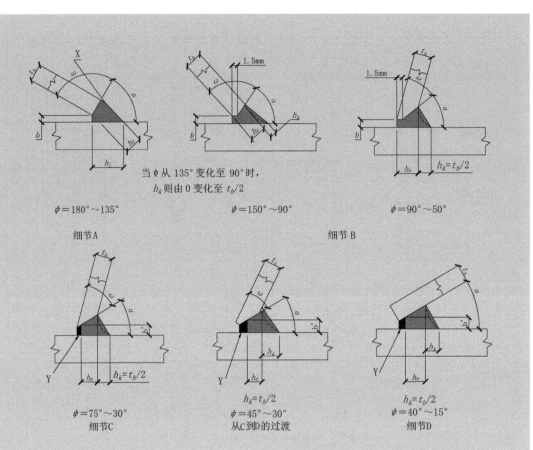

当 ψ 从 135° 变化至 90° 时，
h_k 则由 0 变化至 $t_b/2$

$\psi=180°\sim135°$　　　$\psi=150°\sim90°$　　　$\psi=90°\sim50°$

细节A　　　　　　　　　　　　　　　　　细节 B

$\psi=75°\sim30°$　　　$\psi=45°\sim30°$　　　$\psi=40°\sim15°$
细节C　　　　　　从C到D的过渡　　　　细节D

图 5.2.6-3　管材相贯节点全焊透焊缝的各区坡口形式与尺寸（焊缝为标准平直状剖面形状）

t_b—支管厚度；h_k—加强焊脚尺寸；X—按要求堆焊以保持 h_e 厚度；Y—打底焊缝

注：1　尺寸 h_e、h_L、b、b'、ψ、ω、α 见表 5.2.6-1；

　　2　最小标准平直状焊缝剖面形状如实线所示；

　　3　可采用虚线所示的下凹状剖面形状。

表 5.2.6-1　圆管 T、K、Y 形相贯节点全焊透焊缝坡口尺寸及焊缝计算厚度

坡口尺寸		趾部 $\psi=180°\sim135°$	侧部 $\psi=150°\sim50°$	过渡部分 $\psi=75°\sim30°$	跟部 $\psi=40°\sim15°$
坡口角度 α	最大	90°	$\psi\leqslant105°$：60°	40°；ψ 较大时为60°	—
	最小	45°	37.5°；ψ 较小时为 1/2 ψ	1/2 ψ	—
支管端部斜削角度 ω	最大	—	90°	根据所需的 α 值确定	
	最小		10° 或 $\psi>105°$：45°	10°	
根部间隙 b	最大	5mm	气体保护焊： $\alpha>45°$：6mm； $\alpha\leqslant45°$：8mm 焊条电弧焊和自保护药芯焊 丝电弧焊：6mm	—	—
	最小	1.5mm	1.5mm		

续表

打底焊后坡口底部宽度 b'	最大	—	—	焊条电弧焊和自保护药芯焊丝电弧焊: α=25°～40°: 3mm; α=15°～25°: 5mm 气体保护焊: α=30°～40°: 3mm; α=25°～30°: 6mm; α=20°～25°: 10mm; α=15°～20°: 13mm
焊缝计算厚度 h_e	$\geq t_b$	$\psi \geq 90°$ 时, $\geq t_b$; $\psi < 90°$ 时, $\geq \dfrac{t_b}{\sin\psi}$	$\geq \dfrac{t_b}{\sin\psi}$, 最大 $1.75\,t_b$	$\geq 2t_b$
h_L	$\geq \dfrac{t_b}{\sin\psi}$, 最大 $1.75t_b$	—	焊缝可堆焊至满足要求	—

注: 坡口角度 $\alpha<30°$ 时应进行工艺评定, 由打底焊道保证坡口底部必要的宽度 b'。

表 5.2.6-2 管材 T、Y、K 形相贯节点角焊缝的计算厚度

Ψ	趾 部	侧 部			跟 部	焊缝计算厚度 (h_e)
	>120°	110°～120°	100°～110°	≤100°	<60°	
最小 h_f	支管端部切斜 t_b	$1.2t_b$	$1.1t_b$	t_b	$1.5t_b$	$0.7t_b$
	支管端部切斜 $1.4t_b$	$1.8t_b$	$1.6t_b$	$1.4t_b$	$1.5t_b$	t_b
	支管端部整个切斜 60°～90° 坡口角	$2.0t_b$	$1.75t_b$	$1.5t_b$	$1.5t_b$ 或 $1.4t_b+z$ 取较大值	$1.07t_b$

注: 1 低碳钢 ($R_{eH} \leq 280MPa$) 圆管, 要求焊缝与管材超强匹配的弹性工作应力设计时 $h_e=0.7t_b$; 要求焊缝与管材等强匹配的极限强度设计时 $h_e=1.0t_b$;

2 其他各种情况 $h_e=t_c$ 或 $h_e=1.07t_b$ 中较小值 (t_c 为主管壁厚)。

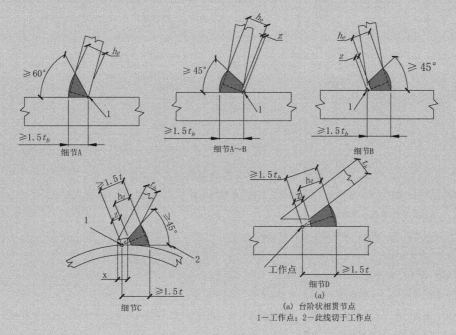

图 5.2.6-4

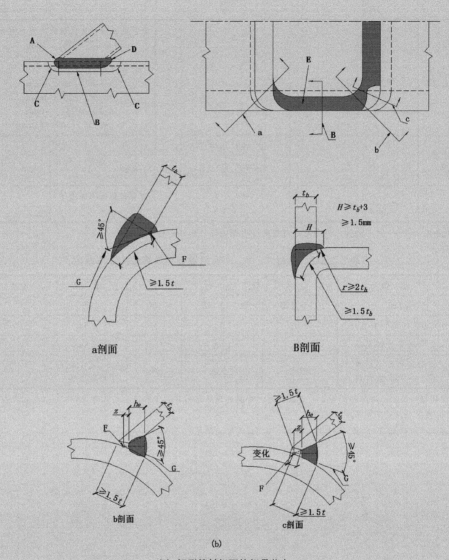

a剖面　　　　　　　　　　　B剖面

b剖面　　　　　　　　　　　c剖面

(b)

（b）矩形管材相配的相贯节点

图 5.2.6-4　管材相贯节点部分焊透焊缝各区坡口形式与尺寸

A—趾部区；B—侧部区；C—过渡区；D—跟部区；E—支管端部斜切；F—工作点；G—此线切于工作点

注：1　t 为 t_b、t_c 中较薄截面厚度；

2　除过渡区域或跟部区域外，其余部位削斜到边缘；

3　根部间隙 0mm～5mm；

4　坡口角度 $\alpha < 30°$ 时应进行工艺评定；

5　焊缝计算厚度 $h_e > t_b$，z 折减尺寸见本标准表 5.2.4；

6　方管截面角部过渡区的接头应制作成从一细部圆滑过渡到另一细部，焊接的起点与终点都应在方管的平直部位，转角部位应连续焊接，转角处焊缝应饱满。

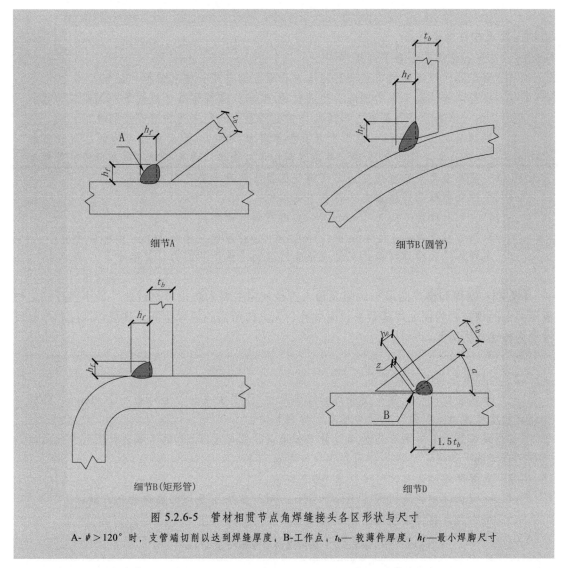

图 5.2.6-5　管材相贯节点角焊缝接头各区形状与尺寸

A-ψ>120°时，支管端切削以达到焊缝厚度；B-工作点；t_b—较薄件厚度；h_f—最小焊脚尺寸

[释义]：本条对管材 T、K、Y 形相贯接头全焊透、部分焊透及角焊缝的各区焊缝计算厚度或折减值以及相应的坡口尺寸作了明确规定，以供施工图设计时使用。

① 钢管相贯接头的全焊透焊缝一般用于管材纵向对接接头（纵缝），环形对接接头（环缝），以及用于承受动力荷载并存在疲劳性能要求的钢管结构 T、Y、K 节点的焊接接头。钢管相贯接头焊缝无法进行反面清根，加衬管（垫板）也比较困难，因此必须严格按本条图示做法，通过对不同焊区的钝边构造、小焊缝打底等工艺措施，方可保证焊缝全焊透要求，并满足焊缝至少与支管母材等强要求。

② 钢管相贯接头的部分焊透焊缝一般用于管材构件的纵向焊缝，以及普通钢管结构 T、Y、K 形节点的焊接接头。焊缝计算厚度应扣除折减值 z，同样，设计及施工应严格执行本条图示做法，方可免于焊接工艺评定。同时焊缝坡口图中必须标注详细尺寸以保证焊缝计算厚度 h_e>t_b，满足焊缝至少与支管母材等强度的要求。

③ 角焊缝一般用于组装的管材构件纵向接头，或环形搭接接头。

5.3 组焊构件焊接节点

5.3.1 塞焊和槽焊应符合下列规定：

1 塞焊和槽焊焊缝的有效面积应为贴合面上圆孔或长槽孔的标称面积；

2 塞焊焊缝的最小中心间隔应为孔径的 4 倍，槽焊焊缝的纵向最小间距应为槽孔长度的 2 倍，垂直于槽孔长度方向的两排槽孔的最小间距应为槽孔宽度的 4 倍；

3 塞焊孔的最小直径不得小于开孔板厚度加 8mm，最大直径应为最小直径值加 3mm，或为开孔件厚度的 2.25 倍，并应取两值中较大者。槽孔长度不应超过开孔件厚度的 10 倍，最小及最大槽宽规定应与塞焊孔的最小及最大孔径规定相同；

4 塞焊和槽焊的焊缝厚度应符合下列规定：

   1）当母材厚度不大于 16mm 时，应与母材厚度相同；

   2）当母材厚度大于 16mm 时，不应小于母材厚度一半和 16mm 中的较大值。

5 塞焊焊缝和槽焊焊缝的尺寸应根据贴合面上承受的剪力计算确定。

[释义]：塞焊和槽焊的最小间隔及最大直径规定主要为防止母材过热。最小直径规定与板厚关系的规定则为保证焊缝致密、无气孔、无夹渣所需的填焊空间。其填焊深度和焊缝尺寸均为传递剪力所需。

5.3.2 角焊缝应符合下列规定：

1 角焊缝的最小计算长度应为其焊脚尺寸（h_f）的 8 倍，且不应小于 40mm；焊缝计算长度应为扣除引弧、收弧长度后的焊缝长度；

2 角焊缝的有效面积应为焊缝计算长度与计算厚度（h_e）的乘积。对任何方向的荷载，角焊缝上的应力应视为作用在这一有效面积上；

3 角焊缝最小焊脚尺寸宜按表 5.3.2 取值；

4 被焊构件中较薄板厚度不小于 25mm 时，宜采用开局部坡口的角焊缝；

5 采用角焊缝焊接接头，不宜将厚板焊接到较薄板上。

表 5.3.2 角焊缝最小焊脚尺寸（mm）

母材厚度 t^1	角焊缝最小焊脚尺寸 h_f^2
$t \leqslant 6$	3^3
$6 < t \leqslant 12$	5
$12 < t \leqslant 20$	6
$t > 20$	8

注：1 采用不预热的非低氢焊接方法进行焊接时，t 等于焊接接头中较厚件厚度，应采用单道焊，采用预热的非低氢焊接方法或低氢焊接方法进行焊接时，t 等于焊接接头中较薄件厚度；

2 焊缝尺寸不要求超过焊接接头中较薄件厚度的情况除外；

3 承受动荷载的角焊缝最小焊脚尺寸为 5mm。

[释义]：角焊缝最小长度、断续角焊缝最小长度及角焊缝的最小焊脚尺寸规定均为防止因热输入量过小使得母材热影响区冷却速率过快而形成硬化组织，用低氢焊条时由于减少了氢脆的影响，最小角焊缝尺寸可比非低氢焊条时小一些。

5.3.3 搭接接头角焊缝的尺寸及布置应符合下列规定：

1 传递轴向力的部件，其搭接接头最小搭接长度应为较薄件厚度的 5 倍，且不应小于 25mm（图 5.3.3-1），并应施焊纵向或横向双角焊缝；

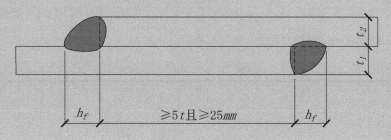

图 5.3.3-1 搭接接头双角焊缝的要求
t—t_1 和 t_2 中较小者；h_f—焊脚尺寸

2 只采用纵向角焊缝连接型钢杆件端部时，型钢杆件的宽度 W 不应大于 200mm（图 5.3.3-2），当宽度 W 大于 200mm 时，应加横向角焊或中间塞焊；型钢杆件每一侧纵向角焊缝的长度 L 不应小于 W；

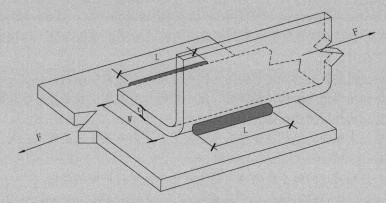

图 5.3.3-2 纵向角焊缝的最小长度
F—拉力

3 型钢杆件搭接接头采用围焊时，在转角处应连续施焊。杆件端部搭接角焊缝作绕焊时，绕焊长度不应小于焊脚尺寸的 2 倍，并应连续施焊；

4 搭接焊缝沿母材棱边的最大焊脚尺寸，当板厚不大于 6mm 时，应为母材厚度，当板厚大于 6mm 时，应为母材厚度减去 1mm～2mm（图 5.3.3-3）；

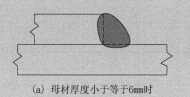
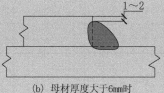

(a) 母材厚度小于等于6mm时   (b) 母材厚度大于6mm时

图 5.3.3-3 搭接焊缝沿母材棱边的最大焊脚尺寸

5　用搭接焊缝传递荷载的套管接头可只焊一条角焊缝，管材搭接长度 L 不应小于 $5(t_1+t_2)$，且不应小于 25mm。搭接焊缝焊脚尺寸应符合设计要求（图 5.3.3-4）。

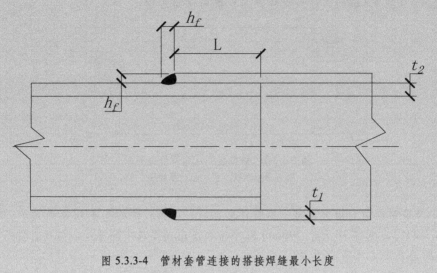

图 5.3.3-4　管材套管连接的搭接焊缝最小长度

[释义]：搭接接头角焊缝在传递部件受轴向力时，应采用双角焊缝，该规定是为防止接头在荷载作用下张开。

搭接接头最小搭接长度的规定是为防止接头受轴向力时发生偏转。

搭接接头纵向角焊缝连接构件端部时，最小焊缝长度的规定及必要时增加横向角焊或塞焊的规定是为防止构件因翘曲而贴合不好。

搭接角焊缝最大纵向间距的规定在构件受拉力时是为有效传递荷载，在受压力时是为保持构件的稳定。

搭接焊缝与材料棱边的最小距离规定是为防止焊接时材料棱边熔塌。

5.3.4　不同厚度及宽度的材料对接时，应作平缓过渡，并应符合下列规定：

1　不同厚度的板材或管材对接接头受拉时，允许厚度差值（t_1-t_2）应符合表 5.3.4 的规定。当厚度差值（t_1-t_2）超过表 5.3.4 的规定时应将焊缝焊成斜坡状，坡度最大允许值应为 1:2.5，或将较厚板的一面或两面及管材的内壁或外壁在焊前加工成斜坡，其坡度最大允许值应为 1:2.5[图 5.3.4（a）～（d）]；

表 5.3.4　不同厚度钢材对接的允许厚度差（mm）

较薄钢材厚度 t_2	$5 \leqslant t_2 \leqslant 9$	$9 < t_2 \leqslant 12$	$t_2 > 12$
允许厚度差 t_1-t_2	2	3	4

2　不同宽度的板材对接时，应根据施工条件采用热切割、机械加工或砂轮打磨的方法使之平缓过渡，其连接处最大允许坡度值应为 1:2.5[图 5.3.4（e）]。

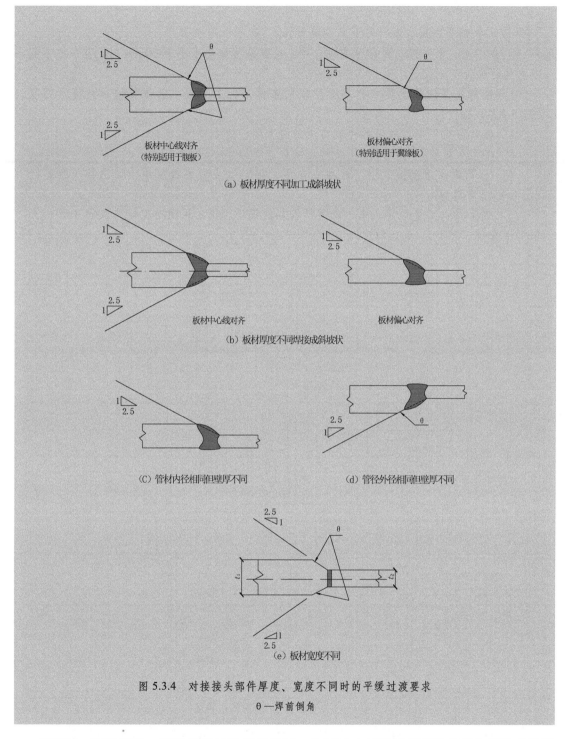

图 5.3.4 对接接头部件厚度、宽度不同时的平缓过渡要求

θ—焊前倒角

[释义]：不同厚度、不同宽度材料对接焊时，为了减小材料因截面及外形突变造成的局部应力集中，提高结构使用安全性，规定了当焊缝承受的拉应力超过设计允许拉应力的 1/3 时，不同厚度及宽度材料对接时的坡度过渡最大允许值为 1：2.5，以减小材料因截面及外形突变造成的局部应力集中，提高结构使用安全性。

5.4 防止板材产生层状撕裂的节点构造设计

5.4.1 在 T 形、十字形及角接接头设计中，当翼缘板厚度不小于 20mm 时，宜采取下列节点构造设计：

    1 在满足焊透深度要求和质量要求的条件下，采用较小的焊接坡口角度及间隙［图 5.4.1-1 （a）］；

    2 在角接接头中，采用对称坡口或偏向于侧板的坡口［图 5.4.1-1 （b）］；

    3 采用双面坡口对称焊接代替单面坡口非对称焊接［图 5.4.1-1 （c）］；

    4 在 T 形或角接接头中，板厚方向承受焊接拉应力的板材端头伸出接头焊缝区［图 5.4.1-1 （d）］；

    5 在 T 形、十字形接头中，采用铸钢或锻钢过渡段，采用对接接头取代 T 形、十字形接头［图 5.4.1-1 （e）、（f）］；

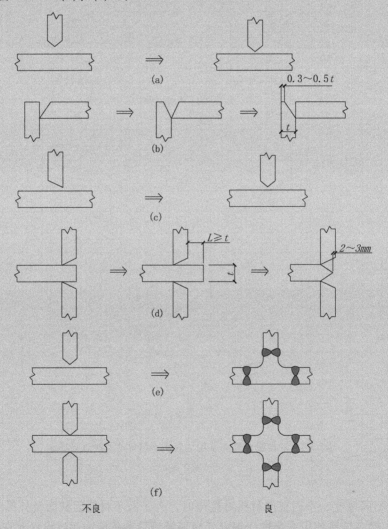

图 5.4.1-1 T 形、十字形、角接接头防止层状撕裂的节点构造设计

6　改变厚板接头受力方向，以降低厚度方向的应力 [图 5.4.1-2]；

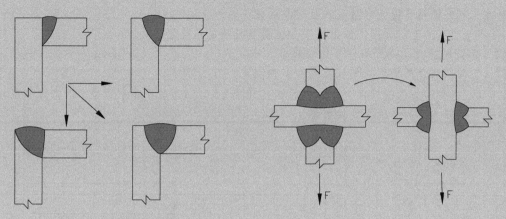

图 5.4.1-2　改善厚度方向焊接应力大小的措施

7　承受静荷载荷的节点，在满足接头强度计算要求的条件下，用部分焊透的对接与角接组合焊缝代替全焊透坡口焊缝（图 5.4.1-3）。

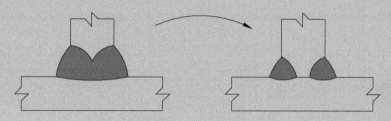

图 5.4.1-3　采用部分焊透对接与角接组合焊缝代替全焊透坡口焊缝

　　[释义]：在 T 形、十字形及角接接头焊接时，易由于焊接收缩应力作用于板厚方向（即垂直于板材纤维的方向）而使板材产生沿轧制带状组织晶间的台阶状层状撕裂。这一现象在钢结构焊接工程实践中早已发现，并经过多年试验研究，总结出一系列防止层状撕裂的措施，在本标准第 4.0.6 条中已规定了对材料厚度方向性能的要求。本条主要从焊接节点形式的优化设计方面提出要求，其考虑出发点均为减小焊缝截面、减小焊接收缩应力、使焊接收缩力尽可能作用于板材的轧制纤维方向。我国钢结构行业正处于蓬勃发展的阶段，近年来在重大工程项目中已发生过多起由层状撕裂而引起的工程质量问题，有必要加以重视。

5.4.2　焊接结构中母材厚度方向上需承受较大焊接收缩应力时，应选用满足厚度方向性能要求的钢材。

5.4.3　T 形接头、十字接头、角接接头应采用下列焊接工艺和措施：

　　1　在满足接头强度要求的条件下，宜选用具有较好熔敷金属塑性性能的焊接材料；应避免使用熔敷金属强度过高的焊接材料；

　　2　宜采用低氢或超低氢焊接方法和焊接材料进行焊接；

　　3　可采用塑性较好的焊接材料在坡口内翼缘板表面上先堆焊塑性过渡层；

4 应采用合理的焊接顺序，应减少接头的焊接拘束应力。十字接头的腹板厚度不同时，应先焊具有较大熔敷量和收缩量的接头；

5 在不产生附加应力的前提下，宜提高接头的预热温度。

5.5 构件制作与工地安装焊接构造设计

5.5.1 构件制作焊接节点形式应符合下列规定：

1 桁架和支撑的杆件与节点板的连接（图 5.5.1-1），当杆件承受拉力时，焊缝应在搭接杆件节点板的外边缘处提前终止，间距 a 不应小于 h_f；

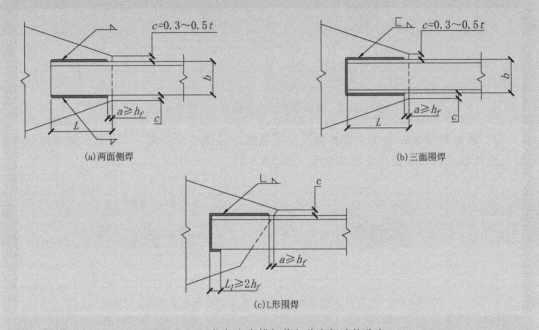

图 5.5.1-1 桁架和支撑杆件与节点板连接节点

2 型钢与钢板搭接，其搭接端部与型钢边缘的距离应大于等于 2 倍的焊脚尺寸（图 5.5.1-2）；

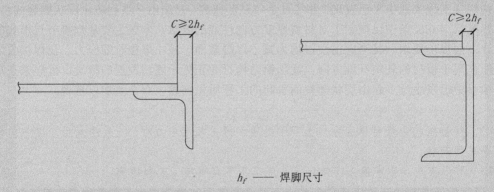

h_f —— 焊脚尺寸

图 5.5.1-2 型钢与钢板搭接节点

3 搭接接头上的角焊缝应避免在同一搭接接触面上相交（图 5.5.1-3）；

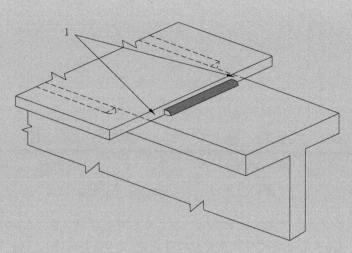

图 5.5.1-3 在搭接接触面上避免相交的角焊缝
1—此处焊缝不相交

4 要求焊缝与母材等强和承受动荷载的对接接头,其纵横两方向的对接焊缝,宜采用 T 形交叉。交叉点的距离不宜小于 200mm,且拼接料的宽度不宜小于 300mm,长度不宜小于 600mm(图 5.5.1-4)。当有特殊要求时,施工图应注明焊缝的位置;

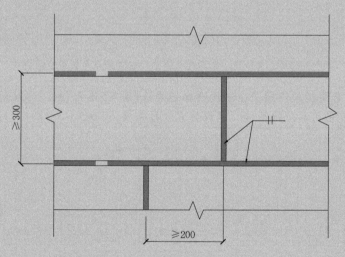

图 5.5.1-4 对接接头 T 形交叉

5 角焊缝作纵向连接的部件,当在局部荷载作用区采用一定长度的对接与角接组合焊缝来传递载荷时,在此长度以外坡口深度应逐步过渡至零,且过渡长度不应小于坡口深度的 4 倍;

6 焊接组合箱形梁、柱的纵向焊缝,宜采用全焊透或部分焊透的对接焊缝(图 5.5.1-5)。当要求全焊透时,应采用衬垫单面焊[图 5.5.1-5 (b)];

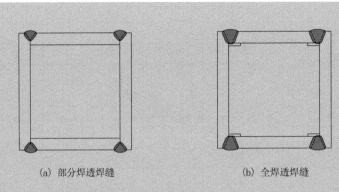

图 5.5.1-5　箱形组合柱的纵向组装焊缝

　　7　只承受静荷载的焊接组合 H 形梁、柱的纵向连接焊缝（图 5.5.1-6），当腹板厚度大于 25mm 时，宜采用全焊透焊缝或部分焊透焊缝［图 5.5.1-6（b）、（c）］；

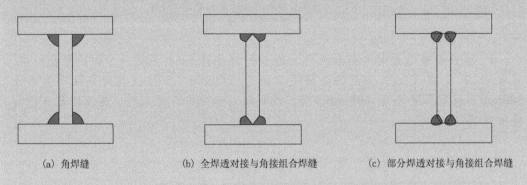

图 5.5.1-6　角焊缝、全焊透及部分焊透对接与角接组合焊缝

　　8　箱形柱与隔板的焊接，应采用全焊透焊缝［图 5.5.1-7（a）］；对无法进行电弧焊焊接的焊缝，宜采用电渣焊焊接，且焊缝宜对称布置［图 5.5.1-7（b）］；

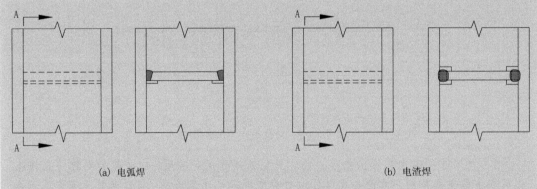

图 5.5.1-7　箱形柱与隔板的焊接接头形式

　　9　除高频焊外，钢管混凝土组合柱的纵向和横向焊缝，应采用双面或单面全焊透接头形式（图 5.5.1-8）；

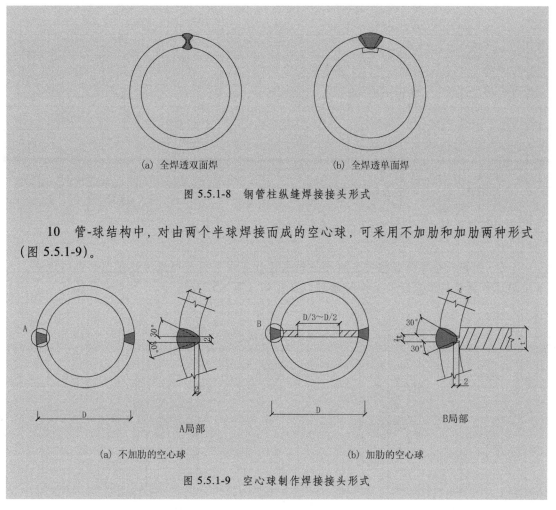

(a) 全焊透双面焊　　　　　　　　　　(b) 全焊透单面焊

图 5.5.1-8　钢管柱纵缝焊接接头形式

10　管-球结构中，对由两个半球焊接而成的空心球，可采用不加肋和加肋两种形式（图 5.5.1-9）。

A局部　　　　　　　　　　　　　　　　B局部

(a) 不加肋的空心球　　　　　　　　　(b) 加肋的空心球

图 5.5.1-9　空心球制作焊接接头形式

[释义]：本条规定的节点形式中，第 1、2、4、6~9 款为生产实践中常用的形式；第 3、5 款引自美国《钢结构焊接规范》AWS D1.1。其中第 5 款适用于为传递局部载荷，采用一定长度的全焊透坡口对接与角接组合焊缝的情况，第 10 款为现行行业标准《空间网格结构技术规程》JGJ 7 的规定，目的是为避免焊缝交叉、减小应力集中程度、防止三向应力，以防止焊接裂纹产生，提高结构使用安全性。

5.5.2　工地安装焊接节点形式应符合下列规定：

1　H 形框架柱安装拼接接头宜采用高强度螺栓和焊接组合节点或全焊接节点［图 5.5.2-1（a）、图 5.5.2-1（b）］。采用高强度螺栓和焊接组合节点时，腹板应采用高强度螺栓连接，翼缘板应采用单 V 形坡口加衬垫全焊透焊缝连接［图 5.5.2-1（c）］。当采用全焊接节点时，翼缘板应采用单 V 形坡口加衬垫全焊透焊缝，腹板宜采用 K 形坡口双面部分焊透焊缝，可不清根焊接；设计要求腹板全焊透，当腹板厚度不大于 20mm 时，宜采用单 V 形坡口加衬垫焊接［图 5.5.2-1（d）］，当腹板厚度大于 20mm 时，宜采用 K 形坡口，应清根后焊接［图 5.5.2-1（e）］；

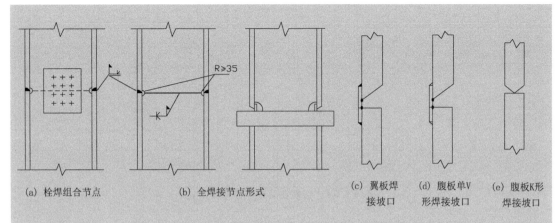

(a) 栓焊组合节点   (b) 全焊接节点形式   (c) 翼板焊接坡口   (d) 腹板单V形焊接坡口   (e) 腹板K形焊接坡口

图 5.5.2-1　H 形框架柱安装拼接节点及坡口形式

2　钢管及箱形框架柱安装拼接应根据设计要求采用全焊透焊缝或部分焊透焊缝。全焊透焊缝坡口形式应采用单 V 形坡口加衬垫（图 5.5.2-2）；

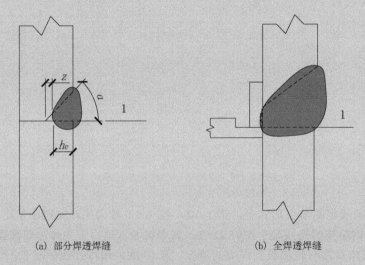

(a) 部分焊透焊缝   (b) 全焊透焊缝

图 5.5.2-2　箱形及钢管框架柱安装拼接接头坡口形式
1—铣平

3　框架柱与梁刚性连接时，应采用下列连接节点形式：

1）柱上有悬臂梁时，梁的腹板与悬臂梁腹板宜采用高强螺栓连接。梁翼缘板与悬臂梁翼缘板的连接应采用 V 形坡口加衬垫单面全焊透焊缝［图 5.5.2-3（a）］，也可采用双面焊全焊透焊缝；

2）柱上无悬臂梁时，梁的腹板与柱上已焊好的承剪板宜采用高强螺栓连接，梁翼缘板与柱身的连接应采用单边 V 形坡口加衬垫单面全焊透焊缝［图 5.5.2-3（b）］；

3）梁与 H 形柱弱轴方向刚性连接时，梁的腹板与柱的纵筋板宜采用高强螺栓连接。梁翼缘板与柱横隔板的连接应采用 V 形坡口加衬垫单面全焊透焊缝［图 5.5.2-3(c)］。

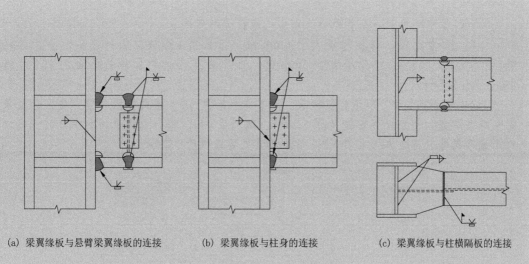

(a) 梁翼缘板与悬臂梁翼缘板的连接　　　(b) 梁翼缘板与柱身的连接　　　(c) 梁翼缘板与柱横隔板的连接

图 5.5.2-3　框架柱与梁刚性连接节点形式

4　管材与空心球工地安装焊接节点［图 5.5.2-4（a）］应采用下列形式：

1）钢管内壁加套管作为单面焊接坡口的衬垫时，坡口角度、根部间隙及焊缝加强应符合本标准规定［图 5.5.2-4（b）］；

2）钢管内壁不用套管时，宜将管端加工成 30°～60° 折线形坡口，预装配后应根据间隙尺寸要求，进行管端二次加工［图 5.5.2-4（c）］。要求全焊透时，应进行焊接工艺评定试验和接头的宏观切片检验以确认坡口尺寸和焊接工艺参数。

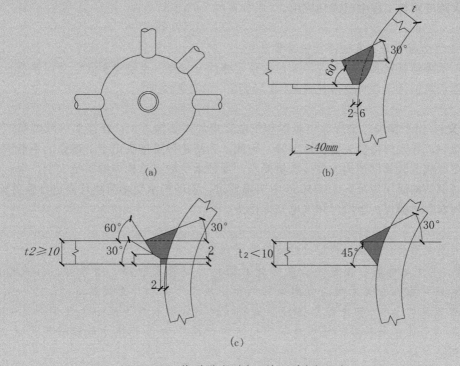

图 5.5.2-4　管-球节点形式及坡口形式与尺寸

5　管-管连接的工地安装焊接节点形式应符合下列要求：

　　1）管-管对接。当壁厚不大于 6mm 时，可采用Ⅰ形坡口加衬垫单面全焊透焊缝[图 5.5.2-5（a）]；当壁厚大于 6mm 时，可采用 V 形坡口加衬垫单面全焊透焊缝[图 5.5.2-5（b）]；

　　2）管-管 T、Y、K 形相贯接头。应按本标准第 5.2.6 条的要求在节点各区分别采用全焊透焊缝和部分焊透焊缝（图 5.2.6-3、图 5.2.6-4）；设计要求采用角焊缝时，其坡口形式及尺寸应符合本标准第 5.2.6 条第 3 款的要求（图 5.2.6-5）。

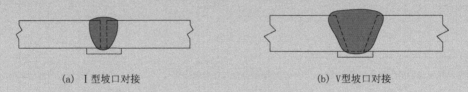

（a）Ⅰ型坡口对接　　　　　　　　　（b）V型坡口对接

图 5.5.2-5　管-管对接连接节点形式

　　[释义]：本条规定的安装节点形式中，第 1~3 款与国家现行有关标准一致。这种焊接节点已在国内一些大跨度钢结构中得到应用，它不仅可以避免焊缝立体交叉，还可以预留一段纵向焊缝最后施焊，以减小横向焊缝的拘束度。第 4 款的图 5.5.2-4（c）为不加衬套的球-管安装焊接节点形式，管端在现场二次加工调整钢管长度和坡口间隙，以保证单面焊透。这种焊接节点的坡口形式可以避免衬套固定焊接后管长及安装间隙不易调整的缺点，在首都机场四机位大跨度网架工程中已成功应用。

5.6　承受动荷载与抗震的焊接构造设计

5.6.1　承受动荷载且需经疲劳验算的构件，塞焊、槽焊、电渣焊和气电立焊接头应符合现行国家规范《钢结构通用规范》GB 55006 中的相关规定。

　　[释义]：由于塞焊、槽焊、电渣焊和气电立焊焊接热输入大，在接头区域容易产生过热的粗大组织，导致焊接接头塑韧性下降，因此，为防止焊接接头由于上述原因不能满足承受动荷载需经疲劳验算钢结构的焊接质量要求，保证承受动载结构焊缝质量安全，现行国家工程规范《钢结构通用规范》GB 55006 中明确要求，钢结构承受动荷载且需进行疲劳验算时，严禁使用塞焊、槽焊、电渣焊和气电立焊接头。

5.6.2　承受动荷载的接头构造设计应符合下列规定：

　　1　承受动荷载不需要进行疲劳验算的构件，采用塞焊、槽焊时，孔或槽的边缘到构件边缘在垂直于应力方向上的间距不应小于此构件厚度的 5 倍，且不应小于孔或槽宽度的 2 倍；构件端部搭接接头的纵向角焊缝长度不应小于两侧焊缝间的垂直间距 a，且在无塞焊、槽焊等其它措施时，间距 a 不应大于较薄件厚度 t 的 16 倍（图 5.6.2）；

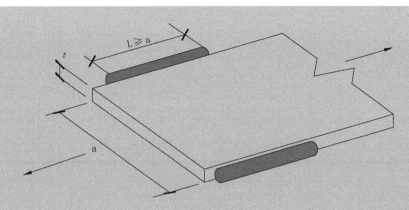

图 5.6.2　承受动荷载不需进行疲劳验算时构件端部纵向角焊缝长度及间距要求

a—不应大于 16t（中间有塞焊焊缝或槽焊焊缝时除外）

　　2　不应采用焊脚尺寸小于 5mm 的角焊缝；

　　3　不应采用断续坡口焊缝和断续角焊缝；

　　4　对接与角接组合焊缝和 T 形接头的全焊透坡口焊缝应采用角焊缝加强，加强焊脚尺寸应大于或等于接头较薄件厚度的 1/2，且不应大于 10mm；

　　5　承受动荷载且需经疲劳验算的构件，当拉应力与焊缝轴线垂直时，不应采用部分焊透对接焊缝、背面不清根的无衬垫焊缝；

　　6　不同板厚的对接接头承受动荷载时，应按本标准第 5.3.4 条的规定作平缓过渡。

　　[释义]：本条对承受动荷载时焊接节点作出了规定。如承受动荷载需经疲劳验算时塞焊、槽焊的禁用规定，间接承受动荷载时塞焊、槽焊孔与板边垂直于应力方向的净距离，角焊缝的最小尺寸，部分焊透焊缝、单边 V 形和单边 U 形坡口的禁用规定以及不同板厚、板宽对焊接接头的过渡坡度的规定均引自美国《钢结构焊接规范》AWS D1.1；角接与对接组合焊缝和 T 形接头坡口焊缝的加强焊角尺寸要求则给出了最小和最大的限制。需要注意的是，对承受与焊缝轴线垂直的动荷载拉应力的焊缝，禁止采用部分焊透焊缝、无衬垫单面焊、未经评定的非钢衬垫单面焊；不同板厚对接接头在承受各种动荷载力（拉、压、剪）时，其接头斜坡过渡不应大于 1∶2.5。

　　5.6.3　承受动荷载构件的组焊节点形式应符合下列规定：

　　1　有对称横截面的部件组合节点，应以构件轴线对称布置焊缝，当应力分布不对称时应作相应调整；

　　2　用多个部件组叠成构件时，应沿构件纵向采用连续焊缝连接；

　　3　承受动荷载荷需经疲劳验算的桁架，弦杆和腹杆与节点板的搭接焊缝应采用围焊，杆件焊缝间距不应小于 50mm（图 5.6.3-1）；

　　4　实腹吊车梁横向加劲板与翼缘板之间的焊缝应避免与吊车梁纵向主焊缝交叉（图 5.6.3-2）。

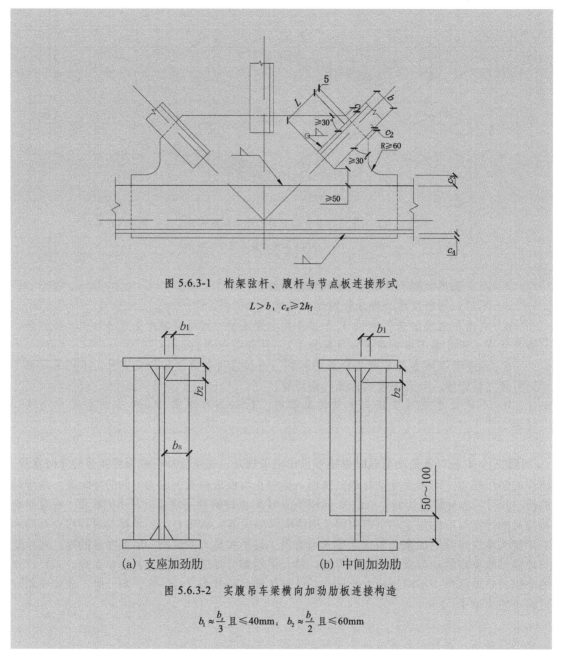

图 5.6.3-1　桁架弦杆、腹杆与节点板连接形式

$$L > b, \ c_x \geqslant 2h_f$$

(a) 支座加劲肋　　　　　　(b) 中间加劲肋

图 5.6.3-2　实腹吊车梁横向加劲肋板连接构造

$$b_1 \approx \frac{b_s}{3} \ 且 \leqslant 40mm; \quad b_2 \approx \frac{b_s}{2} \ 且 \leqslant 60mm$$

[释义]：本条中第 1、2 款引自美国《钢结构焊接规范》AWS D1.1；第 3、4 款是根据现行国家标准《钢结构设计标准》GB 50017 中有关要求而制定的，目的是便于制作施工中注意焊缝的设置，更好地保证构件的制作质量。

5.6.4　抗震结构框架柱与梁的刚性连接节点焊接时，应符合下列规定：

　　1　梁的翼缘板与柱之间的对接与角接组合焊缝的加强焊脚尺寸不应小于翼缘板厚的 1/2，且不应大于 10mm；

2 梁的下翼缘板与柱之间宜采用 L 或 J 形坡口无衬垫单面全焊透焊缝,并应在反面清根后封底焊成平缓过渡形状;采用 L 形坡口加衬垫单面全焊透焊缝时,焊接完成后应去除全部长度的衬垫及引弧板、引出板,打磨清除未熔合或夹渣等缺欠后,再封底焊成平缓过渡形状。

[释义]:本条为抗震结构框架柱与梁的刚性节点焊接要求,引自美国《钢结构焊接规范》AWS D1.1。经历了美国洛杉矶大地震和日本阪神大地震后,国外钢结构专家在对震害后柱-梁节点断裂位置及破坏形式进行了统计并分析其原因,据此对有关标准作了修订,即推荐采用无衬垫单面全焊透焊缝(反面清根后封底焊)或采用陶瓷衬垫单面焊双面成形的焊缝。对于采用钢衬垫的单面全焊透焊缝,要求焊接完成后去除引弧板、引出板及衬垫板并进行相应处理。引弧板、引出板可以用气割工艺切除,但钢衬垫板去除不能采用气割方法,宜采用碳弧气刨方法去除。

5.6.5 梁柱连接处梁腹板的过焊孔应符合下列规定:

1 腹板上的过焊孔宜在腹板-翼缘板组合纵焊缝焊接完成后与切除引弧板、引出板同时加工;

2 下翼缘处腹板过焊孔高度应大于腹板厚度 1.5 倍,过焊孔边缘与下翼板相交处与柱-梁翼缘焊缝熔合线间距应大于 10mm。腹板-翼缘板组合纵焊缝不应绕过过焊孔处的腹板厚度围焊;

3 腹板厚度大于 38mm 时,过焊孔热切割应预热 65℃以上,必要时可将切割表面磨光后进行磁粉或渗透检测;

4 不应采用堆焊方法封堵过焊孔。

[释义]:可采用热切割或机械方法进行过焊孔的加工,其形状应圆滑过渡,不应存在尖锐凸起和缺口,切割表面质量应符合本标准第 7.1.3 条的规定;过焊孔的尺寸应满足要求,避免正交方向上的焊缝密集,以便能够释放焊缝的收缩应力,并有足够的间距,便于过焊孔的制备,并易于焊接和检查;不能使用堆焊方法封堵过焊孔,如果出于美观或防腐的需要,可采用胶粘材料封闭过焊孔。

5.7 机器人焊接构造设计要求

5.7.1 机器人焊接构造设计应符合下列规定:

1 宜选用可标准化、模块化、系列化生产、制作的构件形式;

2 应选用适于机器人焊接的节点形式;

3 宜采用圆管、方钢管、H 型钢等型钢构件;

4 宜减少焊缝数量;焊缝布置应简单,避免交错、汇集;焊缝形状宜为规则的直线或弧线;焊缝截面应均匀,无突变;

5 宜选用单面单道或双面单道焊缝,当采用多层多道焊缝时,应在焊缝端部增加产品试板,试板材质、厚度、轧制方向及坡口形式应与正式焊接接头相同,长度应大于 400mm,坡口边缘每侧宽度不应小于 200mm;相同焊接条件下焊缝的产品试板不应少于 1 组;产品试板焊缝经外观和无损检测合格后进行接头的拉伸、弯曲和冲击试验,试样数量和试验结果应符合焊接工艺评定的有关规定;

6　宜选用气体保护焊或埋弧焊焊接方法；

　　7　不宜采用仰焊位置；

　　8　焊缝坡口宜采用机械加工方式，坡口的加工精度和接头的装配精度应满足机器人焊接的要求。

5.7.2　机器人焊接节点形式可为梁贯通形式（图 5.7.2-1～图 5.7.2-3）或柱贯通形式（图 5.7.2-4～图 5.7.2-6）。

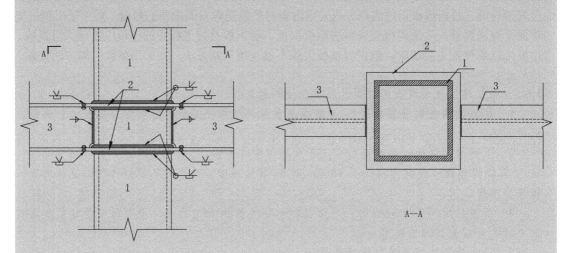

图 5.7.2-1　隔板贯通梁柱节点（方钢管柱）

1—方钢管柱；2—通断隔板；3—H 形钢梁

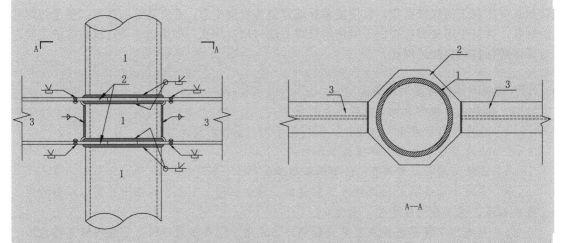

图 5.7.2-2　隔板贯通梁柱节点（圆钢管柱）

1—圆钢管柱；2—通断隔板；3—H 形钢梁

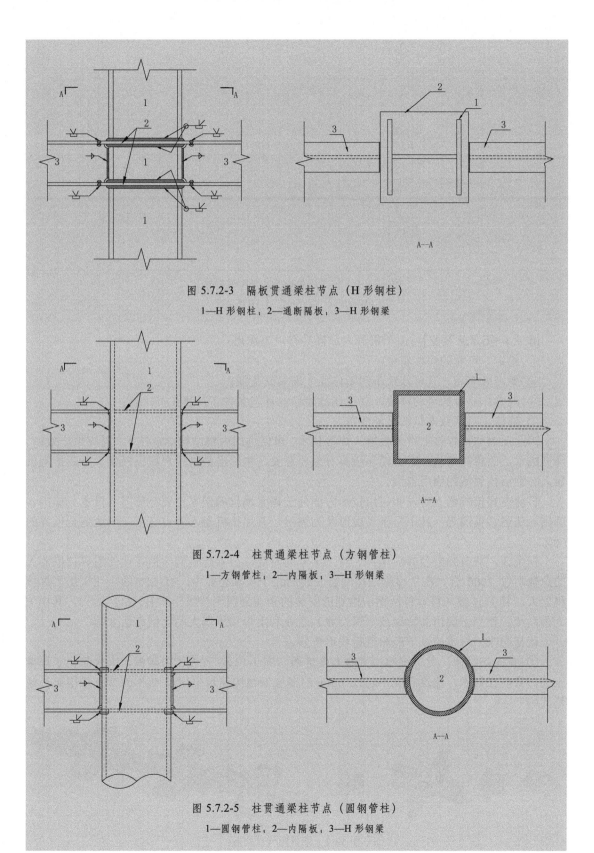

图 5.7.2-3　隔板贯通梁柱节点（H 形钢柱）
1—H 形钢柱；2—通断隔板；3—H 形钢梁

图 5.7.2-4　柱贯通梁柱节点（方钢管柱）
1—方钢管柱；2—内隔板；3—H 形钢梁

图 5.7.2-5　柱贯通梁柱节点（圆钢管柱）
1—圆钢管柱；2—内隔板；3—H 形钢梁

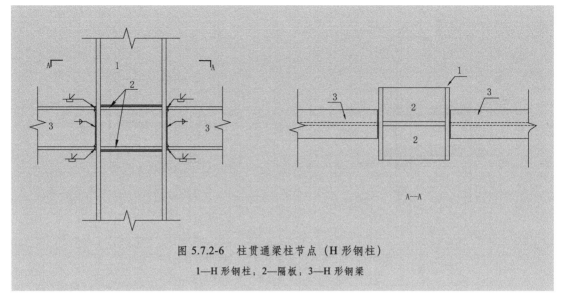

图 5.7.2-6　柱贯通梁柱节点（H 形钢柱）

1—H 形钢柱；2—隔板；3—H 形钢梁

[5.7.1～5.7.2 释义]：由于机器人焊接具有以下优点：

① 稳定、可靠的焊接质量；

② 生产效率高，且可连续不间断作业，缩短交货期；

③ 改善作业者的劳动环境，且可在危险作业环境条件下从事生产工作；

④ 降低了对从业人员的技能要求。

因此在钢结构焊接上引入机器人焊接技术，对促进国内钢结构制造技术、提高生产效率、降低成本、改善焊接从业者劳动环境具有重要意义，本标准鼓励用户积极探索，不断扩大机器人在钢结构领域的应用范围。

目前在焊接机器人研发和应用技术方面处于领先地位的国家主要有美国、日本、德国、韩国、法国、英国等。其中日本表现得尤为突出，其焊接机器人的占有率一度达到全世界的 60%。

据统计，从 1985～2006 年，大约二十年的时间，日本建筑钢结构行业使用焊接机器人的总数超过 3000 台，在从事钢结构制造安装的三千多家企业中，有 65%的企业采用了焊接机器人。其中 H 级（日本将从钢结构制造安装的企业为四个等级，即 H、M、R、J，其中 H 为最高级，相当于国内的特级或一级企业）企业利用焊接机器人的比例高达 87%。

概括起来，日本的以下经验值得我们借鉴。

① 首先是设计，变传统的柱贯通为梁贯通（图 3-12），省去了内隔板，大大简化了焊接工艺。目前在日本，建筑高度不超过 60m 的多层钢结构建筑中超过 90%的节点采用梁贯通形式。

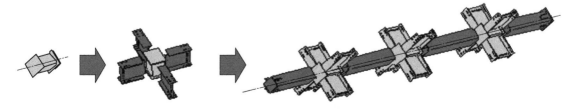

图 3-12　梁贯通节点构造

② 在材料选择上，尽可能多地选择型钢替代焊接构件。在日本，中低层钢结构的柱 95% 以上为型钢，梁的型钢利用率接近 100%。

上述两项技术措施的采用在大大简化焊接工艺，减少焊接工作量的同时，为焊接机器人的使用提供了便利条件。

因此，本标准对机器人焊接构造设计要求做出规定，以期推动国内钢结构焊接技术的更新换代。

5.8 窄间隙焊构造设计要求

5.8.1 窄间隙焊构造设计应符合以下规定：

1 宜选用对厚度方向性能有要求的钢板且板厚不宜小于 40mm；

2 宜选用自动气体保护焊或埋弧焊焊接方法；

3 宜采用 U 形坡口或坡口角度不大于 15° 的 V 形坡口；

4 应采用平焊位置焊接；

5 焊缝坡口的加工精度和接头的装配精度应满足窄间隙焊的要求。

5.8.2 承受动荷载且需经疲劳验算的构件，不宜使用窄间隙焊方法焊接。

5.8.3 采用窄间隙焊的构造设计应经原设计单位审核并进行焊接工艺评定试验，合格后并方可使用。

[5.8.1～5.8.3 释义]：窄间隙焊具有如下特征：是利用现有的弧焊方法的一种特别技术；多数采用 I 形坡口或 U 形坡口，坡口角度大小视焊接中的变形量而定；多层焊接；自下而上的各层焊道数相同（通常为 1～2 道）采用小或中等热输入进行焊接。

在钢结构厚板中采用窄间隙焊，可提高焊接效率、节省焊材熔敷量、减少变形、降低成本。窄间隙焊在钢结构厚板中的应用有限，为保证结构安全，使用前，其构造设计应经原设计单位审核并进行焊接工艺评定试验，合格后并方可使用，同时在承受动荷载且需经疲劳验算的焊接接头，由于缺乏实用数据支持，暂不推荐使用。

3.6 对"焊接工艺评定"的详释

所谓焊接工艺评定，就是为验证所拟定的焊接工艺的正确性而进行的试验过程及结果评价。其目的是评定施焊单位是否有能力焊制出符合相关国家或行业标准、技术规范所要求的焊接接头，验证施焊单位所拟订的焊接工艺指导书是否正确，并为制定正式的焊接工艺指导书或焊接工艺卡提供可靠的技术依据。焊接工艺评定是保证焊接质量的重要措施，它能确认为各种焊接接头编制的焊接工艺指导书的正确性和合理性。通过焊接工艺评定，检验按拟定的焊接工艺指导书焊制的焊接接头的使用性能是否符合设计要求，并为正式制定焊接工艺指导书或焊接工艺卡提供可靠的依据。

焊接工艺评定一般过程为：

① 拟定焊接工艺指导书；

② 施焊试件和制取试样；

③ 检验试件和试样；

④ 测定焊接接头是否具有所要求的使用性能；

⑤ 提出焊接工艺评定报告，对拟定的焊接工艺指导书进行评定。

本章所涉及的焊接工艺评定，其适用范围应满足本标准第 1.0.2 条的规定。

焊接工艺评定中对试件的检验主要采用外观检验、超声或射线等无损检测方法进行，而对试样的检验则以破坏检验为主，其方法包括拉伸、弯曲、冲击和宏观金相等。

6　焊接工艺评定

6.1　一 般 规 定

6.1.1　除符合本标准第 6.6 节免予评定的规定外，焊接工艺评定应符合现行强制性国家规范《钢结构通用规范》GB 55006 的有关规定。

[**释义**]：现行国家工程规范《钢结构通用规范》GB 55006 中规定，首次采用的钢材、焊接材料、接头形式、焊接位置、焊后热处理制度以及焊接工艺参数、预热和后热措施等各种参数的组合条件，应在钢结构构件制作及安装之前按照规定程序进行焊接工艺评定，并制定焊接操作规程，焊接施工过程中应遵守焊接操作规程规定。

由于钢结构工程中的焊接节点和焊接接头不可能进行现场实物取样检验，为保证工程焊接质量，要在构件制作和结构安装施工焊接前进行焊接工艺评定。现行国家标准《钢结构工程施工质量验收标准》GB 50205 将焊接工艺评定报告列入竣工资料必备文件之一。

同时，鉴于部分钢材通过长期的工程应用实践，已积累了成熟的焊接工艺，本标准参考美国《钢结构焊接规范》AWS D1.1，并充分考虑国内钢结构焊接的实际情况，增加了免予焊接工艺评定的相关规定。所谓免予焊接工艺评定就是把符合本标准规定的钢材种类、焊接方法、焊接坡口形式和尺寸、焊接位置、匹配的焊接材料、焊接工艺参数标准化。符合这种标准化焊接工艺规程或焊接作业指导书，施工企业可以不再进行焊接工艺评定试验，而直接使用免予焊接工艺评定的焊接工艺。

6.1.2　进行焊接工艺评定时，应符合下列要求：

1　由施工单位的焊接技术人员根据所承担钢结构的接头形式，钢材类型、规格，采用的焊接方法，焊接位置等，制订焊接工艺评定方案，拟定相应的焊接工艺评定指导书；

2　焊接工艺评定试件由检测机构进行检测试验，并出具检测报告；

3　施工单位或第三方检验机构应根据检测结果及本标准的相关规定对拟定的焊接工艺进行评定，出具焊接工艺评定报告；

4　焊接工艺评定的施焊、送检过程应在监理单位或第三方检验机构全程见证下进行；

5　焊接工艺评定报告应包括但不限于本标准附录 B 要求的内容。

6.1.3　焊接工艺评定中的焊接热输入及预热、后热等施焊参数，应依据母材的焊接性确定。

6.1.4　焊接工艺评定所用设备、仪表的性能应处于正常工作状态；焊接工艺评定所用的母材、栓钉、焊接材料应能覆盖实际工程所用材料并应符合技术要求、具有生产厂出具的质量证明文件。

6.1.5　焊接工艺评定试件应由该工程施工单位中具有相应技术能力的焊接人员施焊。

6.1.6　焊接工艺评定所用的焊接方法和施焊位置的代号应符合表 6.1.6-1 和表 6.1.6-2 的规定（图 6.1.6-1～图 6.1.6-5），钢材类别应符合本标准表 4.0.5 的规定，试件焊接接头的形式应符合本标准附录 A 的要求。

表 6.1.6-1 焊接方法分类

代号	焊接方法	
1	焊条电弧焊	SMAW
2-1	半自动实心焊丝 CO_2 气体保护焊	GMAW-CO_2
2-2	半自动实心焊丝混合气体保护焊	GMAW -MG
3-1	半自动药芯焊丝气体保护焊	FCAW-G
3-2	半自动自保护药芯焊丝电弧焊	FCAW-SS
4	非熔化极气体保护焊	GTAW
5-1	单丝埋弧焊	SAW－S
5-2	多丝埋弧焊	SAW－M
5-3	单电双细丝埋弧焊	SAW－MD
5-4	窄间隙埋弧焊	SAW－NG
6-1	熔嘴电渣焊	ESW-N
6-2	丝极电渣焊	ESW-W
6-3	板极电渣焊	ESW-P
6-4	非熔嘴电渣焊	ESW-T
7-1	单丝气电立焊	EGW-S
7-2	多丝气电立焊	EGW-M
8-1	自动实心焊丝 CO_2 气体保护焊	GMAW-CO_2A
8-2	自动实心焊丝混合气体保护焊	GMAW-MA
8-3	窄间隙自动气体保护焊	GMAW-NG
8-4	自动药芯焊丝气体保护焊	FCAW-GA
8-5	自动自保护药芯焊丝电弧焊	FCAW-SA
9-1	非穿透栓钉焊	SW
9-2	穿透栓钉焊	SW-P
10-1	机器人实心焊丝气体保护焊	RW-GMAW
10-2	机器人药芯焊丝气体保护焊	RW-FCAW
10-3	机器人埋弧焊	RW-SAW

表 6.1.6-2 焊接位置代号

焊接位置		代号	位置定义
平	F	1G（或 1F）	板材对接焊缝或角焊缝试件平焊位置 管材（管板、管球）水平转动对接焊缝或角焊缝试件位置
横	H	2G（或 2F）	板材对接焊缝（或角焊缝）试件横焊位置 管材（管板、管球）垂直固定对接焊缝或角焊缝试件位置
立	V	3G（或 3F）	板材对接焊缝或角焊缝试件立焊位置
仰	O	4G（或 4F）	板材（管板、管球）对接焊缝或角焊缝试件仰焊位置
全位置	F、V、O	5G（或 5F）	管材（管板、管球）水平固定对接焊缝或角焊缝试件位置
		6G（或 6F）	管材（管板、管球）45°固定对接焊缝或角焊缝试件位置
		6GR	管材 45°固定加挡板对接焊缝试件位置

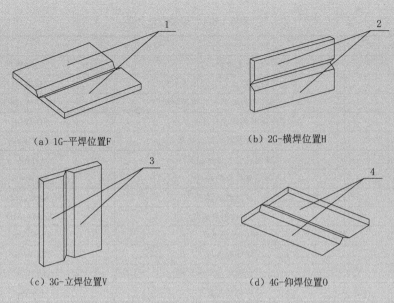

（a）1G-平焊位置F　　　　　　　　　（b）2G-横焊位置H

（c）3G-立焊位置V　　　　　　　　　（d）4G-仰焊位置O

图 6.1.6-1　板对接试件焊接位置

1—板平位放置，焊缝轴水平；2—板横向立位放置，焊缝轴水平；

3—板 90°立位放置，焊缝轴垂直；4—板平位放置，焊缝轴水平

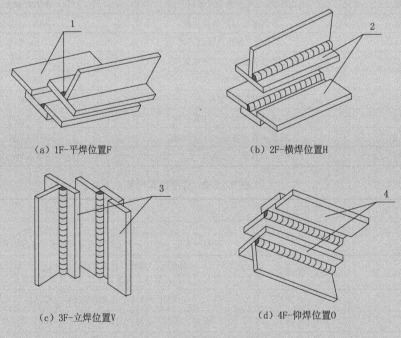

（a）1F-平焊位置F　　　　　　　　　（b）2F-横焊位置H

（c）3F-立焊位置V　　　　　　　　　（d）4F-仰焊位置O

图 6.1.6-2　板角接试件焊接位置

1—板 45°放置，焊缝轴水平；2—板平放置，焊缝轴水平；

3—板 90°立位放置，焊缝轴垂直；4—板平放置，焊缝轴水平

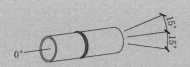

(a)1G-平焊位置F（转动）

管平放（±15°）焊接时转动，在顶部及附近平焊

(b)2G-横焊位置H

管垂直（±15°）放置，焊接时不转动，焊缝横焊

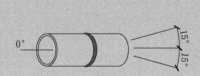

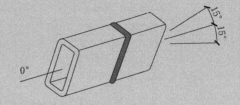

(c)5G-管对接全位置焊

管平放并固定（±15°）施焊时不转动，焊缝平、立、仰焊

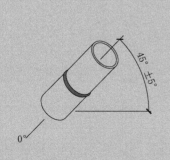

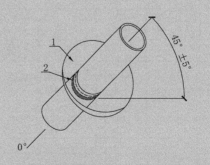

(d)6G-管45°固定全位置焊　　　　(e)6GR-带障碍的管45°固定全位置焊

管倾斜固定（45°±5°）焊接时不转动

图 6.1.6-3　管对接试件焊接位置

1—障碍板（距坡口边缘 6mm）；2—试验焊缝

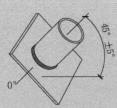

(a)1G(1F)-平焊位置F（转动）

管倾斜放置（45°±5°），管板垂直，焊接时绕管轴转动，在顶部及附近平焊

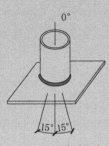  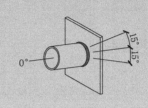

(b1)2G(2F)-横焊位置H　　　　　　　(b2)2G(2F)-横焊位置H（转动）

管垂直（±15°），板水平放置，焊缝横焊　　　管平放（±15°），板垂直,焊接时转动，在顶部及附近横焊

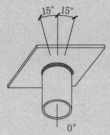 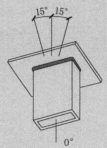

(c)4G(4F)-仰焊位置O

管垂直（±15°），板水平放置，焊缝仰焊

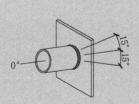 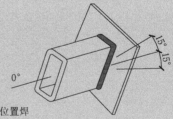

(d)5G(5F)-管板全位置焊

管平放（±15°）,板垂直并固定,焊接时不转动，焊缝平、立、仰焊

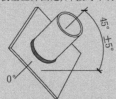

(e)6G(6F)-管板45°固定全位置焊

管板倾斜固定（45°±5°）焊接时不转动

图 6.1.6-4　管板对接（角接）试件焊接位置

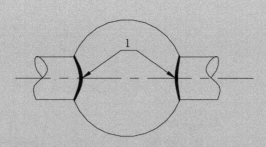

图 6.1.6-5 管-球接头试件

1—焊接位置分类按管材对接接头

6.1.7 焊接工艺评定结果不合格时，可在原焊件上就不合格项目重新加倍取样进行检验。如还不能达到合格标准，应分析原因，制订新的焊接工艺方案，按原步骤重新评定，直到合格为止。

6.1.8 焊接难度等级为 A、B 级的焊接接头，焊接工艺评定可长期有效；焊接难度等级为 C 级的焊接接头，焊接工艺评定有效期应为 5 年；对于焊接难度等级为 D 级的焊接接头应按工程项目进行焊接工艺评定，其最长有效期不超过 5 年。

6.1.9 焊接工艺评定文件宜采用本标准附录 B 的格式。

[6.1.2～6.1.9 释义]：焊接工艺评定所用的焊接参数，原则上是根据被焊钢材的焊接性试验结果制定，尤其是热输入、预热温度及后热制度。对于焊接性已经被充分了解，有明确的指导性焊接工艺参数，并已在实践中长期使用的国内、外生产的成熟钢种，一般不需要由施工企业进行焊接性试验。对于国内新开发生产的钢种，或者由国外进口未经使用过的钢种，应由钢厂提供焊接性试验评定资料，否则施工企业应进行焊接性试验，以作为制定焊接工艺评定参数的依据。施工企业进行焊接工艺评定还应根据施工工程的特点和企业自身的设备、人员条件确定具体焊接工艺，如实记录并与实际施工相一致，以保证施工中得以实施。

6.1.6 对焊接位置做出了规定，本标准以前版本采用自己的代号，既不同于欧洲标准，也有别于美国标准，在使用中给用户造成一定麻烦，因此本次修订中，与美标规定统一，标准中表 6.1.6-2 和图 6.1.6-1～图 6.1.6-5 对焊接位置及代号做了说明，焊接位置范围可由图 3-13、图 3-14 和表 3-3、表 3-4 确定。

表 3-3 对接焊缝位置范围

位置	区域代号（图 3-13）	焊缝倾角/(°)	焊缝面转角/(°)
平焊缝	A	0～15	150～210
横焊缝	B	0～15	80～150 210～280
仰焊缝	C	0～80	0～80 280～360
立焊缝	D E	15～80 80～90	80～280 0～360

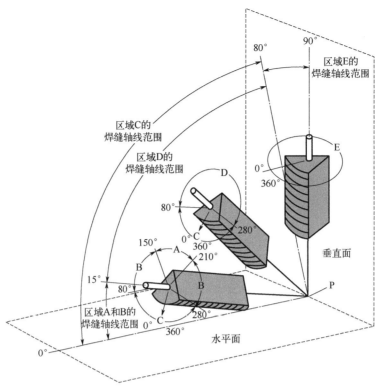

图 3-13　对接焊缝位置

图 3-14　角焊缝位置

表 3-4 角焊缝位置范围

位置	区域代号（图 3-14）	焊缝倾角/（°）	焊缝面转角/（°）
平焊缝	A	0～15	150～210
横焊缝	B	0～15	125～150 210～235
仰焊缝	C	0～80	0～125 235～360
立焊缝	D E	15～80 80～90	125～235 0～360

考虑到目前国内钢结构飞速发展，在一定时期内，钢结构制作、施工企业的变化尤其是人员、设备、工艺条件也比较大，因此，根据国内实际情况，本标准第 6.1.8 条中根据焊接难度等级对焊接工艺评定的有效期做出了规定。

另外值得关注的是，在本标准第 1.0.2 条及表 6.1.6-1 中，均表明电渣焊和气电立焊是本标准允许采用的焊接方法。上述两种焊接方法虽具有很高的焊接效率，但其过高的热输入量导致焊缝及热影响区金属组织性能的劣化，却是不容忽视的事实。目前，国内常用的建筑结构钢材所允许使用的热输入量的上限大约为50kJ/cm，而上述两种方法的热输入量远大于此。为验证上述观点，我们进行了试验。表 3-5 至表 3-10 分别为熔嘴电渣焊、熔丝电渣焊和气电立焊的焊接工艺参数及试验结果，从表中可以看出，熔嘴电渣焊的热输入最高为 760～1300kJ/cm，熔丝电渣焊次之为 500～800kJ/cm，气电立焊最低为 90～200kJ/cm。试验结果与上述三种焊接方法的热输入大小有较强的对应性，热输入大则试验效果差，反之则相反。

因此，虽然本标准推荐使用电渣焊和气电立焊焊接方法，但使用者应慎重采用，特别对于那些要求等韧等强又无法进行后热处理的焊接节点，应避免采用电渣焊和气电立焊。

表 3-5 熔嘴电渣焊焊接工艺参数

试验编号	材质	板厚/mm	焊接材料	焊接电流/A	焊接电压/V	焊接速度/（cm/min）	热输入/（kJ/cm）
YJ-32	Q345B	50	H08MnA（CHW-S2）+HJ331（CHF331）	500	46	1.53	902
YJ-33	Q345B	50	H08MnMoA（CHW-S9）+HJ331（CHF331）	500	46	1.36	1016
YJ-34	Q345B	50	H08Mn2MoA（CHW-S7）+HJ331（CHF331）	480～500	44	0.99	1308
YJ-35	Q345C	50	H08MnA（CHW-S2）+HJ331（CHF331）	500	44～46	1.45	929
YJ-36	Q345C	50	H08MnMoA（CHW-S9）+HJ331（CHF331）	500	46	1.44	958
YJ-37	Q345C	50	H08Mn2MoA（CHW-S7）+HJ331（CHF331）	500	46	1.26	1090
YJ-40	Q390GJC	40	H08MnMoA（CHW-S9）+HJ331（CHF331）	510	44	1.76	763
YJ-41	Q390GJC	40	H08Mn2MoA（CHW-S7）+HJ331（CHF331）	510	44	1.67	808
YJ-42	Q390D	50	H08MnMoA（CHW-S9）+HJ331（CHF331）	510	44	1.30	1032
YJ-43	Q390D	50	H08Mn2MoA（CHW-S7）+HJ331（CHF331）	510	42	1.33	964

表 3-6   熔嘴电渣焊试验结果

试验编号	抗拉强度/MPa			弯曲合格角度（$d=3a$）/（°）				冲击功/J						
	实测（断裂位置）		钢材要求				温度/℃	焊缝			热影响区		
YJ-32	470 焊缝		465 焊缝	470~630	180	180	180	180	20	80	62	—	176	162	138
YJ-33	515 焊缝		520 焊缝	470~630	180	180	180	180	20	38	40	42	174	188	156
YJ-34	540 母材		540 母材	470~630	<180	<180	180	180	20	120	124	110	166	168	156
YJ-35	475 焊缝		475 焊缝	470~630	180	45	30	30	0	12	14	12	144	98	172
YJ-36	525 焊缝		525 焊缝	470~630	180	30	30	30	0	16	26	—	68	30	130
YJ-37	520 焊缝		535 母材	470~630	80	80	80	180	0	24	40	54	72	72	58
YJ-40	535 母材		525 母材	490~650	<180	180	180	180	0	14	26	8	58	32	14
YJ-41	520 母材		555 母材	490~650	180	180	180	180	0	22	14	18	14	16	14
YJ-42	620 母材		605 母材	490~650	180	<180	<180	<180	0	<10	<10	<10	<10	<10	<10
YJ-43	590 焊缝		595 母材	490~650	<180	<180	180	180	0	<10	<10	<10	<10	<10	<10

注：1. 表中灰底字为试验数据达不到母材性能要求的结果。

2. 表中<180°表示弯曲角度达到180°时出现超标缺陷。

3. YJ-42、YJ-43试验的冲击温度原为-20℃，因6件的冲击值都过低改为0℃，但其他6件在0℃的冲击功仍较低。

表 3-7   熔丝电渣焊焊接工艺参数

试验编号	材质	板厚/mm	焊接材料	焊接电流/A	焊接电压/V	焊接速度/（cm/min）	热输入/（kJ/cm）
YJ-19	Q345B	40	H08MnA（JW-3）+JF-600	380	50	2.07	549
YJ-20	Q345B	40	H08MnMoA（CHW-S9）+JF-600	380	48	2.34	467
YJ-21	Q345B	40	H08Mn2MoA（CHW-S7）+JF-600	380	48	2.10	522
YJ-23	Q345C	50	H08MnA（JW-3）+JF-600	380	50	1.63	697
YJ-24	Q345C	50	H08MnMoA（CHW-S9）+JF-600	380	50	1.69	673
YJ-25	Q345C	50	H08Mn2MoA（CHW-S7）+JF-600	380	50	1.81	628
YJ-27	Q390GJC	40	H08MnMoA（CHW-S9）+JF-600	380	50	2.00	569
YJ-28	Q390GJC	40	H08Mn2MoA（CHW-S7）+JF-600	380	50	1.86	613
YJ-29	Q390D	50	H08MnMoA（CHW-S9）+JF-600	380	50	1.43	795
YJ-30	Q390D	50	H08Mn2MoA（CHW-S7）+JF-600	380	50	1.58	723

表 3-8   熔丝电渣焊试验结果

试验编号	抗拉强度/MPa			弯曲合格角度（$d=3a$）/（°）				冲击功/J						
	实测（断裂位置）		钢材要求				温度/℃	焊缝			热影响区		
YJ-19	465 焊缝		465 焊缝	470~630	180	180	180	180	20	135	138	138	201	188	200
YJ-20	530 母材		535 母材	470~630	180	180	180	180	20	30	44	45	158	165	168
YJ-21	530 母材		525 母材	470~630	180	180	180	180	20	38	38	36	174	155	168
									0	26	20	20	168	134	142

续表

试验编号	抗拉强度/MPa			弯曲合格角度（$d=3a$）/（°）				冲击功/J						
	实测（断裂位置）		钢材要求					温度/℃	焊缝			热影响区		
YJ-23	495 焊缝	495 焊缝	470～630	180	180	180	180	0	57	56	53	154	154	89
YJ-24	530 母材	535 母材	470～630	90	180	180	80	0	32	14	8	68	62	70
YJ-25	527 母材	539 母材	470～630	180	70	60	60	0	18	20	26	124	138	82
								20	34	38	46	114	172	162
YJ-27	535 母材	540 母材	490～650	30	180	90	80	0	10	8	14	80	34	32
YJ-28	546 母材	541 母材	490～650	180	180	180	180	36	24	34	140	126	144
YJ-29	590 母材	600 母材	490～650	180	180	<180	<180	-20	10	7	10	7	8	131
YJ-30	605 母材	565 母材	490～650	180	180	180	180	-20	12	10	8	10	9	21

注：1. 表中灰底字为试验数据达不到母材性能要求的结果。

2. 表中<180°表示弯曲角度达到180°时出现超标缺陷。

表 3-9　气电立焊焊接工艺参数

试验编号		材质	板厚/mm	焊接材料	组对参数			焊接次序	焊接工艺参数			
					p	α_1/（°）	α_2/（°）		焊接电流/A	焊接电压/V	焊接速度/（cm/min）	热输入/（kJ/cm）
QD1	QD1A	Q345B	50	SQL507	5	31.6	40.3	一	400	40	6.15	156
	QD1B							二	440	40	11.4	92.4
QD2		Q345GJC	35	SQL507	5	27.3	—	一	420	40	6.24	162
QD3		Q390GJC	40	SQL507	5	28.1	—	一	440	40	5.36	197
QD4	QD4A	Q390D	50	SQL507	5	38.8	40.6	一	400	40	7.45	128
	QD4B							二	440	40	7.71	137

表 3-10　气电立焊试验结果

试验编号		抗拉强度/MPa			弯曲合格角度（$d=3a$）/（°）				冲击功/J						
		实测（断裂位置）	钢材要求					温度/℃	焊缝			热影响区		
QD1	QD1A	540 母材	540 母材	470～630	180	180	180	180	0	100	80	86	172	146	160
	QD1B									106	80	96	208	170	174
	QD1A								-20	134	50	64	74	88	54
	QD1B									112	138	152	100	138	144
QD2		535 母材	495 母材	470～630	180	180	180	180	0	80	80	90	154	134	140
QD3		610 母材	535 母材	490～650	180	180	180	150	0	64	82	62	106	112	110
		弯曲复验			180	180	180	180	—	—	—	—	—	—	—
QD4	QD4A	600 母材	605 母材	490～650	180	135	180	180	0	84	52	76	194	86	164
	QD4B									70	50	78	90	90	92
	QD4A								-20	42	50	22	62	46	42
	QD4B									30	48	80	36	34	44
		弯曲复验			180	180	180	180	—	—	—	—	—	—	—

注：表中灰底字为试验数据达不到母材性能要求的结果。

6.2   焊接工艺评定替代原则

6.2.1   不同焊接方法的评定结果不得互相替代。不同焊接方法组合焊接可用相应板厚的单种焊接方法评定结果替代，也可用不同焊接方法组合焊接评定，但弯曲及冲击试样切取位置应涵盖不同的焊接方法。

6.2.2   同种牌号钢材中，质量等级高的钢材评定结果可替代质量等级低的钢材。

6.2.3   除栓钉焊外，不同牌号钢材焊接工艺评定的替代应符合下列规定：

　　1   承受动荷载且需疲劳验算的结构，不同牌号钢材的焊接工艺评定结果不得互相替代。

　　2   Ⅰ、Ⅱ类钢材中当强度和质量等级发生变化时，高级别钢材的焊接工艺评定结果可替代低级别钢材；Ⅲ、Ⅳ类不同类别钢材的焊接工艺评定结果不得互相替代，同类别钢材中，高级别钢材的焊接工艺评定结果可替代低级别钢材；除Ⅰ、Ⅱ类别钢材外，异种钢材焊接时应重新评定，不得用单类钢材的评定结果替代；

　　3   同类别钢材中轧制钢材与铸钢、耐候钢与非耐候钢的焊接工艺评定结果不得互相替代；

　　4   除热轧、正火和正火轧制状态供货的钢材外，不同供货状态钢材的焊接工艺评定结果不得互相替代。

　　[释义]：由于本标准中的Ⅰ类和Ⅱ类钢材主要合金成分相似，焊接工艺要求也比较接近，当高强度、高韧性的钢材工艺评定试验合格后，必然适用于同类的低级别钢材。而Ⅲ、Ⅳ类钢材，主要合金成分或交货状态往往差异较大，为了保证钢结构的焊接质量，只能在同类钢中替代；而承受动荷载且需疲劳验算的结构，为保证使用安全，要求每一种牌号钢材应单独进行焊接工艺评定。

　　另外，随着钢结构行业的发展，为满足各种复杂节点的受力要求，减少焊接残余应力对结构安全的影响，提高钢结构抵抗各种复杂环境的腐蚀影响的能力，铸钢、锻钢节点以及耐候钢、耐火钢等高性能钢被大量采用。另外，为提高钢材的综合力学性能，改善其焊接性，先进的 TMCP 技术及传统的调质技术被广泛采用。但由于生产工艺、材料性能、金相组织及化学成分不尽相同，且与传统的轧制钢材有较大的区别，因此，在本条款中，增加了对上述钢材需单独进行焊接工艺评定的要求。

6.2.4   十字接头评定结果可替代 T 形接头评定结果，全焊透或部分焊透的对接接头、T 形或十字接头对接与角接组合焊缝评定结果可替代角焊缝评定结果，按动荷载要求评定合格的焊接工艺，可用于静荷载结构，覆盖范围可执行静荷载的相关规定。

　　[释义]：本条针对十字形与 T 形这两种典型的接头形式，提出以难代易的替换原则。从焊接的难易程度考虑，十字形接头难于 T 形接头，熔透或局部熔透焊缝难于角焊缝。

6.2.5   焊接工艺评定厚度覆盖范围应符合下列规定：

　　1   承受静荷载的结构，评定合格的试件厚度在工程中适用的厚度范围应符合表 6.2.5-1 的规定。

表 6.2.5-1 静荷载结构评定合格的试件厚度与工程适用厚度范围

焊接方法类别号	评定合格试件厚度 (t)(mm)	工程适用厚度范围	
		板厚最小值	板厚最大值
1、2、3、4、5、8、10	≤25	3mm	2t
	25<t≤70	0.75t	2t，且不大于 100mm
	>70	0.75t	不限
6	≥18	0.75t 最小 18mm	1.1t
7	≥10	0.75t 最小 10mm	1.1t
9	$1/3\phi \leq t < 12$	t	2t，且不大于 16mm
	12≤t<25	0.75t	2t，且不大于 38mm
	t≥25	0.75t	1.5t

注：ϕ 为栓钉直径。

[释义]：当试验板厚小于等于 25mm 时，该板厚试验结果替代的下限为 3mm。增加了当板厚大于 70mm 时，需另做试验的要求。对气电立焊和电渣焊焊接工艺方法试验板厚的下限控制，其实际意义是当板厚小于其所允许的下限值时，建议不采用上述焊接方法。主要是因为气电立焊和电渣焊的焊接热输入量过大，厚板焊接在采取适当的工艺措施的情况下，尚难保证其各项性能指标，薄板相对于厚板，由于散热条件差，大热输入造成的焊接接头综合性能的降低在所难免，同样，其试验板厚的替代范围也较其他方法缩小了。对栓钉焊试验板厚的替代范围进行了规定，特别是薄板焊接时，其试验用板厚的选择，应在考虑替代范围的同时，考虑所用栓钉的直径。上述规定是在充分考虑工程施工及工艺评定试验经验的基础上，为在保证焊接质量的前提下，尽可能减少试验成本而进行的。

2 承受动荷载的结构，评定合格的试件厚度在工程中适用的厚度范围应符合表 6.2.5-2 的规定，T 形接头埋弧焊试板焊脚尺寸和翼板、腹板厚度组合可按表 6.2.5-3 选择。

表 6.2.5-2 承受动载的结构评定合格的试件厚度与工程适用厚度范围

序号	评定合格试件厚度 (t)(mm)	工程适用厚度范围	
		板厚最小值	板厚最大值
1	≤16	0.5t	1.5t
2	16<t≤25	0.75t	1.5t
3	25<t≤70	0.75t	1.3t
4	>70	0.75t	不限

表 6.2.5-3 承受动荷载的结构 T 形接头埋弧焊焊脚尺寸和翼板、腹板厚度组合

序号	焊脚尺寸（mm）	试板厚度（mm）	
		腹板	翼板
1	6.5×6.5	8～12	12～16
2	8×8	10～16	16～24
3	10×10	14～24	20～40
4	12×12	≥20	≥28

6.2.6　评定合格的管材接头，壁厚的覆盖范围应符合本标准第 6.2.5 条的规定，直径的覆盖原则应符合下列规定：

　　1　外径小于 600mm 的管材，其直径覆盖范围不应小于工艺评定试验管材的外径；

　　2　外径不小于 600mm 的管材，其直径覆盖范围不应小于 600mm。

6.2.7　板材对接与外径不小于 600mm 的相应位置管材对接的焊接工艺评定可互相替代。

6.2.8　除栓钉焊外，横焊位置评定结果可替代平焊位置，平焊位置评定结果不可替代横焊位置。立、仰焊位置与其他焊接位置之间不可互相替代。

6.2.9　有衬垫与无衬垫的单面焊全焊透接头不可互相替代；有衬垫单面焊全焊透接头和反面清根的双面焊全焊透接头可互相替代；不同材质的衬垫不可互相替代。

　　[6.2.6~6.2.9 释义]：此四条是在充分考虑不同焊接位置、接头形式及工艺方法的前提下，以难代易为原则的替代关系，也是目前国内、国际上惯用的替代规则。6.2.6、6.2.7 中对不同管径及管与板之间的替代规则做出规定；6.2.8 中特别强调了横焊位置的焊接工艺评定可替代平焊，反之不可，其他位置的工艺评定不可相互替代的评定原则；6.2.9 中细化了有衬垫与无衬垫、有衬垫单面焊与反面清根双面焊全熔透焊缝的替代规则。

6.2.10　当栓钉材质不变时，栓钉焊被焊钢材的替代应符合下列规定：

　　1　Ⅲ、Ⅳ类钢材的栓钉焊接工艺评定试验可替代Ⅰ、Ⅱ类钢材的焊接工艺评定试验；

　　2　Ⅰ、Ⅱ类钢材的栓钉焊接工艺评定试验可互相替代；

　　3　Ⅲ、Ⅳ类钢材的栓钉焊接工艺评定试验不可互相替代。

　　[释义]：栓钉焊焊接工艺评定中被焊钢材的替代关系，是在本标准规定的其他工艺方法替代原则的基础上，适当放宽要求。主要原因是栓钉焊相对于其他焊接方法而言，工艺简单、焊接时间短、对钢材性能的影响较小，且一般情况下栓钉焊连接件仅承受剪力，并不要求等韧等强。

6.3　重新进行焊接工艺评定的规定

6.3.1　除符合本标准 6.2.4 条规定的情况外，接头和坡口形式变化时应重新评定。

6.3.2　当坡口尺寸发生以下变化时应重新评定：

　　1　坡口角度减少 10° 以上；

　　2　全焊透焊缝钝边增大 2mm 以上；

　　3　无衬垫的根部间隙变化 2mm 以上；

　　4　有衬垫的根部间隙变化超出 -2mm~+6mm 区间。

6.3.3　当热处理制度发生以下变化时应重新评定：

　　1　预热温度低于规定的下限温度 20℃ 及以上；

　　2　承受动荷载且需疲劳验算的结构，道间温度超过 230℃，其他结构，道间温度超过 250℃；

　　3　增加或取消焊后热处理。

6.3.4　焊条电弧焊，下列条件之一发生变化时，应重新进行工艺评定：

　　1　焊条熔敷金属抗拉强度级别变化；

2 由低氢型焊条改为非低氢型焊条；

  3 直流焊条的电流极性改变；

  4 多道焊和单道焊的改变；

  5 清根改为不清根；

  6 立焊方向改变；

  7 焊接实际采用的电流值、电压值的变化超出焊条产品说明书的推荐范围。

6.3.5 熔化极气体保护焊，下列条件之一发生变化时，应重新进行工艺评定：

  1 实心焊丝与药芯焊丝的变换；

  2 单一保护气体种类的变化；混合保护气体的气体种类和混合比例的变化；

  3 保护气体流量增加 25% 以上，或减少 10% 以上；

  4 焊炬摆动幅度超过评定合格值的 ±20%；

  5 焊接实际采用的电流值、电压值和焊接速度的变化分别超过评定合格值的 10%、7% 和 10%；

  6 实心焊丝气体保护焊时熔滴颗粒过渡与短路过渡的变化；

  7 焊丝型号改变；

  8 焊丝直径改变；

  9 多道焊和单道焊的改变；

  10 清根改为不清根。

6.3.6 非熔化极气体保护焊，下列条件之一发生变化时，应重新进行工艺评定：

  1 保护气体种类改变；

  2 保护气体流量增加 25% 以上，或减少 10% 以上；

  3 添加焊丝或不添加焊丝的改变；冷态送丝和热态送丝的改变；焊丝类型、强度级别型号改变；

  4 焊炬摆动幅度超过评定合格值的 ±20%；

  5 焊接实际采用的电流值和焊接速度的变化分别超过评定合格值的 25% 和 50%；

  6 焊接电流极性改变。

6.3.7 埋弧焊，下列条件之一发生变化时，应重新进行工艺评定：

  1 焊丝规格改变；焊丝与焊剂型号改变；

  2 多丝焊与单丝焊的改变；

  3 添加与不添加冷丝的改变；

  4 焊接电流种类和极性的改变；

  5 焊接实际采用的电流值、电压值和焊接速度变化分别超过评定合格值的 10%、7% 和 15%；

  6 清根改为不清根。

6.3.8 电渣焊，下列条件之一发生变化时，应重新进行工艺评定：

  1 单丝与多丝的改变；板极与丝极的改变；有、无熔嘴的改变；

  2 熔嘴截面积变化大于 30%，熔嘴牌号改变；焊丝直径改变；单、多熔嘴的改变；焊剂型号改变；

  3 单侧坡口与双侧坡口的改变；

  4 焊接电流种类和极性的改变；

5　焊接电源伏安特性为恒压或恒流的改变；

  6　焊接实际采用的电流值、电压值、送丝速度、垂直提升速度变化分别超过评定合格值的20%、10%、40%、20%；

  7　熔嘴轴线偏离垂直位置超过10°；

  8　成形水冷滑块与挡板的变换；

  9　焊剂装入量变化超过30%。

6.3.9　气电立焊，下列条件之一发生变化时，应重新进行工艺评定：

  1　焊丝型号和直径的改变；

  2　保护气体种类或混合比例的改变；

  3　保护气体流量增加25%以上，或减少10%以上；

  4　焊接电流极性改变；

  5　焊接实际采用的电流值、送丝速度和电压值的变化分别超过评定合格值的15%、30%和10%；

  6　焊枪偏离垂直位置变化超过10°；

  7　成形水冷滑块与挡板的变换。

6.3.10　栓钉焊，下列条件之一发生变化时，应重新进行工艺评定：

  1　栓钉材质改变；

  2　栓钉标称直径改变；

  3　瓷环材料改变；

  4　非穿透焊与穿透焊的改变；

  5　穿透焊中被穿透板材厚度、镀层厚度增加与种类的改变；

  6　栓钉焊接位置偏离平焊位置25°以上的变化或平焊、横焊、仰焊位置的改变；

  7　栓钉焊接方法改变；

  8　焊接实际采用的提升高度、伸出长度、焊接时间、电流值、电压值的变化超过评定合格值的±10%；

  9　采用电弧焊时焊接材料改变。

  [6.3.1～6.3.10 释义]：不同的焊接工艺方法中，各种焊接工艺参数对焊接接头质量产生影响的程度不同。为了保证钢结构的焊接施工质量，根据大量的试验结果和实践经验并借鉴国外先进标准对重新进行焊接工艺评定的要求做出规定，其中第6.3.1～6.3.3条针对坡口形式、尺寸和热处理制度，第6.3.4～6.3.10条针对不同焊接工艺方法中各种参数规定了允许变化范围。

  中试件是指由试验用母材与相匹配的焊材组焊而成的焊接试板，而试样则是通过各种加工手段从试件上截取用于试验的样品。

6.4　试件和试样的制备

6.4.1　试件制备应符合下列规定：

  1　选择试件厚度应符合评定试件厚度对工程构件厚度的有效适用范围；

  2　试件的母材材质、焊接材料、坡口形式、尺寸和焊接应符合焊接工艺评定指导书的要求。

3 试件的尺寸应满足所制备试样的取样要求（图 6.4.1-1～图 6.4.1-8）。

4 试件角变形可冷矫正；试件长度足够时可避开焊缝缺欠位置取样。

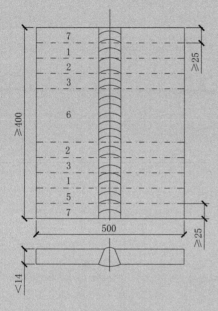

(a) 不取侧弯试样时

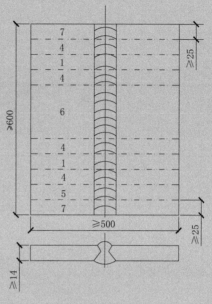

(b) 取侧弯试样时

图 6.4.1-1 板材对接接头试件及试样取样

1—拉伸试样；2—背弯试样；3—面弯试样；4—侧弯试样；5—冲击试样；6—备用；7—舍弃

注：试件尺寸为本标准推荐尺寸，实际工程中可根据试验机能力和具体要求确定。

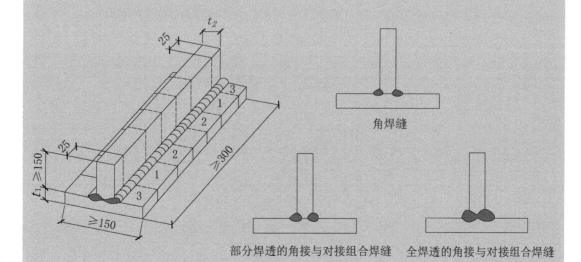

图 6.4.1-2 板材角焊缝和 T 形对接与角接组合焊缝接头试件及宏观试样的取样

1—宏观酸蚀试样；2—备用；3—舍弃

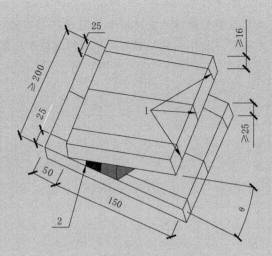

图 6.4.1-3　斜 T 形接头（锐角根部）
1—宏观酸蚀面；2—封底焊缝区；θ—要评定的最小角度

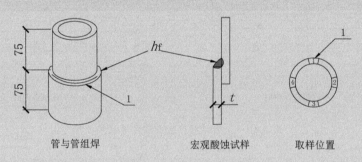

管与管组焊　　　　　宏观酸蚀试样　　　　　取样位置

(a)

图 6.4.1-4　管材角焊缝致密性检验取样位置
1—起止焊处；2—宏观酸蚀试验位置

(b)

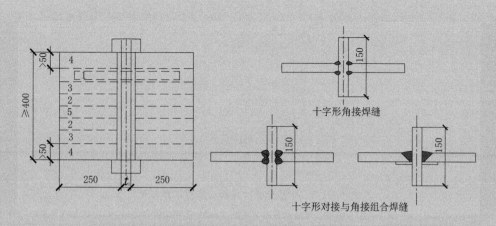

图 6.4.1-5　板材十字形角接（斜角接）及对接与角接组合焊缝接头试件及试样取样
1—宏观酸蚀（硬度）试样；2—拉伸试样、冲击试样（要求时）；3—备用；4—舍弃

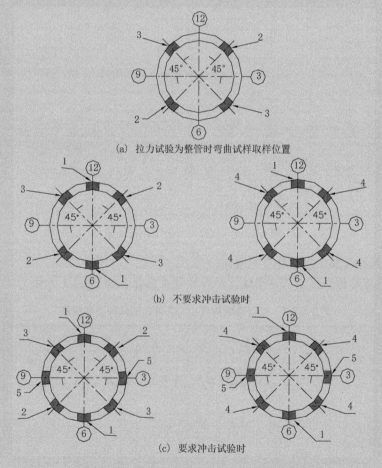

（a）拉力试验为整管时弯曲试样取样位置

（b）不要求冲击试验时

（c）要求冲击试验时

图 6.4.1-6　管材对接接头试件、试样及取样位置
③⑥⑨⑫—钟点记号，为水平固定位置焊接时的定位

1—拉伸试样；2—面弯试样；3—背弯试样；4—侧弯试样；5—冲击试样

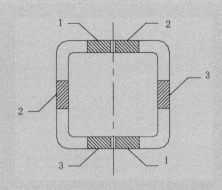

图 6.4.1-7 矩形管材对接接头试样取样位置

1—拉伸试样；2—面弯或侧弯试样、冲击试样（要求时）；3—背弯或侧弯试样、冲击试样（要求时）

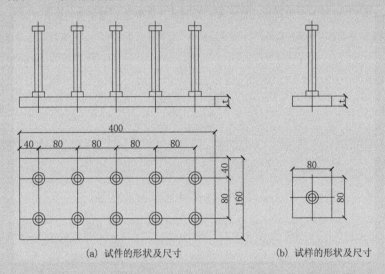

（a）试件的形状及尺寸   （b）试样的形状及尺寸

图 6.4.1-8 栓钉焊焊接试件及试样

6.4.2 试样种类及加工应符合下列规定：

1 静荷载结构焊接工艺评定试样种类和数量应符合表 6.4.2-1 的规定；

表 6.4.2-1 静荷载结构焊接工艺评定试样种类和数量 [1]

母材形式	试件形式	试件厚度（mm）	无损[2]检测	试 样 数 量								
				全断面拉伸	拉伸	面弯	背弯	侧弯	30°弯曲	冲击[5]		宏观酸蚀及硬度[6,7]
										焊缝中心	热影响区	
板、管	对接接头	<14	要	管 2[3]	2	2	2	—	—	3	3	—
		≥14	要	—	2	—	—	4	—	3	3	—
板、管	板 T 形、斜 T 形和管 T、K、Y 形角接接头	任意	要	—	—	—	—	—	—	—	—	板 2[8]、管 4
板	十字形接头	任意	要	—	2	—	—	—	—	3	3	2

续表

母材形式	试件形式	试件厚度(mm)	无损[2]检测	试样数量								宏观酸蚀及硬度[6,7]
				全断面拉伸	拉伸	面弯	背弯	侧弯	30°弯曲	冲击[5]		
										焊缝中心	热影响区	
管-管	十字形接头	任意	要	2[4]	—	—	—	—	—	—	—	4
管-球	—											2
板-栓钉	栓钉焊接头	底板≥12	—	5	—	—	—	—	5			

注：1　当相应标准对母材某项力学性能无要求时，可免做焊接接头的该项力学性能试验；
　　2　无损检测方法可根据具体情况选择超声或射线检测；
　　3　管材对接全截面拉伸试样适用于外径小于或等于76mm的圆管对接试件，当管径超过该规定时，应按图6.4.1-6或图6.4.1-7截取拉伸试件；
　　4　管-管、管-球接头全截面拉伸试样适用的管径和壁厚由试验机的能力决定；
　　5　是否进行冲击试验以及试验条件按设计选用钢材的要求确定；
　　6　硬度试验根据工程实际情况确定是否需要进行；
　　7　圆管T、K、Y形和十字形相贯接头试件的宏观酸蚀试样应在接头的趾部、侧面及跟部各取一件，矩形管接头全焊透T、K、Y形接头试件的宏观酸蚀应在接头的角部各取一个（图6.4.1-4）；
　　8　斜T形接头宜进行锐角根部宏观酸蚀检验（图6.4.1-3）。

　　2　动荷载结构焊接工艺评定试样种类和数量应符合表6.4.2-2的规定；

表 6.4.2-2　动荷载结构焊接工艺评定试样种类和数量

试件形式	试件厚度(mm)	无损检测	试样数量							宏观酸蚀及硬度
			焊缝金属拉伸	接头拉伸	面弯	背弯	侧弯	冲击		
								焊缝中心	热影响区	
对接接头试件	<14	要	1	2	2	2	—	3	3	1
	≥14						4			
全焊透角接试件	任意	要	1	—	—	—	—	3	3	1
T形接头试件	任意	要	1	—	—	—	—			1

注：1　当有产品试板时，焊接接头的拉伸、弯曲试样数量可减半。
　　2　无损检测方法可根据具体情况选择超声或射线检测；
　　3　如果对接接头为异种材质组合接头，冲击试样应为9个，除了焊缝中心取样外，两种母材侧热影响区应分别取样；
　　4　板厚<12mm的对接焊缝、焊缝有效厚度≤8mm的角焊缝可不进行焊缝金属的拉伸试验；
　　5　全焊透角接试件进行冲击试验，不开坡口侧板厚应≥28mm。

　　3　采用热切割取样时，应根据热切割工艺和试件厚度预留加工余量，并应确保试样性能不受热切割的影响。
　　4　对接接头试样的加工应符合下列规定：
　　1）拉伸试样的加工应符合现行国家标准《焊接接头拉伸试验方法》GB/T 2651 的有关规定，根据试验机能力可采用全截面拉伸试样或沿厚度方向分层取样；试样厚度应覆盖焊接试件的全厚度；应按试验机的能力和要求加工试样；

　　2）弯曲试样的加工应符合现行国家标准《焊接接头弯曲试验方法》GB/T 2653 的有关规定。焊缝余高或衬垫应采用机械方法去除至与母材齐平，试样受拉面应保留母材原轧制表面。当板厚大于 40mm 时可分片切取，试样厚度应覆盖焊接试件的全厚度；

　　3）冲击试样的加工应符合现行国家标准《金属材料焊缝破坏性试验 冲击试验》GB/T 2650 的有关规定。其取样位置单面焊时应位于焊缝正面，双面焊时应位于焊面较宽侧，与母材原表面的距离不应大于 2mm（图 6.4.2-1、图 6.4.2-2），不同钢材焊接时其接头热影响区冲击试样应取自对冲击性能要求较低的一侧，不同焊接方法组合的焊接接头，冲击试样的取样宜覆盖所有焊接方法焊接的部位（分层取样）；

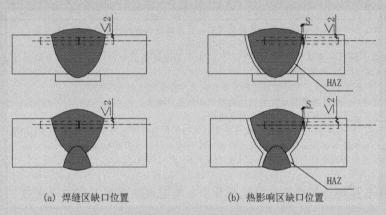

(a) 焊缝区缺口位置　　　　　　　　(b) 热影响区缺口位置

图 6.4.2-1　对接接头冲击试样缺口加工位置

注：热影响区冲击试样根据不同焊接工艺，缺口轴线至试样轴线与熔合线交点的距离 S=0.5mm～1mm，并应尽可能使缺口多通过热影响区。

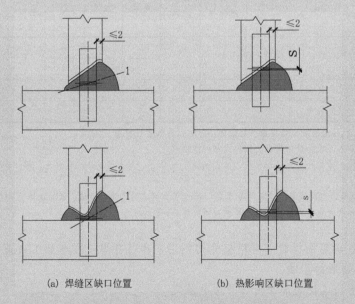

(a) 焊缝区缺口位置　　　　　　　　(b) 热影响区缺口位置

图 6.4.2-2　全焊透对接与角接组合焊接接头冲击试样缺口加工位置

1—焊缝中心线；S—缺口轴线至试样轴线与熔合线交点的距离（S=0.5mm～1mm）

4）每块宏观酸蚀试样应取一个面进行检验，不应将同一切口的两个侧面作为两个检验面（图 6.4.2-3）。

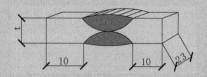

图 6.4.2-3　对接接头宏观酸蚀试样

5　T 形、角接接头宏观酸蚀试样的加工应保证在焊缝的一侧或两侧留有不小于 10mm 的母材（图 6.4.2-4）；

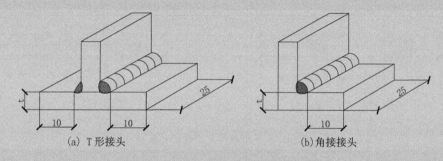

(a) T 形接头　　　　　　　　　(b)角接接头

图 6.4.2-4　T 形、角接接头宏观酸蚀试样

6　十字形接头试样的加工应符合下列规定：

1）接头拉伸试样的加工应符合试验要求（图 6.4.2-5）；

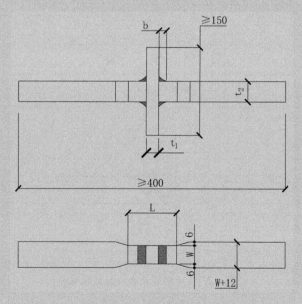

图 6.4.2-5　十字形接头拉伸试样

t_2—试验材料厚度；b—焊脚尺寸；$t_2 < 36mm$ 时 $W = 35mm$，$t_2 \geq 36$ 时 $W = 25mm$；平行区长度 $L \geq t_1 + 2b + 12mm$

2）接头冲击应在距母材原表面的距离不大于 2mm 和板厚中心处分别取样（图 6.4.2-6）；

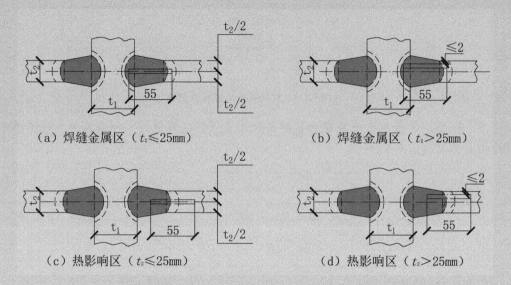

（a）焊缝金属区（t_2≤25mm）　　　　　　（b）焊缝金属区（t_2＞25mm）

（c）热影响区（t_2≤25mm）　　　　　　（d）热影响区（t_2＞25mm）

图 6.4.2-6　十字形接头冲击试验的取样位置

3）接头宏观酸蚀试样检验面的选取应符合本标准第 6.4.2 条第 4 款第 4 项的要求（图 6.4.2-7）。

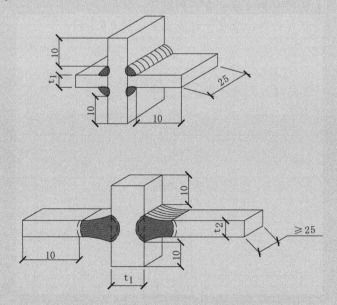

图 6.4.2-7　十字形接头宏观酸蚀试样

7　斜 T 形角接接头、管-球接头、管-管相贯接头的宏观酸蚀试样检验面的选取应符合本标准第 6.4.2 条第 4 款第 4 项的规定（图 6.4.2-4）。

[6.4.1~6.4.2 释义]：对不同接头形式的取样位置、数量参照美国《钢结构焊接规范》AWS D1.1 进行了规定。但也有不同之处，如板对接中取消了纵弯试件，只取横向面弯、背弯或侧弯试件，当试件板厚大于或等于 14mm 时，应以侧弯代替横向面弯、背弯，而在美标及欧标中，这一厚度为 10mm。当采用热加工的方法截取试样时，为消除其影响，应执行现行国家标准《焊接接头机械性能试验取样方法》GB 2649 的相关要求，即钢材的切割表面至试样边缘不应小于 8mm。

当管对接采用水平固定位置进行焊接时，对有冲击试验要求的试件，其冲击试样的取样位置位于管横截面的三点或九点处，这主要是因为此两处是立焊位置，而在所有焊接位置中，立焊的焊接热输入量最大，对冲击韧性的影响也最大。

6.5 试件和试样的试验与检验

6.5.1 试件的外观检验应符合下列规定：

1 对接接头、角接接头及 T 形接头，应符合下列规定：

1）用大于等于 5 倍的放大镜检查试件表面，不得有裂纹、未焊满、未熔合、焊瘤、气孔、夹渣等缺欠；

2）焊缝咬边总长度不得超过焊缝两侧长度之和的 15%，咬边深度不得大于 0.5mm；

3）不需疲劳验算结构焊缝的外观尺寸应符合本标准第 8.2.2 条中一级焊缝的要求；需疲劳验算结构的焊缝外观尺寸应符合本标准第 8.3.2 条的要求。

2 栓钉焊接头外观检验应符合表 6.5.1-1 的要求。当采用电弧焊方法进行栓钉焊接时，其焊缝最小焊脚尺寸应符合表 6.5.1-2 的要求。

表 6.5.1-1 栓钉焊接接头外观检验合格标准

外观检验项目	合格标准	检验方法
焊缝外形尺寸	拉弧式栓钉焊：360° 范围内挤出焊肉饱满；挤出焊肉高 $K_1 \geqslant 1$mm，宽 $K_2 \geqslant 0.5$mm 电弧焊：最小焊脚尺寸应符合表 6.5.1-2 的规定	目测、钢尺、焊缝量规
气孔、夹渣、裂纹	不允许	目测、放大镜（5 倍）
咬边	咬边深度≤0.5mm，且最大长度不得大于 1 倍的栓钉直径	钢尺、焊缝量规
栓钉焊后高度	高度偏差小于等于±2mm	钢尺
栓钉焊后垂直度	倾斜角度偏差 θ≤5°	钢尺、量角器

表 6.5.1-2 采用电弧焊方法的栓钉焊接接头最小焊脚尺寸

栓钉直径（mm）	角焊缝最小焊脚尺寸（mm）
10，13	6
16，19，22	8
25	10

6.5.2 试件的无损检测应在外观检验合格后进行，无损检测方法根据设计要求确定，宜选用超声检测，也可根据具体情况选用射线检测。超声检测应符合本标准第 8 章的相关规定，焊缝质量不低于一级焊缝的质量要求；射线检测技术应符合现行国家标准《焊缝无损检测 射线检测 第 1 部分 X 和伽玛射线的胶片技术》GB/T 3323.1 中 B 级检测技术的有关规定；射线底片的质量评级应符合本标准附录 C 的规定，焊缝内部质量等级不应低于Ⅱ级。

6.5.3　试样的力学性能、硬度及宏观酸蚀试验方法应符合下列规定：

　　1　拉伸试验方法应符合下列规定：

　　　　1）对接接头拉伸试验应符合现行国家标准《焊接接头拉伸试验方法》GB/T 2651 的有关规定；

　　　　2）栓钉焊接头拉伸试验应采用专用夹持工具进行（图 6.5.3-1）。

　　2　弯曲试验方法应符合下列规定：

　　　　1）对接接头弯曲试验应符合现行国家标准《焊接接头弯曲试验方法》GB/T 2653 的有关规定，弯心直径应为 4δ，弯曲角度应为 180°。面弯、背弯时试样厚度应为试件全厚度；侧弯时试样厚度 δ 应为 10mm，试件厚度不大于 40mm 时，试样宽度应为试件的全厚度，试件厚度超过 40mm 时，可按 20mm～40mm 分层取样；

　　　　2）栓钉焊接头弯曲试验的角度不应小于 30°（图 6.5.3-2）。

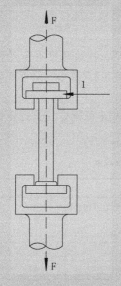

　图 6.5.3-1　栓钉焊接接头试样拉伸试验方法

　　　　　　　1—垫圈；F—拉力

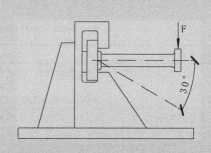

图 6.5.3-2　栓钉焊接接头试样弯曲试验方法

　　　　　　　　F—压力（或锤击）

　　3　冲击试验应符合现行国家标准《金属材料焊缝破坏性试验　冲击试验》GB/T 2650 的有关规定；

　　4　宏观酸蚀试验应符合现行国家标准《钢的低倍组织及缺陷酸蚀检验法》GB/T 226 的有关规定；

　　5　硬度试验应符合现行国家标准《焊接接头硬度试验方法》GB/T 2654 的有关规定。采用维氏硬度 HV_{10}，硬度测点分布应覆盖焊缝表面和焊根面母材、热影响区和焊缝(图 6.5.3-3～图 6.5.3-5)，焊接接头各区域硬度测点应为 3 点，其中部分焊透对接与角接组合焊缝在焊缝区和热影响区测点可为 2 点，若热影响区狭窄不能并排分布时，该区域测点可平行于焊缝熔合线排列。

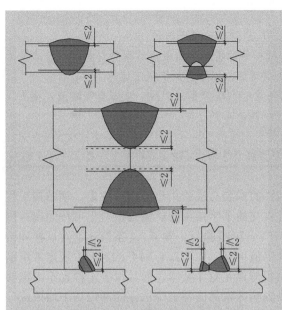

图 6.5.3-3 硬度试验测点位置

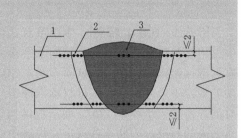

图 6.5.3-4 对接焊缝硬度试验测点分布
1—母材；2—热影响区；3—焊缝

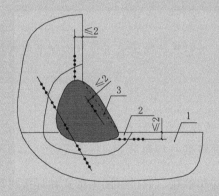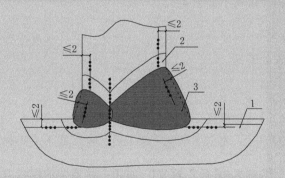

图 6.5.3-5 对接与角接组合焊缝硬度试验测点分布
1—母材；2—热影响区；3—焊缝

6.5.4 试样检验合格标准应符合下列规定：

1 接头拉伸试验应符合下列规定：

1）接头母材为同一牌号时，每个试样的抗拉强度值不应小于该母材标准中相应规格规定的下限值；接头母材为不同牌号时，每个试样的抗拉强度不应小于两种母材标准中相应规格规定下限值的较低者；

2）栓钉焊接头拉伸时，当拉伸试样的抗拉荷载不小于栓钉材料标准中规定的最小拉力荷载时，应为合格。

2 接头弯曲试验应符合下列规定：

1）对接接头弯曲试验时试样弯至 180°后，试样任何方向裂纹及其它缺欠单个长度不应大于 3mm；试样任何方向不大于 3mm 的裂纹及其它缺欠的总长不应大于 7mm；四个试样各种缺欠总长不应大于 24mm。

2）栓钉焊接头弯曲试验应试样弯曲至30°后焊接部位无裂纹。

3 冲击试验中，焊缝及热影响区各三个试样的冲击功平均值应达到母材标准规定或设计要求的最低值，并应允许一个试样低于以上规定值，但不得低于规定值的70%。

4 宏观酸蚀试验的焊缝及热影响区表面不应有肉眼可见的裂纹、未熔合等缺陷；接头根部焊透情况及焊脚尺寸、两侧焊脚尺寸差、焊缝余高等应符合标准规定或设计要求。

5 硬度试验中，Ⅰ类钢材焊缝及热影响区维氏硬度值不应超过HV280，Ⅱ类钢材焊缝及热影响区维氏硬度值不应超过HV350，Ⅲ、Ⅳ类钢材焊缝及热影响区硬度应根据工程要求进行评定。

[6.5.1～6.5.4 释义]：本小节对试件和试样的试验与检验作出了相应规定，钢结构工程中采用直角角焊缝或组合焊缝的十字接头和近直交的十字接头的试验与检验也可按照现行国家标准《钢结构十字接头试验方法》GB/T 37789—2019执行。第6.5.4条第3款对试样冲击功的规定中，考虑到有些母材标准冲击功的规定值很高，如GB/T 714—2015中规定常用钢材的冲击功大于等于120J，而一般结构钢焊材很难满足这个要求，而且很多工程也不太需要这么高的标准，因此本款规定"焊缝中心及热影响区粗晶区各三个试样的冲击功平均值应分别达到母材标准规定或设计要求的最低值"，设计人员可根据具体工程特点和需要确定冲击功的合格标准，一般在母材标准规定的相应温度下，静载荷结构冲击功不低于34J，动载荷结构冲击功不低于47J。

6.5.5 耐候钢焊接接头，除满足上述各项要求外，其耐候性能应满足母材的标准规定或设计要求。

6.6 免予焊接工艺评定

6.6.1 当焊接工艺的各项条件满足本标准6.6.3条的规定时，可免予进行焊接工艺评定。

6.6.2 "免予评定的焊接工艺"文件宜采用本标准附录B的格式。

[6.6.1～6.6.2 释义]：对于一些特定的焊接方法和参数、钢材、接头形式和焊接材料种类的组合，其焊接工艺已经长期使用，实践证明，按照这些焊接工艺进行焊接所得到的焊接接头性能良好，能够满足钢结构焊接的质量要求。本着经济合理、安全适用的原则，本标准借鉴了美国《钢结构焊接规范》AWS D1.1，并充分考虑到国内实际情况，对免予评定焊接工艺作出了相应规定。当然，采用免予评定的焊接工艺并不免除对钢结构制作、安装企业资质及焊工个人能力的要求，同时有效的焊接质量控制和监督也必不可少。在实际生产中，应严格执行标准规定，通过免予评定焊接工艺文件编制可实际操作的焊接工艺，并经焊接工程师和技术负责人签发后，方可使用。

6.6.3 免予焊接工艺评定的适用范围应符合下列规定：

1 免予评定的焊接方法及施焊位置应符合表6.6.3-1的规定；

表6.6.3-1 免予评定的焊接方法及施焊位置

焊接方法代号	焊接方法		施焊位置
1	焊条电弧焊	SMAW	平、横、立

续表

焊接方法代号	焊接方法		施焊位置
2-1	实心焊丝二氧化碳气体保护焊 （短路过渡除外）	GMAW-CO₂	平、横、立
2-2	实心焊丝 80%氩+20%二氧化碳气体保护焊	GMAW-Ar	平、横、立
2-3	药芯焊丝二氧化碳气体保护焊	FCAW-G	平、横、立
5-1	埋弧焊	SAW（单丝）	平、横
9-2	非穿透栓钉焊	SW	平

2　免予评定的母材和焊接材料组合应符合表 6.6.3-2 的规定，母材厚度不应大于 40mm，钢材质量等级应为 A、B 级；

表 6.6.3-2　免予评定的母材和焊接材料组合

钢材类别	母材				符合国家现行标准的焊条（丝）和焊剂-焊丝组合分类等级			
	母材最小标称屈服强度	GB/T700 和 GB/T1591 标准钢材	GB/T19879 标准钢材	GB/T699 标准钢材	焊条电弧焊 SMAW	实心焊丝气体保护焊 GMAW	药芯焊丝气体保护焊 FCAW-G	埋弧焊 SAW（单丝）
I	＜235MPa	Q195 Q215	—	—	GB/T5117： E43XX	GB/T8110： ER49-X	GB/T10045： T43XX-XXX-X	GB/T5293： S43X（S）XX-X
I	≥235MPa 且 ≤300MPa	Q235 Q275	Q235GJ	20	GB/T5117： E43XX E50XX	GB/T8110： ER49-X ER50-X	GB/T10045： T43XX-XXX-X T49XX-XXX-X GB/T17493： T49X-XX-XX	GB/T5293： S43X（S）XX-X
II	＞300MPa 且 ≤355MPa	Q355	Q345GJ	—	GB/T5117： E50XX GB/T5118： E5015 E5016-X	GB/T8110： ER50-X	GB/T10045： T49XX-XXX-X GB/T17493： T49X-XX-XX	GB/T5293： S49X（S）XX-X GB/T12470： S49XX-X

3　免予评定的焊接最低（预热）温度应符合表 6.6.3-3 的规定；

表 6.6.3-3　免予评定的焊接最低（预热）温度

钢材类别	钢材牌号	设计对焊材要求	接头最厚部件的板厚 t（mm）	
			t≤20	20＜t≤40
I	Q195、Q215、Q235、Q235GJ Q275、20	非低氢型	5℃	20℃
		低氢型		5℃
II	Q355、Q345GJ	非低氢型		40℃
		低氢型		20℃

注：1　接头形式为坡口对接，根部焊道，一般拘束度；

2　SMAW、GMAW、FCAW-G 热输入约为 10kJ/cm～25kJ/cm；SAW-S 热输入约为 15kJ/cm～45kJ/cm；

3　采用低氢型焊材时，E4315、4316 的熔敷金属扩散氢含量不应大于 8ml/100g；E5015、E5016 的熔敷金属扩散氢含量不应大于 6ml/100g；药芯焊丝的熔敷金属扩散氢含量不应大于 6ml/100g；

4　焊接接头板厚不同时，应按厚板确定预热温度；焊接接头材质不同时，按高强度、高碳当量的钢材确定预热温度；

5　环境温度不低于 0℃。

4 焊缝尺寸应符合设计要求，最小焊脚尺寸应符合本标准表 5.3.2 的规定；最大单道焊焊缝尺寸应符合本标准表 7.10.4 的规定；

5 焊接工艺参数应符合下列规定：

1）免予评定的焊接工艺参数应符合表 6.6.3-4 的规定；

2）要求完全焊透的焊接接头，单面焊应加衬垫，双面焊时应清根；

3）SMAW 焊接时，焊道最大宽度不应超过焊条标称直径的 4 倍，GMAW、FCAW-G 焊接时焊道最大宽度不应超过 20mm；

4）导电嘴与工件距离应为 40mm±10mm（SAW）；20mm±7mm（GMAW）；

5）保护气种类应为二氧化碳（GMAW-CO$_2$、FCAW-G）或氩气 80%＋二氧化碳 20%（GMAW-Ar）；

6）保护气流量应为 20 L/min～80 L/min（GMAW、FCAW-G）；

7）焊丝直径不符合表 6.6.3-4 的规定时，不得免予评定；

8）当焊接工艺参数按表 6.6.3-4～表 6.6.3-5 的规定值变化范围超过本标准第 6.3 节的规定时，不得免予评定。

表 6.6.3-4　各种焊接方法免予评定的焊接工艺参数范围

焊接方法代号	焊条或焊丝型号	焊条或焊丝直径（mm）	电流		电压（V）	焊接速度（cm/min）
			（A）	极性		
SMAW	EXX15 EXX16 EXX03	3.2	80～140	直流反接 交、直流 交流	18～26	8～18
		4.0	110～210		20～27	10～20
		5.0	160～230		20～27	10～20
GMAW	ER-XX	1.2	180～320 打底 180～260 填充 220～320 盖面 220～280	直流反接	25～38	25～45
FCAW	TXXX1	1.2	160～320 打底 160～260 填充 220～320 盖面 220～280	直流反接	25～38	30～55
SAW	SXXX	3.2 4.0 5.0	400～600 450～700 500～800	直流反接 或交流	24～40 24～40 34～40	25～65

注：表中参数为平、横焊位置。立焊电流应比平、横焊位置减小 10%～15%。

表 6.6.3-5　拉弧式栓钉焊接方法免予评定的焊接工艺参数范围

焊接方法代号	栓钉直径（mm）	焊条或焊丝直径（mm）	电流		时间（s）	提升高度（mm）	伸出长度（mm）
			（A）	极性			
SW	13 16	—	900～1000 1200～1300	直流正接	0.7～1.0 0.8～1.2	1～3	3～4 4～5

6 免予评定的各类焊接节点构造形式、焊接坡口的形式和尺寸应符合本标准第 5 章的要求，并应符合下列规定：

　　1）斜角角焊缝两面角 ψ 应大于 30°；

　　2）管相贯焊接接头局部两面角 ψ 应大于 30°。

　7　免予焊接工艺评定的结构荷载特性应为静荷载。

[释义]：本条规定了免予评定所适用的焊接方法及与其相对应的焊接位置；母材及与其相匹配的焊接材料；不同焊接材料和母材厚度所对应的最低预热和道间温度；不同焊接工艺方法所对应的焊接工艺参数、节点构造形式、坡口的形式和尺寸及焊缝的尺寸要求，在实际应用中必须严格遵照执行。

3.7　对"焊接工艺"的详释

7　焊　接　工　艺

7.1　母材准备

7.1.1　母材上待焊接的表面和两侧应均匀、光洁，且应无毛刺、裂纹和其他对焊缝质量有不利影响的缺欠。待焊接的表面及距焊缝坡口边缘位置 30mm 范围内不得有影响正常焊接和焊缝质量的氧化皮、锈蚀、油脂、水等杂质。

[释义]：接头坡口表面质量是保证焊接质量的重要条件，如果坡口表面不干净，焊接时带入各种杂质及碳、氢等物质，将是产生焊接热裂纹和冷裂纹的原因之一。若坡口面上存在氧化皮或铁锈等杂质，在焊缝中可能还会产生气孔。鉴于坡口表面状况对焊缝质量的影响，本条给出了相应的规定，与美国《钢结构焊接规范》AWS D1.1、加拿大《钢结构焊接规范》W59 要求相一致。

　　AWS D1.1 规定"母材上待焊金属的表面必须光洁、匀整，且无毛刺、撕开、裂纹和其他对焊缝质量与强度有不利影响的缺陷。待焊接与邻近表面也必须没有疏松的或厚的氧化皮、残渣、铁锈、潮湿、油脂和其他妨碍正常焊接或产生有害烟雾的外来物质。钢丝刷用力清除不掉的轧制氧化皮、薄防锈涂层或者防飞溅涂料可以保留，但下述情况除外：周期荷载结构中的大梁，其翼缘板和腹板连接焊缝待焊处的表面必须清除所有轧制氧化皮。"

　　由上可以看出，国标与美标相比，在坡口清理的要求上基本一致，但表达方式有所区别，美标给出了何时可以保留氧化皮等杂质的条件（钢丝刷用力清除不掉），这在实际生产施工中可操作性不强，因每个人的力道不一样，用力的尺度也不相同，容易因解释不清而造成混乱。因此本规范给出了"不得有影响正常焊接和焊缝质量的氧化皮、锈蚀、油脂、水等杂质"的规定，相较而言，更为合理。

7.1.2　焊接接头坡口的加工或缺陷的清除可采用机加工、热切割、碳弧气刨、铲凿或打磨等方法。

[释义]：本条规定了坡口加工和缺陷清除的方法，几种方法对比，对母材和焊缝质量影

响最小、精度最高的是机加工。机加工方法包括车、铣、刨等，但是，机加工受场地、设备等条件的制约，基本上局限于工厂制作，而大量应用的是后面几种方法。下面对各种切割方法做一简单介绍。

3.7.1　热切割

热切割主要包括氧气-燃气切割、等离子弧切割和激光切割等。

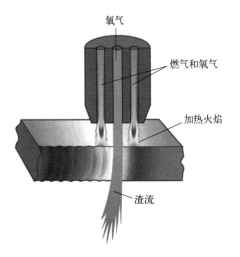

图 3-15　氧气-燃气切割示意

（1）氧气-燃气切割（图 3-15）

氧气-燃气切割方法是通过在高温下氧气与金属的化学反应进行切割或移除金属。火焰提供所需要的温度。火焰对材料进行预热并将其加热到燃烧温度（约 850℃），达到此温度后，通过喷头加入高压氧气流。氧气流迅速氧化大部分金属，氧气束的动能可将金属氧化物和熔化的金属从切割处排出，从而实现金属的切割。沿着工件移动割枪就可以对其进行连续切割。

使用氧气-燃气切割方法，材料必须同时满足两个条件：

① 燃烧温度必须低于母材的熔点；

② 在切割中形成的氧化物的熔化温度必须低于基体材料的熔点。

碳钢和一些低合金钢满足这两个条件，因此，氧气-燃气切割方法适用于此类材料的切割。然而，钢中许多合金元素的氧化物，例如铝和铬，其氧化物比铁氧化物的熔点要高，这些高熔点的氧化物可能对在切割处的材料起屏蔽作用。这样，金属就不会持续地暴露在切割氧气束下，最终导致切割速度的降低和切割过程的不稳定。在实际中，此方法适用于 C<0.25%、Cr<5%、Mo<5%、Ni<9%的碳钢和低合金钢。

氧气-燃气切割方法具有以下优点：

① 相对于大多数机加工方法，切割速度快；

② 可以切割机械方法难以切割的一些截面形状和厚度；

③ 设备造价低；

④ 设备携带方便，可以用于工地现场；

⑤ 切割过程中转弯方便、移动灵活；

⑥ 可以对不便移动的大块板材进行快速切割；

⑦ 切割成本低。

氧气-燃气切割方法也存在以下缺点：

① 对尺寸误差的控制远比机加工困难；

② 此方法基本上只适用于碳钢和低合金钢；

③ 由于是明火操作，容易造成火灾或烧伤操作人员；

④ 燃料燃烧和金属的氧化要求合适的排烟控制与充分的通风；

⑤ 淬火硬化钢可能需要预热或在切口边缘处进行切割后热处理，以控制金相组织和力学性能；

⑥ 切割高合金和铸铁时，需要特殊的工艺调整（例如铁粉末、添加熔剂）；

⑦ 由于是热过程，必须考虑部件在切割中和切割后的变形。

氧气-燃气切割使用氧气的纯度应该达到 99.5%或更高，低纯度氧气会导致切割速度降低和耗氧量增加，从而降低切割的效率。当纯度低于 95%时，切割就变成熔化和洗刷过程，这通常是不能接受的。

常用的燃气有：乙炔，天然气（甲烷），丙烷，丙烯，以及甲基乙炔和丙二烯的混合物（MAPP 气）。

（2）等离子弧切割（图 3-16）

等离子弧切割方法是使用压缩喷嘴射出的高速离子气流将熔化金属移除。首先，在钨电极板和水冷喷嘴之间引燃电弧，然后电弧被转移到工件上并被电极下方的喷嘴压缩。当等离子气体通过电弧时，它被迅速加热到很高温度并膨胀。当它通过压缩喷嘴射向工件时，速度加快，喷嘴引导炽热的等离子束从电极射向工件。当电弧熔化金属时，高速气流吹走熔化的金属，切割弧连接着或“转移”到工件，这称为转移弧法。然而，如果材料不导电，有一种非转移弧方法，此方法中的正极和负极都在喷枪内部产生弧，等离子束射向工件。

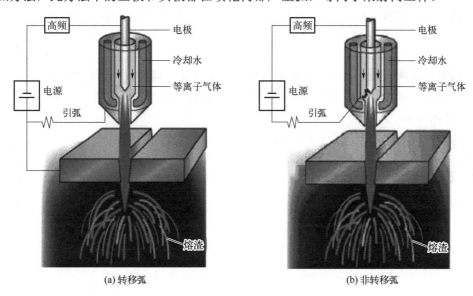

图 3-16　等离子弧切割示意

等离子弧切割方法的优点：

① 等离子弧切割并不仅局限于导电材料，它可以广泛用于切割各种类型的不锈钢、有色金属材料和非导电材料；

② 和氧-燃气切割方法相比，等离子弧切割的能量较高，因而切割速度较快；

③ 对于非连续性的切割，能迅速开始切割是此方法的特别优势，它可以无需预热就进行切割。

等离子弧切割方法的缺点：

① 和机加工相比，尺寸误差控制较难；

② 此方法易造成其他方法可能没有的危险，如火灾、电击（由于很高的操作控制电压）、强光束、烟雾、气体和噪声等。然而，对于水下切割，烟雾、紫外线放射和噪声可被降到很低程度；

③ 和氧-燃气切割方法相比，等离子弧切割设备更昂贵，它需要相当大的电功率；

④ 由于是热过程，需要考虑在切割中和切割完后零件的膨胀和收缩。

（3）激光切割

激光切割发展于 20 世纪 60 年代末，是利用经聚焦的高功率密度激光束能量使切口部位

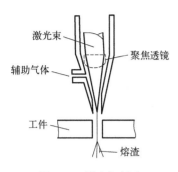

图 3-17　激光切割头

金属被加热熔化及气化，同时用纯氧或压缩空气、氮气等具有一定压力的辅助气流将切口处的液态金属吹除；随着激光束与割件的相对移动，切缝处熔渣不断被吹除，最终在割件上形成切割缝。激光切割头如图 3-17 所示。

激光切割是一种高速度、高质量的切割方法，其加工特点如下。

① 切缝细窄，可提高材料利用率。如切割一般低碳钢，切缝宽度可小到 0.2～0.3mm。

② 切割速度快，热影响区小（其宽度小于 1mm），切割后工件变形小。

③ 切缝边缘垂直度好，切边光滑；表面粗糙度远小于气割、普通等离子弧切割等热切割方法；工件的尺寸精度可达±0.05mm。因此，工件切割后无需再加工，可直接使用或进行焊接。

④ 可实行高速切割，且任何方向都可切割，也可在任何位置开始切割和停止。

⑤ 由于是无接触切割，所以无工具的磨损也无需更换刀具，只需调整工艺参数，易进行数控自动化切割。

⑥ 切割时噪声低、污染小、适应范围广。

3.7.2　碳弧气刨法（图 3-18）

在碳弧气刨法中，采用碳棒产生用于加热金属的电弧，伴随着高速压缩空气流将熔化的金属去除。压缩空气的压力大约为 690kPa，电极由石墨做成，表面涂有铜以增加导电性和使用寿命。此方法通常用于刨切坡口或返修焊中的缺陷挖除，能用于大部分金属的切割。

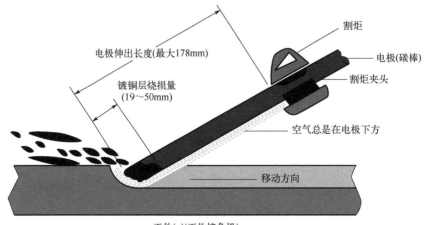

图 3-18　碳弧气刨法示意

碳弧气刨法切割的优点如下。

① 挖除缺陷速度快：大约是铲除表面缺陷速度的 5 倍。

② 控制容易：挖除缺陷精度高，切割的深度容易调节，熔渣不妨碍切割。

③ 设备造价低：除非用于工地，否则无需气瓶或调节器。

④ 操作经济：无需氧气或燃气，焊工也可以做表面切割（进行此操作无需资格证书）。

⑤ 操作容易：除了喷枪和空气供应胶皮管外，设备其他部分与焊条电弧焊（SMAW）类似。

⑥ 设备紧凑：喷枪比焊条电弧焊（SMAW）焊钳夹头稍大，这样即使在工作空间有限的地方也可以使用。

⑦ 通用性强：所用电源和某些焊接电源相同。

碳弧气刨法切割的缺点如下。

① 切割质量和速度不如其他方法。

② 需要大量压缩空气。

③ 对于铸铁和淬火强化钢，此方法会增加碳含量而导致硬度增加。对于不锈钢，它会造成碳化物析出以及敏感性。因此在碳弧气刨以后，要去除碳化层。

④ 切割过程中会产生危害环境和人身安全的烟雾、噪声和强光以及火花、飞溅等。

3.7.3 手工电弧刨切

在这种方法里，电弧是在刨切焊条和工件之间形成的。它需要用具有很厚焊剂涂层的特殊焊条以产生很强的电弧吹力和气流。在手工电弧焊时，熔池必须保持稳定。而手工电弧刨切（图 3-19）则不同，它迫使熔化金属离开弧区以产生一个整齐的切割表面。

刨切方法的特点是产生大量的气体，以排除熔化的金属。然而，由于电弧产生的气流不如燃气或压缩空气射流强，因而切割表面不如氧-燃气切割或电弧气刨切割的表面光滑。

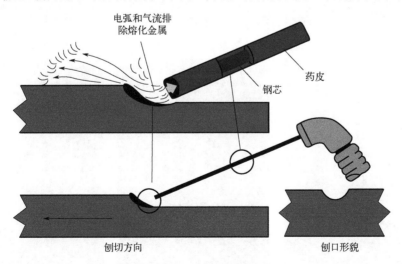

图 3-19 手工电弧刨切示意

手工电弧刨切采用直流电最好，但具有恒定功率的交流电源也可以使用。

手工电弧刨切用于局部的切割，例如去除缺陷。和其他切割方法相比，此方法的切割速度较慢，切割的质量较差。

如果使用恰当，手工电弧刨切可以产生相对整齐的切割表面，对于一般使用，切割完后无需打磨修整表面。然而在切割不锈钢时，会在表面会形成一层很薄的富碳层，这应该通过打磨除掉。

3.7.4　机械切割

机械切割方法包括剪切、锯、磨、车、铣、刨、铲凿等，它们可以用于焊接接头的准备、部件制备、表面清理和焊缝中缺陷的去除。

> 7.1.3　采用热切割方法加工的坡口表面质量应符合现行行业标准《热切割 质量几何技术规范》JB/T 10045 的有关规定；当钢材厚度不大于 100mm 时，割纹深度不应大于 0.2mm；钢材厚度大于 100mm 时，割纹深度不应大于 0.3mm。
> 7.1.4　割纹以及坡口表面上影响正常焊接的缺口和凹槽，应采用机械加工或打磨清除。
> 7.1.5　母材坡口表面切割缺陷需要进行焊接修补时，应制订修补焊接工艺，并应记录存档；调质钢及承受动荷载需经疲劳验算的结构，母材坡口表面切割缺陷的修补还应报监理工程师批准后方可进行。

[7.1.3～7.1.5 释义]：热切割的坡口表面粗糙度因钢材的厚度不同，割纹深度存在差别，若出现有限深度的缺口或凹槽，可通过打磨或焊接进行修补。当钢材的切割面上存在钢材的轧制缺陷如夹渣、夹杂物、脱氧产物或气孔等时，其浅的和短的缺陷可以通过打磨清除，而较深和较长的缺陷应采用焊接进行修补。若存在严重的或较难焊接修补的缺陷，该钢材不得使用。火焰切割质量及常见问题见图 3-20～图 3-22。

(a) 切割速度过慢，切割面上部边缘熔化，下部沟痕深，氧化层厚，底部边缘粗糙　(b) 正常切割，切割面上下边缘分明，切割波纹(后拖)线细并且均匀，几乎没有氧化物　(c) 切割速度过快，切割波纹线明显不连续，切割边缘不规则

图 3-20　火焰切割质量及常见问题（一）

(a) 预热火焰温度太低，切面的下部沟痕深

(b) 正常切割，切割面上下边缘分明，切割波纹(后拖)线细并且均匀，几乎没有氧化物

(c) 预热火焰温度太高，上部边缘熔化，切口不规则，有过量的附着熔渣

图 3-21 火焰切割质量及常见问题（二）

(a) 割嘴离工件过高，上部边缘发生大量熔化，造成大量氧化物

(b) 正常切割，切割面上下边缘分明，切割波纹(后拖)线细并且均匀，几乎没有氧化物

(c) 不均匀的割嘴速度，波纹(后拖)线间距不均匀，底部不规则且黏附氧化物

图 3-22 火焰切割质量及常见问题（三）

7.1.6 钢材轧制缺欠（图 7.1.6）的检测和修复应符合下列规定：

1 焊接坡口边缘上钢材的夹层缺欠长度 a 超过 25mm 时，应采用无损检测方法检测其深度。当缺欠深度 d 不大于 6mm 时，应用机械方法清除；当缺欠深度 d 大于 6mm 且不超过 25mm 时，应用机械方法清除后焊接修补填满；当缺欠深度 d 大于 25mm 时，应采用超声波测定尺寸，当单个缺欠面积 a 乘以 d 或聚集缺欠的总面积不超过被切割钢材总面积 B 乘以 L 的 4%时，可继续使用该钢材,但应采用机械方法清除缺欠后焊接修补填满，否则不应使用；

2 钢材内部的夹层，面积不超过本条第 1 款的规定且位置离母材坡口表面距离 b 不小于 25mm 时可不修补；距离 b 小于 25mm 时应进行焊接修补；

 3 夹层是裂纹时，裂纹长度 a 和深度 d 均不大于 50mm 时应进行焊接修补；裂纹长度 a 或裂纹深度 d 大于 50mm 或累计长度超过板宽的 20%时不应使用；

 4 焊接修补应符合本标准第 7.12 节的规定。

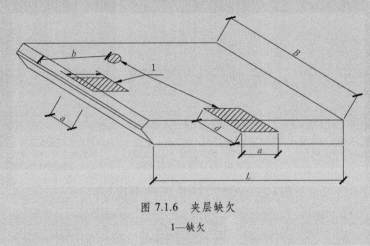

图 7.1.6 夹层缺欠

1—缺欠

[释义]：当钢材的切割面上存在钢材的轧制缺欠如夹渣、夹杂物、脱氧产物或气孔等时，其浅的和短的缺欠可以通过打磨清除，而较深的和较长的缺欠应采用焊接进行修补，若存在严重的或较难焊接修补的缺陷，该钢材不得使用。

近年来，从国内钢结构工程选用的钢材看，有如下发展趋势：

① 结构选用钢材厚度增大，已有工程使用钢材板厚达 200mm 以上；

② 钢材的强度更高，Q460 以上级别高强钢得到越来越多的使用；

③ 冲击韧性的要求提高，D 级甚至 E 级钢已经得到应用；

④ 大量使用铸钢节点；

⑤ 特殊性能要求的钢材，如耐候钢、耐火钢的应用增加；

⑥ 各类型钢的应用越来越普遍。

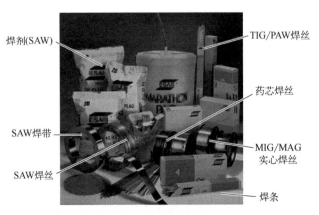

图 3-23 焊接材料

钢种越来越多，板厚越来越大，质量等级越来越高，这对钢板的原材检验也提出了更高的要求，不仅要求钢板的化学成分、力学性能满足要求，为保证焊接质量，钢板的轧制质量也应符合标准规定。因此，钢板，尤其是坡口区域，应进行轧制缺陷的检测，对不满足要求的超标缺陷应进行修复。

焊接材料又称焊接耗材（简称焊材），是指在焊接作业中消耗的任何物品，包括焊条、焊丝、焊剂、保护气体等（图 3-23）。

7.2　焊接材料要求

7.2.1　焊接材料熔敷金属的力学性能不应低于相应母材标准的下限值或满足设计文件要求。

[释义]：焊接材料对焊接结构的安全性有着极其重要的影响，其熔敷金属化学成分和力学性能及焊接工艺性能应符合国家现行标准的规定，施工企业应采取抽样方法进行验证。

对于结构钢的焊接，应根据钢材本身的强化机理和供货状态，综合考虑其性能要求，选择焊接材料，制定合理的焊接工艺，以指导实际焊接生产。

对于钢结构焊接中的一、二级焊缝，一般都要求与母材等强等韧，焊接材料入场后应根据本标准第 4 章的规定按批次进行焊材复验，包括焊条、药芯焊丝熔敷金属及实心焊丝、焊剂化学成分、熔敷金属力学性能（拉伸、冲击）等，这对保证焊接质量至关重要。

7.2.2　焊接材料的贮存场所应通风良好，温度宜在 5℃～50℃ 范围，空气相对湿度不应大于 60%；焊接材料应由专人保管、烘干、发放和回收，并应有详细记录。

[释义]：焊接材料的保管规定主要目的是为防止焊接材料锈蚀、受潮和变质，影响其正常使用。焊接材料的保管应注意以下几点：

① 焊接材料生产厂家应为合格供应商；

② 焊接材料必须存放在温度和湿度可控的场所，存放场地不允许有腐蚀性介质和有害气体，并应保持整洁；

③ 焊条、焊丝、焊剂应摆放在架子上，架子距地面、离墙壁均应保持一定距离；

④ 焊材应按种类、牌号（或批号）、入库时间、规格等分类堆放，并应有明确标志，避免混乱、发错；

⑤ 搬运或堆积应保证焊材不被损坏；

⑥ 焊材的发放与回收应有详细的记录，低氢型焊条每次发放数量不应超过 4h 使用量；

⑦ 当天没有用完的焊条或烧结焊剂应进行回收，并在回收单上登记，回收的焊材必须经过重新烘干方可使用；

⑧ 对于变质、受潮或锈蚀的焊材可根据具体情况降级使用或报废处理。

7.2.3　焊条的保存、烘干应符合下列规定：

　1　酸性焊条保存时应有防潮措施，受潮的焊条使用前应在 100℃～150℃ 范围内烘焙 1h～2h。

　2　低氢型焊条应符合下列规定：

　　1）焊条使用前应在 300℃～430℃ 范围内烘焙 1h～2h，或按制造厂家提供的焊条使用说明书进行烘干。焊条放入时烘箱的温度不应超过规定最高烘焙温度的一半，烘焙时间以烘箱达到规定最高烘焙温度后开始计算；

　　2）烘干后的低氢焊条应放置于温度不低于 120℃ 的保温箱中存放、待用；使用时应置于保温筒中，随用随取；

　　3）焊条烘干后在大气中放置时间不应超过 4h，用于焊接Ⅲ、Ⅳ类结构钢的焊条，烘干后在大气中放置时间不应超过 2h。重新烘干次数不应超过 1 次。

[释义]：由于低氢型焊条一般用于重要的焊接结构，所以对低氢型焊条的保管要求更为严格。

低氢型焊条焊接前应进行高温烘焙，去除焊条药皮中的结晶水和吸附水，主要是为了防止焊条药皮中的水分在施焊过程中经电弧热分解使焊缝金属中扩散氢含量增加，而扩散氢是焊接延迟裂纹产生的主要因素之一。

调质钢、高强度钢及桥梁结构的焊接接头对氢致延迟裂纹比较敏感，应严格控制其焊接材料中的氢来源。

用于焊材烘干、保温的设备，其控制系统应定期进行检查和标定，确保其状态良好，满足工作要求，并记录存档。

7.2.4　焊剂的烘干应符合下列规定：
　1　使用前应按制造厂家推荐的温度进行烘焙，已受潮或结块的焊剂不得使用；
　2　用于焊接Ⅲ、Ⅳ类钢材的焊剂，烘干后在大气中放置时间不应超过 4h。

[释义]：埋弧焊时，焊剂对焊缝金属具有保护和参与合金化的作用，但焊剂受到油、氧化皮及其他杂质的污染会使焊缝产生气孔并影响焊接工艺性能。对焊剂进行防潮和烘焙处理，是为了降低焊缝金属中的扩散氢含量。需要说明的是，如果焊剂经过严格的防潮和烘焙处理，试验证明熔敷金属的扩散氢含量不大于 8mL/100g，可以认为埋弧焊也是一种低氢的焊接方法。

通常，按生产方法和化学成分，焊剂分为熔炼焊剂和烧结焊剂。

3.7.5　熔炼焊剂

熔炼焊剂是将各种原料混合并在高温下（＞1000℃）熔炼，冷却后形成类似于彩色玻璃的物质，然后再将其破碎并按尺寸筛选。

这种焊剂颗粒很硬，形状不规则，表面光洁，不能在手中碾碎，见图 3-24（a）。在生产过程中，通常在焊剂内添加一些合金元素，例如加入锰、硅和氟。熔炼焊剂一般为酸性，对潮湿不太敏感，常用于焊缝熔敷金属拉伸强度和韧性要求不高的场合。这类焊剂工艺性能好，使用方便，焊后清渣容易。

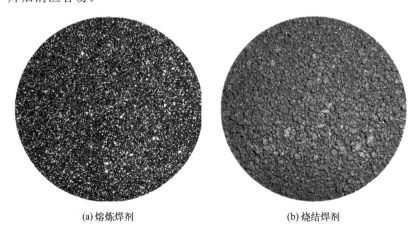

(a) 熔炼焊剂　　　　　　　　　　　(b) 烧结焊剂

图 3-24　埋弧焊剂

3.7.6 烧结焊剂

焊剂的原料混合物，通过造粒程序形成颗粒，在低温下烧结，最后粉碎筛选。这类焊剂容易辨认，因为它看起来暗淡不亮，颗粒为圆形，很容易破碎而且有颜色，见图 3-24（b）。焊剂在生产过程中，可以添加各种成分。烧结型焊剂一般为碱性，可以生产强度和韧性高的焊缝。但是它在表面状态不好的情况下使用性较差，容易吸潮，另外焊后清渣困难。

一般来讲，烧结焊剂在使用前应进行烘焙，而熔炼焊剂在不受潮的情况下可直接使用。

> **7.2.5** 焊丝和电渣焊的熔化或非熔化导管表面以及栓钉焊接端面应无油污、锈蚀。

[释义]：实心焊丝和药芯焊丝的表面油污及锈蚀等杂质会影响焊接操作，同时容易造成气孔和增加焊缝中的含氢量，应禁止使用表面有油污和锈蚀的焊丝。

> **7.2.6** 栓钉焊瓷环保存时应有防潮措施，受潮的焊接瓷环使用前应在 120℃～150℃ 范围内烘焙 1h～2h。

[释义]：栓钉焊瓷环应确保焊缝挤出后的成形，栓钉焊瓷环受潮后会影响栓钉焊的工艺性能及焊接质量，所以焊前应烘干受潮的焊接瓷环。

7.2.7 常用钢材的焊接材料可按表 7.2.7 的规定选用。

表 7.2.7 常用钢材的焊接材料匹配推荐表 [1-3]

母材					焊接材料			
GB/T700 和 GB/T1591 标准钢材	GB/T19879 标准钢材	GB/T714 标准钢材	GB/T4171 标准钢材 [4]	GB/T7659 标准钢材	焊条电弧焊 SMAW	实心焊丝气体保护焊 GMAW、GTAW	药芯焊丝气体保护焊 FCAW	埋弧焊 SAW
Q215	—	—	—	ZG200-400H ZG230-450H	GB/T5117: E43XX	GB/T8110: G49AXXX GB/T39280: W49AXXX	GB/T10045: T43XX-XXX-X	GB/T5293: S43X（S）XX-X
Q235 Q275	Q235GJ	—	Q235NH Q265GNH Q295NH Q295GNH	ZG270-480H	GB/T5117: E43XX E50XX GB/T5118: E50XX	GB/T8110: G49AXXX GB/T39280: W49AXXX	GB/T10045: T43XX-XXX-X T49XX-XXX-X GB/T17493: T49X-XX-XX	GB/T5293: S43X（S）XX-X
Q355 Q390	Q345GJ Q390GJ	Q345q Q370q Q345qNH、 Q370qNH	Q310GNH Q355NH Q355GNH	—	GB/T5117: E50XX GB/T5118: E50XX E55XX [5]	GB/T8110: G49AXXX G55AXXX GB/T39280: W49AXXX W55AXXX	GB/T10045: T49XX-XXX-X GB/T17493: T49X-XX-XX	GB/T5293: S49X（S）XX-X GB/T12470: S49XX-X

续表

母材					焊接材料			
GB/T700和GB/T1591标准钢材	GB/T19879标准钢材	GB/T714标准钢材	GB/T4171标准钢材[4]	GB/T7659标准钢材	焊条电弧焊SMAW	实心焊丝气体保护焊GMAW、GTAW	药芯焊丝气体保护焊FCAW	埋弧焊SAW
Q420	Q420GJ	Q420q Q420qNH	Q415NH	—	GB/T5117：E50XX、E55XX、E57XX GB/T5118：E52XX、E55XX GB/T32533：E59XX、E62XX	GB/T8110 G55AXXX GB/T39280：W55AXXX	GB/T10045：T55XX-XXX-X T57XX-XXX-X GB/T17493：T55X-XX-XX	GB/T5293：S55X（S）XX-X S57X（S）XX-X GB/T12470：S55XX-X GB/T36034：S59AXX-XX
Q460	Q460GJ	Q460q Q500q Q460qNH Q500qNH	Q460NH	—	GB/T5117：E55XX、E57XX GB/T5118：E55XX、E62XX GB/T32533：E59XX、E62XX	GB/T8110 G55AXXX GB/T39280：W55AXXX W57AXXX	GB/T10045：T57XX-XXX-X GB/T17493：T57X-XX-XX T62X-XX-XX GB/T36233：T59XX-XXX-XX T62XX-XXX-XX	GB/T5293：S57X（S）XX-X GB/T12470：S62XX-X GB/T36034：S59AXX-XX S62AXX-XX

注：1　被焊母材有冲击要求时，熔敷金属的冲击功不应低于母材规定或设计要求；
　　2　母材厚度不小于25mm时，宜采用低氢型焊接材料；
　　3　表中X对应焊材标准中的相应规定；
　　4　耐候钢的焊接材料除力学性能外，还应满足与母材相匹配的耐候要求；
　　5　仅适用于厚度不大于35mm的Q345q钢及厚度不大于16mm的Q370q钢。

[释义]：表7.2.7为推荐表格，仅作参考，实际应用中，可根据具体焊接钢材的可焊性、设计要求以及应用场合、焊接方法等选择焊接材料。对于屈服强度在460MPa以上的钢材，由于不同厂家，强化机理不同，应按照第7.2.1条的规定，通过试验确定。针对本条，做如下补充说明。

① 本表仅给出了强度匹配的焊材型号，未对焊材类别进行规定，选用时可根据母材化学成分、冲击性能以及电源极性、焊接位置和工程具体要求确定焊材类别。对表中钢材质量等级即焊材类型的简化，有助于方便标准用户按照自己需求以及实际焊材供应情况匹配焊材，扩大了选择范围，提高了标准的可操作性。

② 纵观钢结构的发展趋势，要求焊接技术以及焊接材料具有如下特点。

a. 要有高的焊接效率。钢结构最大的优势之一在于其建造速度上的高效率，而钢结构因结构承载要求和节点构造特点，采用钢材的厚度也越来越大。因此大的焊接工作量和高的施工速度要求使用高效焊接方法和焊接材料。

b. 要求焊缝具备与母材相匹配的综合性能及抗震节点的高韧性。

c. 要适应钢结构现场施工的特点。

③ 选用焊材的基本原则如下。

焊材的种类繁多，每种焊材均有一定的特性和用途。选用焊材是焊接准备工作中一个很重要的环节。在实际工作中，除了要认真了解各种焊材的成分、性能及用途外，还应根据被焊焊件的状况、施工条件及焊接工艺等综合考虑选用。选用焊材时一般应考虑以下原则。

a. 焊接材料的力学性能和化学成分：

ⓐ 对于普通结构钢，通常要求焊缝金属与母材等强度，应选用抗拉强度等于或稍高于母材的焊材；

ⓑ 对于合金结构钢，通常要求焊缝金属的主要合金成分与母材金属相同或相近；

ⓒ 在被焊结构刚性大、接头应力高、焊缝容易产生裂纹的情况下，可以考虑选用比母材强度低一级的焊材；

ⓓ 当母材中 C 及 S、P 等元素含量偏高时，焊缝容易产生裂纹，应选用抗裂性能好的低氢型焊材。

b. 焊件的使用性能和工作条件：

ⓐ 对承受动载荷和冲击载荷的焊件，除满足强度要求外，还要保证焊缝具有较高的韧性和塑性，应选用塑性和韧性指标较高的低氢型焊材；

ⓑ 接触腐蚀介质的焊件，应根据介质的性质及腐蚀特征，选用相应的不锈钢焊材或其他耐腐蚀焊材；

ⓒ 在高温或低温条件下工作的焊件，应选用相应的耐热钢或低温钢焊材。

c. 焊件的结构特点和受力状态：

ⓐ 对结构形状复杂、刚性大及大厚度焊件，由于焊接过程中产生很大的应力，容易使焊缝产生裂纹，应选用抗裂性能好的低氢型焊材；

ⓑ 对焊接部位难以清理干净的焊件，应选用氧化性强，对铁锈、氧化皮、油污不敏感的酸性焊材；

ⓒ 对受条件限制不能翻转的焊件，有些焊缝处于非平焊位置，应选用全位置焊的焊材。

d. 施工条件及设备：

ⓐ 在没有直流电源，而焊接结构又要求必须使用低氢型焊材的场合，应选用交、直流两用低氢型焊材；

ⓑ 在狭小或通风条件差的场所，应选用酸性焊材或低尘焊材。

e. 改善操作工艺性能。

在满足产品性能要求的条件下，应尽量选用电弧稳定、飞溅少、焊缝成形均匀整齐、容易脱渣、工艺性能好的酸性焊材。焊材工艺性能要满足施焊操作需要，如在非水平位置施焊时，应选用适合各种位置焊接的焊材；如在向下立焊、管道焊接、底层焊接、盖面焊、重力焊时，可选用相应的专用焊材。

f. 合理的经济效益。

在满足使用性能和操作工艺性的条件下，应尽量选用成本低、效率高的焊材。对于焊接工作量大的结构，应尽量采用高效率焊材，如铁粉焊材、高效率不锈钢焊材及重力焊材等，以提高焊接生产率。

④ 针对不同钢结构用钢材，选择焊接材料应满足下列要求。

a. 高强钢焊接。

ⓐ 钢结构用高强钢的性能获得主要有以下几种方法。

合金强化：通过微合金元素的细晶强化、析出强化，提高钢板的强度和韧性；通过正火细化晶粒、均匀组织，进一步提高钢板的塑性和韧性。国产高强钢（中厚板）主要是通过这种方法制造的。

组织强化（如淬火+回火）：轧后加热温度超过相变重结晶温度 30～50℃，经水冷后生成的淬火过饱和固溶体为不稳定组织，强度和硬度都很高。随后进行 600℃高温回火则可使淬火固溶体分解软化，达到塑性和韧性的要求，也称为调质处理。

控轧控冷工艺（TMCP）：严格控制钢板冷却及厚度下降的过程，并在接近或低于铁素体开始生成的温度（Ar3 910℃）下完成终轧。其显微组织及力学性能不可由热处理获得。这种轧制方式可在较低的碳当量下获得较高的强度且焊接性好。

淬火+自回火控制轧制（QST）：卢森堡钢厂的轧制 H 型钢（Gr60 钢曾在新保利大厦工程中使用），淬火后利用截面中部温度散热进行自回火，是 TMCP 的特殊应用。如 Gr65 钢的淬火温度为 871℃，自回火温度为 593℃，其强度高同时焊接性好。

ⓑ 焊材选配原则。

等强匹配：焊接材料熔敷金属的强度、塑性、冲击韧性大于等于母材标准规定的最低值。焊接接头（焊缝及热影响区）各项性能全面达到母材标准规定的最低值。

兼顾焊缝塑性：厚板焊接时按厚度效应后的强度选配焊材，节点拘束度大时可在 1/4 板厚以下配用低强焊材。

满足冲击韧性要求：必须重点选择焊材的韧性使焊缝及热影响区韧性达到钢材的标准要求，控制焊接材料中碳、硫、磷、氮、氢、氧含量，选用优质碱性低氢焊材。

总之，对于高强钢的焊接，应根据钢材本身的强化机理和供货状态，综合考虑其性能要求，合理选择焊接材料和试验方法对其焊接性作出评价，制定合理的焊接工艺，以指导实际焊接生产。

b. 铸钢及铸钢节点焊接。

铸钢节点因其特有的性能，如良好的加工性能、复杂多样的建筑造型，能够体现出钢结构"精确的美"，在一些大跨度空间管桁架钢结构中开始逐步推广使用。特别是在杆件交汇数量多、交角小、制作复杂或承载力大、受力要求高的节点，采用铸钢节点可以避免较大的焊接残余应力集中，有着得天独厚的优势。然而，由于铸钢一般碳当量较高，杂质尤其是 S、P 含量难以控制，同时铸态组织晶粒粗大，导致铸钢的焊接性较差，对焊接工艺的要求很高，主要是减少残余应力，防止焊接裂纹的产生。

焊接结构用铸钢焊接选择焊接材料一般要注意以下几点：

ⓐ 以安全性为主要目标，焊接接头除强度以外，应突出考虑结构的抗裂性、塑性和韧性；

ⓑ 选用低匹配的焊接材料以保证接头的塑性和韧性；

ⓒ 选用低氢或超低氢焊接材料，以增强抗裂性；

ⓓ 焊接材料（焊丝或焊条）宜细不宜粗，以减小热输入；

ⓔ 在熔炼焊剂与烧结焊剂的比较中宜选用烧结焊剂，在碱性焊剂和酸性焊剂比较中宜选用碱性焊剂，以提高抗裂性和合金元素的过渡率；

ⓕ 在纯 CO_2 气体和混合气比较中宜选用富氩混合气，以提高接头的塑性和韧性。

c. 耐候钢焊接。

耐大气腐蚀钢，又称耐候钢，是通过在普通钢中添加一定量的合金元素制成的一种低合金钢，主要合金成分为 Cu、P、Cr 、Ni 等元素。根据使用情况，耐候钢又可分为高耐候钢和焊接结构用耐候钢。

高耐候结构钢主要用于车辆、塔架等结构件中，具有优良的耐大气腐蚀性能，以 Cu-P 系为主，其中 P 含量为 0.07%～0.15%。由于含 P 量高，所以这类钢的屈服强度一般在 343MPa 以下，板厚不超过 16mm，焊接性能一般。焊接结构用耐候钢主要用于桥梁、建筑等大型焊接结构中，以 Cu-Cr-Ni 系为主，含 P 量在 0.04%以下，具有优良的焊接性能和低温韧性，应用十分广泛。

钢结构主要应用焊接结构用耐候钢，其焊接材料选用主要考虑以下几点：

ⓐ 焊接材料熔敷金属的化学成分应与母材相匹配；

ⓑ 焊接材料熔敷金属和焊接接头的耐大气腐蚀性指数应优于母材；

ⓒ 焊材具有较低的扩散氢含量以及较好的抗热裂性能。

7.3　焊接接头的装配要求

7.3.1　除机器人焊接和窄间隙焊接以外的各种焊接方法，焊接坡口尺寸宜符合本标准附录 A 的规定。组装后焊接接头尺寸允许偏差应符合表 7.3.1 的规定。

表 7.3.1　组装后焊接接头尺寸允许偏差值

序　号	项　目	允许偏差值	
		背面不清根	背面清根
1	接头钝边	±2mm	—
2	无衬垫接头根部间隙	±2mm	±2mm
3	带衬垫接头根部间隙	+6mm -2mm	—
4	接头坡口角度	+10° -5°	+10° -5°
5	U 形和 J 形坡口根部半径	+3mm -0mm	—

[释义]：焊接接头的坡口和装配精度是保证焊接质量的重要条件，超出公差要求的坡口角度、钝边尺寸、根部间隙会影响焊接施工操作和焊接接头质量，同时也会增大焊接应力，易于产生延迟裂缝。

7.3.2　接头间隙中不应填塞焊条头、铁块等杂物。

[释义]：虽然在美国《钢结构焊接规范》AWS D1.1 中允许使用嵌条，还被加入免于评定条款中，但有比较严格的限制条件，比如"要求使用的嵌条材料必须与母材相同"，还有对嵌条规格的限制。在国内，在坡口内填塞嵌条和其他杂物一样，都是严格禁止的，一方面由于国内焊接技术管理的执行力不如欧洲和美国，填塞嵌条的材料、质量难以控制，另一方面一旦放开，会给填塞焊条头、铁块等杂物造成可乘之机，严重影响焊接接头的完整性，给焊接质量留下安全隐患。近年出现的一些钢结构垮塌事故，有很大比例就是由于焊工在焊缝坡口内填塞杂物引起接头断裂导致的，所以本条规定是基于国内具体情况而定的。

7.3.3　当坡口组装间隙偏差超过表 7.3.1 规定但不大于较薄板厚度 2 倍或 25mm 两值中较小值时，可按照正式焊接工艺在坡口单侧或两侧堆焊；当超出上述限值，采用坡口单侧或两侧堆焊并修磨的方法达到本标准要求的坡口尺寸时，应根据实际情况编制坡口修整方案，进行焊接工艺评定，并应经设计和业主或监理工程师的认可后方可执行，但其数量不应超过同批次中同类焊缝数量的 20%，且此类焊接接头应增加焊缝两侧坡口堆焊区域的无损检测，合格标准应与焊缝要求相同。

　　[释义]：坡口组装存在一定偏差，特别是在现场安装中，由于目前钢结构越来越复杂，制造、安装难度也越来越大，这种偏差也是一个很普遍的现象，在出现超标偏差时怎样处理便是一个不可回避的问题。本条给出了超过表 7.3.1 规定的处理方法。

　　在"不大于较薄板厚度 2 倍或 25mm 两值中较小值时"，可按照正式焊接工艺在坡口单侧或两侧堆焊，在达到表 7.3.1 规定的偏差范围内后，采用修磨的方法达到本标准要求的坡口尺寸，然后进行正式焊缝的焊接。

　　对于大于较薄板厚度 2 倍或 25mm 的情况，在实际制作、安装中，对于这种情况，一般有两种解决办法：一种办法是接板，但要符合现行国家标准《钢结构工程施工质量验收标准》GB 50205 对构件最小拼接长度和宽度的规定，必要时可以局部换板；另一种办法是在母材边缘堆焊长肉，使其达到本标准要求的根部间隙范围，再重新开坡口焊接，当然采用这种方法必须针对实际情况进行宽间隙焊接工艺评定，评定合格，并经相关责任方认可后方可执行，而且对其数量应有严格的限定并且应增加堆焊区域的无损检测。

　　7.3.4　承受静荷载的结构，对接接头的错边量不应超过本标准表 8.2.2 的规定；当需疲劳验算的动荷载结构时，对接接头的错边量不应超过本标准表 8.3.2 的规定。当不等厚部件对接接头的厚度差超过 3mm 时，较厚部件可按不大于 1:2.5 坡度平缓过渡。

　　[释义]：对接接头的错边一方面减薄了焊接接头的承载截面，降低焊缝的承载力；另一方面大大增加了焊缝局部的剪切力，产生弯曲应力，因此必须严格控制。对于不等厚部件的对接接头，应使其厚度平缓过渡，避免产生由于截面突变造成的应力集中。具体包括两种方法：一种是焊接前将较厚部件加工成斜坡状；另一种是对于焊缝宽度较大的不等厚部件对接接头，可将焊缝焊成斜坡状，详见本标准图 5.3.4，当然，不管采用哪些办法，都应该按不大于 1：2.5 坡度平缓过渡。

　　7.3.5　采用角焊缝及部分焊透焊缝连接的 T 型接头，两部件应密贴，根部间隙应符合下列规定：

　　1　当承受静荷载的结构，根部间隙大于 1.5mm 且小于 5mm 时，角焊缝的焊脚尺寸应按根部间隙值予以增加；当间隙超过 5mm 时，应在待焊板端表面堆焊并修磨平整使其间隙符合要求；

　　2　需疲劳验算的动荷载结构，根部间隙不应大于 1mm。

　　[释义]：采用角焊缝及部分焊透焊缝连接的 T 形接头，两部件应贴合紧密，但由于轧制钢板允许的公差，以及装配误差的存在，完全密贴是不太可能的。同时，厚板构件难以矫正，两部件之间存在一定间隙也是装配的需要，对于承受静荷载的结构，根部间隙不应超过 5mm，若存在超标间隙，则可通过堆焊或机械方法减小间隙使其符合要求，也可通过更换相应构件达到标准要求；对于动荷载结构，根部间隙应严格满足相应的尺寸要求。

　　7.3.6　对于搭接接头及塞焊、槽焊以及钢衬垫与母材间的连接接头，接触面之间的间隙不应超过 1.5mm。需疲劳验算的动荷载结构，焊接接头衬垫与母材的间隙不应超过 0.5mm。

　　7.4　定位焊

7.4.1 定位焊应由具有相应技术能力的焊工施焊，所用焊接材料应与正式焊缝的焊接材料相当。

7.4.2 定位焊缝厚度不应小于 3mm，长度不应小于 40mm，间距宜为 300mm～600mm。对于要求疲劳验算的动荷载结构，定位焊缝应距设计焊缝端部 30mm 以上，长度宜为 50mm～100mm；间距宜为 400mm～600mm，50mm 以上的厚板和 8mm 以下的薄板应减小定位焊间距；定位焊缝的焊脚尺寸不得大于设计焊脚尺寸的 1/2。

7.4.3 采用钢衬垫的焊接接头，定位焊宜在接头坡口内进行。定位焊焊接时预热温度宜高于正式施焊预热温度 20℃～50℃；定位焊缝与正式焊缝应具有相同的焊接工艺和焊接质量要求；当定位焊焊缝存在裂纹、气孔、夹渣等缺欠时，应完全清除。

[7.4.1～7.4.3 释义]：定位焊缝的焊接质量对整体焊缝质量有直接影响，应从焊前预热、焊材选用、焊工资格及施焊工艺等方面给予充分重视，避免造成正式焊缝中的焊接缺陷。

定位焊缝的焊接必须遵照评定合格或免予评定的焊接工艺规程 WPS 执行，其焊接操作人员也应持有相应的资格证书，定位焊缝的焊接质量也应满足正式焊缝的质量要求，焊接完成后，应进行外观检测和必要的无损检测。

7.5 焊接环境

7.5.1 焊条电弧焊和自保护药芯焊丝电弧焊，焊接作业区最大风速不宜超过 8m/s；气体保护电弧焊不宜超过 2m/s。当超出上述要求时，应采取保障焊接电弧区域不受影响的有效措施。

[释义]：实践经验表明：对于焊条电弧焊和自保护药芯焊丝电弧焊，当焊接作业区风速超过 8m/s，对于气体保护电弧焊，当焊接作业区风速超过 2m/s 时，焊接熔渣或气体对焊缝熔池金属的保护就会受到破坏，致使焊缝金属中产生大量的密集气孔。所以实际焊接施工过程中，应避免在上述风速条件下进行施焊，必须进行施焊时应设置防风屏障。

7.5.2 当焊接作业处于下列情况之一时不得焊接：

1 焊接作业区的相对湿度大于 90%；

2 焊件表面潮湿或暴露于雨、冰、雪中；

3 焊接作业条件不符合现行国家标准《焊接与切割安全》GB 9448 的有关规定。

7.5.3 焊接环境温度低于 0℃但不低于-10℃时，应采取加热或防护措施，焊接接头各方向大于等于 2 倍板厚且大于等于 100mm 范围内的母材温度，不应低于 20℃和规定的最低预热温度二者较高值，且在焊接过程中不应低于这一温度。

7.5.4 焊接环境温度低于-10℃时，应进行相应焊接环境下的工艺评定试验，并应在评定合格后再进行焊接，当不符合上述规定时，不得焊接。

[7.5.2～7.5.4 释义]：焊接作业环境不符合要求，会对焊接施工造成不利影响。应避免在工件潮湿或雨、雪天气下进行焊接操作，因为水分是氢的来源，而氢是产生焊接延迟裂纹的重要因素之一。

低温会造成钢材脆化，使得焊接过程的冷却速率加快，易于产生淬硬组织，对于碳当量相对较高的钢材焊接是不利的，尤其是对于厚板和接头拘束度大的结构影响更大。本条对低温环境施焊作出了具体规定。

7.6　预热和道间温度控制

7.6.1　预热温度和道间温度应根据钢材的化学成分、焊接接头的拘束状态、热输入大小、熔敷金属含氢量水平及所采用的焊接方法等综合因素确定或进行焊接试验确定。

7.6.2　常用结构钢材焊接时，最低预热温度宜符合表 7.6.2 的要求。

表 7.6.2　常用钢材最低预热温度要求（℃）[1~7]

钢材类别	接头最厚部件的板厚 t（mm）				
	$t \leq 20$	$20 < t \leq 40$	$40 < t \leq 60$	$60 < t \leq 80$	$t > 80$
I [8]	—	—	40	50	80
II	—	20	60	80	100
III	20	60	80	100	120
IV [9]	20	80	100	120	150

注：1　本表采用的焊接热输入为 10kJ/cm～25kJ/cm，当热输入超出此范围时，可通过具体试验或计算法确定最低预热温度；

2　当采用非低氢焊接材料或焊接方法焊接时，预热温度应比表中规定的温度提高20℃；

3　当母材施焊处温度低于 0℃时，应根据焊接作业环境、钢材牌号及板厚的具体情况将表中预热温度适当增加，且在整个焊接过程中道间温度不应低于这一温度；

4　焊接接头板厚不同时，应按接头中较厚板的板厚选择最低预热温度和道间温度；

5　焊接接头材质不同时，应按接头中较高强度、较高碳当量的钢材选择最低预热温度；

6　本表不适用于供货状态为调质处理的钢材，控轧控冷（TMCP）钢最低预热温度可由试验确定；

7　"-"表示焊接环境在 0℃以上时，可不采取预热措施；

8　铸钢除外，I 类钢材中的铸钢预热温度宜按照 II 类钢材的要求确定；

9　仅适用于 IV 类钢材中的 Q460、Q460GJ 钢。

7.6.3　电渣焊和气电立焊在环境温度为 0℃以上施焊时可不进行预热；当板厚大于 60mm 时，宜对引弧区域的母材预热且预热温度不应低于 50℃。

7.6.4　焊接过程中，最低道间温度不应低于预热温度；静荷载结构焊接时，最大道间温度不宜超过 250℃；需进行疲劳验算的动荷载结构和调质钢焊接时，最大道间温度不宜超过 200℃。

7.6.5　预热及道间温度控制应符合下列规定：

1　焊前预热及道间温度的保持宜采用电加热法、火焰加热法，并应采用专用的测温仪器测量；

2　预热的加热区域应在焊缝坡口两侧，宽度应大于焊件施焊处板厚的 1.5 倍，且不应小于 100mm；预热温度宜在焊件受热面的背面测量，测量点应在离电弧经过前的焊接点各方向不小于 75mm 处；当采用火焰加热器预热时正面测温应在火焰离开后进行。

7.6.6　调质钢的预热温度、道间温度的确定，应符合制造厂家提供的指导性参数要求。

　　[7.6.1～7.6.6 释义]：对于最低预热温度和道间温度的规定，主要目的是控制焊缝金属和热影响区的冷却速率，降低焊接接头的冷裂倾向。预热温度越高，冷却速率越慢，会有效降低焊接接头的淬硬倾向和裂纹倾向。

对调质钢而言，不希望较慢的冷却速率，且钢厂也不推荐如此。

本小节是根据常用钢材的化学成分、中等结构拘束度、常用的低氢焊接方法和焊接材料以及中等热输入条件给出的可避免焊接接头出现淬硬或裂纹的最低预热温度。实践经验及试验证明：焊接一般拘束度的接头时，按本条规定的最低预热温度和道间温度，可以防止接头产生裂纹。在实际焊接施工过程中，为获得无裂纹、塑性好的焊接接头，预热温度和道间温度应高于本条规定的最低值。为避免母材过热产生脆化而降低焊接接头的性能，对道间温度的上限也作出了规定。

实际工程结构焊接施工时，应根据母材的化学成分、强度等级、碳当量、接头的拘束状态、热输入大小、焊缝金属含氢量水平及所采用的焊接方法等因素综合判断或进行焊接试验，以确定焊接时的最低预热温度。如果有充分的试验数据证明，选择的预热温度和道间温度能够防止接头焊接时裂纹的产生，可以选择低于表 7.6.2 规定的最低预热温度和道间温度。

为了确保焊接接头预热温度均匀，冷却时具有平滑的冷却梯度，本条对预热的加热范围作出了规定。

电渣焊、气电立焊，热输入较大，焊接速率较慢，一般对焊接预热不做要求。

7.7 焊后消氢热处理

7.7.1 当要求进行焊后消氢热处理时，加热温度应为 250℃～350℃，保温时间应根据工件板厚按每 25mm 板厚不小于 0.5h，且总保温时间不应小于 1h 确定。达到保温时间后应缓冷至常温。

7.7.2 消氢热处理的加热和测温方法应按本标准第 7.6.5 条的规定执行。

[7.7.1～7.7.2 释义]：焊缝金属中的扩散氢是延迟裂纹形成的主要影响因素，焊接接头的含氢量越高，裂纹的敏感性越大，焊后消氢热处理目的就是加速焊接接头中扩散氢的逸出，防止由于扩散氢的积聚而导致延迟裂纹的产生。当然，焊接接头裂纹敏感性还与钢种的化学成分、母材拘束度、预热温度以及冷却条件有关，因此要根据具体情况来确定是否进行焊后消氢热处理。

焊后消氢热处理应在焊后立即进行，处理温度与钢材有关，但一般为 200～350℃。本标准规定为 250～350℃，温度太低，消氢效果不明显；温度过高，若超出马氏体转变温度则容易在焊接接头中残存马氏体组织。

如果在焊后立即进行消应力热处理，则可不必进行消氢热处理。

7.8 焊后消应力处理

7.8.1 设计或合同文件对焊后消除应力有要求时，需经疲劳验算的动荷载结构中承受拉应力的对接接头或焊缝密集的节点或构件，宜采用电加热器局部退火和加热炉整体退火等消应热处理方法进行消除应力，当仅为稳定结构尺寸时，也可采用振动法消除应力。

7.8.2 焊后热处理应符合现行行业标准《碳钢、低合金钢焊接构件焊后热处理方法》JB/T 6046 的有关规定。当采用电加热器对焊接构件进行局部消除应力热处理时，还应符合下列规定：

    1 使用配有温度自动控制仪的加热设备，加热、测温、控温性能应符合使用要求；

    2 构件焊缝每侧面加热板（带）的宽度应至少为钢板厚度的 3 倍，且不应小于 200mm；

3　加热板（带）以外构件两侧宜用保温材料覆盖保温。

7.8.3　用锤击法消除中间焊层应力时，应使用圆头手锤或小型振动工具进行，不宜对根部焊缝、盖面焊缝或焊缝坡口边缘的母材进行锤击。

7.8.4　用振动法消除应力时，应符合现行行业标准《焊接构件振动时效工艺参数选择及技术要求》JB/T 10375 的有关规定。

　　[7.8.1～7.8.4 释义]：焊后消应力处理，目前国内多采用热处理和振动两种方法。消应力热处理的目的是降低焊接残余应力或保持结构尺寸的稳定性，主要用于承受较大拉应力的厚板对接焊缝、承受疲劳应力的厚板或节点复杂、焊缝密集的重要受力构件；局部消应力热处理通常用于重要焊接接头的应力消减。振动消应力处理虽然能达到消减一定应力的目的，但其效果目前学术界还难以准确界定。如果为了稳定结构尺寸，采用振动消应力方法对构件进行整体处理既方便又经济。

　　某些调质钢、含钒钢和耐大气腐蚀钢进行消应力热处理后，其显微组织可能发生不良变化，焊缝金属或热影响区的力学性能会产生恶化，甚至产生裂纹，应慎重选择消应力热处理。

　　此外，还应充分考虑消应力热处理后可能引起的构件变形。

　　某些钢材焊接后必须进行焊后消应力热处理，以确保接头性能满足相应的要求。

　　焊后消应力热处理就是焊接后将焊接接头加热到母材 A_{c1} 线以下的一定温度（550～650℃）并保温一段时间，以降低焊接残余应力、改善接头组织性能为目的的焊后热处理方法。

　　焊后消应力热处理能够达到以下目的：

　　①　改善焊接接头抵抗脆裂的性能；

　　②　提高抗应力腐蚀的性能；

　　③　保证焊接接头在机械加工后达到准确的尺寸。

　　进行焊后消应力热处理，应明确以下参数：最高加热速率、保温温度范围、最短的保温时间、最高冷却速率。

　　（1）加热速率

　　大的温差（大的热变化率）会导致构件产生高应力，造成变形，甚至出现裂纹，因此，为防止构件在加热过程中产生较大温差，必须控制加热速率。

　　当加工件的温度达到 300℃ 以上时，应按照相关标准要求控制最高加热速率，这是因为在这个温度以上，钢材的强度开始显著下降，如果此时的温度变化率较高，构件容易发生变形。

　　在热处理过程中要监测焊件表面厚度方向的不同位置的温度，以确保符合规范要求。

　　碳-锰钢所规定的最高加热速率取决于加工件的厚度，一般为每小时 60～200℃。

　　（2）保温温度

　　保温温度取决于钢的种类，所要求的温度范围应能最大限度地消除残余应力。

　　碳钢和碳-锰钢所要求的保温温度在 600℃ 左右。

　　保温温度是焊接工艺评定的一个关键变量，因此必须将保温温度控制在规定的范围内。

　　（3）保温时间

　　必须有足够的保温时间以保证焊接件在整个厚度方向达到均匀的规定温度，保温时间取决于焊接件的最大厚度。典型的保温时间规定为每 25mm 厚度焊件 1h。

（4）冷却速率

与控制加热速率的目的相同，为避免因热变化率过高而产生高应力，导致变形或裂纹，冷却速率也应限制在一定范围内。

通常，焊件在 300℃ 以上时应控制其冷却速率，当低于此温度时，焊件可在静止空气中冷却。

如图 3-25 所示是碳-锰钢典型的焊后消应力热处理示意。

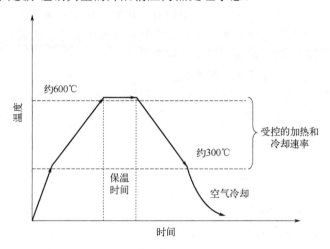

图 3-25   碳-锰钢典型的焊后消应力热处理示意

对于管道或大型构件来说，通常在焊接接头处进行局部热处理。

这种情况下，焊后热处理程序必须既包括上面描述的控制热循环的参数，同时也包括下面的内容：

① 加热区域的宽度（必须在保温温度范围内）；

② 温度过渡区域的宽度（保温温度到 300℃ 以上）；

③ 热电偶的安放位置（应分别置于加热区域和温度过渡区域）；

④ 工件是否需要特殊的辅助措施，以便工件位移，避免变形。

如图 3-26 所示为典型的对接接头的焊后局部热处理示意。

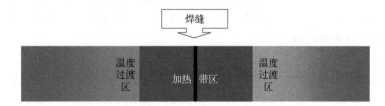

图 3-26   典型的对接接头的焊后局部热处理示意

7.9　引弧板、引出板和衬垫

7.9.1   在焊接接头的端部宜设置焊缝引弧板和引出板。焊条电弧焊和气体保护电弧焊的引弧板、引出板长度应大于 25mm，单丝埋弧焊的引弧板、引出板长度应大于 80mm，多丝双丝埋弧焊的引弧板、引出板长度应大于 110mm。

7.9.2　引弧板、引出板和钢衬垫采用的钢材应符合本标准第 4 章的规定，抗拉强度不应大于母材的标称强度，并应具有与母材相近的焊接性。承受动荷载且需疲劳验算的结构所采用的引弧板、引出板和钢衬垫应与母材同材质。

7.9.3　承受动荷载且需疲劳验算的结构，引弧板、引出板应去除；垂直于计算应力方向的钢衬垫应去除。

7.9.4　引弧板和引出板的去除宜采用火焰切割、碳弧气刨或机械等方法，去除时不得伤及母材并将割口处修磨至与焊缝端部平齐。不得使用锤击去除引弧板和引出板。

7.9.5　衬垫材质可采用钢、焊剂、纤维、陶瓷等。

7.9.6　当使用钢衬垫时，应符合下列规定：

　　1　钢衬垫应与接头母材金属贴合良好，间隙不应大于 1.5mm；

　　2　钢衬垫在整个焊缝长度内应保持连续，当钢衬垫需接长时，应采用全焊透焊缝，并不应存在影响正式焊缝焊接质量的缺欠；

　　3　用于焊条电弧焊、气体保护电弧焊和自保护药芯焊丝电弧焊焊接方法的衬垫板厚度不应小于 4mm；用于埋弧焊焊接方法的衬垫板厚度不应小于 6mm；用于电渣焊焊接方法的衬垫板厚度不应小于 25mm；

　　4　应保证钢衬垫与焊缝金属熔合良好。

　　[7.9.1～7.9.6 释义]：在焊接接头的端部设置引弧板、引出板的目的是避免引弧时由于焊接热量不足而引起焊接裂纹，或熄弧时产生焊缝缩孔和裂纹，以影响接头的焊接质量。

　　引弧板、引出板和衬垫板所用钢材应对焊缝金属性能不产生显著影响，不要求与母材材质相同，但强度等级不应高于母材，焊接性不比所焊母材差。考虑到承受周期性荷载结构的特殊性，桥梁结构的引弧板、引出板和衬垫板用钢材应为在同一钢材标准条件下不大于被焊母材强度等级的任何钢材。

　　为确保焊缝的完整性，规定了引弧板、引出板的长度；为防止烧穿，规定了钢衬垫板的厚度。为避免未焊的 I 型对接接头形成严重缺口导致焊缝中出现横向裂缝并延伸和扩展到母材中，要求钢衬垫板在整个焊缝长度内连续或采用熔透焊拼接。

　　采用铜块和陶瓷作为衬垫的主要目的是强制焊缝成形，同时防止烧穿，在大热输入焊接或在狭小的空间结构焊接（如全熔透钢管）中经常使用。但需要注意的是，不得将铜和陶瓷熔入焊缝，以免影响焊缝内部质量。

　　目前，国内钢结构行业大多采用钢质的衬垫、引弧板和引出板，在桥梁行业，陶瓷衬垫已经得到一定应用，而在日本，陶瓷衬垫和可替代钢质引板的陶瓷挡板已在钢结构中普遍应用，采用陶瓷衬垫和挡板，对于节约材料、降低成本、提高效率、改善质量具有很大的现实意义。下面简单介绍一下陶瓷衬垫和陶瓷挡板。

　　（1）陶瓷衬垫

　　陶瓷衬垫结构示意如图 3-27 所示。

　　根据适用范围，陶瓷衬垫可分为单面焊、双面焊、熔透角焊缝等几种形式。

　　采用陶瓷衬垫的单面焊、双面焊装配示

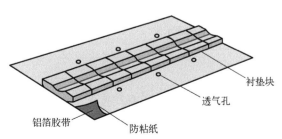

衬垫块
透气孔
铝箔胶带
防粘纸

图 3-27　陶瓷衬垫结构示意

意如图 3-28 和图 3-29 所示。

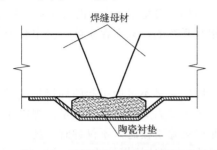

图 3-28 采用陶瓷衬垫单面焊示意

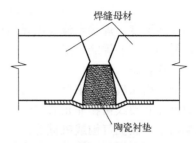

图 3-29 采用陶瓷衬垫双面焊示意

采用陶瓷衬垫具有以下优点。

① 采用陶瓷衬垫可实现单面焊双面成形，将传统的双面焊接工艺转化为仅从单面施焊的工艺过程，可有效提高生产率，降低生产成本。

② 在双面焊中，由于采用了陶瓷衬垫，省去了背面清根，避免了碳弧气刨以及砂轮打磨带来的烟尘、噪声等污染，并大大降低了劳动强度，提高了工作效率，减少了焊接材料的浪费。

③ 陶瓷衬垫与钢衬垫相比，背面焊缝成形良好，焊缝直观可见，焊接质量易于控制，采用陶瓷衬垫的焊接接头，其基本力学性能能够满足规范要求。

④ 由于陶瓷衬垫对坡口根部间隙不敏感，衬垫长度可任意接长、剪短，尤其适合现场安装焊缝。

需要注意的是，采用陶瓷衬垫的焊接工艺特别是根部焊道的焊接工艺与钢衬垫有所不同，因此在实际生产中应给予足够重视。采用陶瓷衬垫强制成形的实现条件是必须要有足够的熔深，保证焊缝根部熔透。因此，当选定了焊接方法和衬垫时，焊接工艺将决定焊缝的形状和尺寸，影响焊缝成形的焊接工艺参数主要有焊接规范参数和坡口的外观尺寸以及操作方法，以下分别进行讨论。

① 焊接电流。焊接电流是焊接中最重要的焊接工艺参数，要针对不同的焊接方法、坡口形式以及衬垫种类，合理地选择焊接电流。

在单面焊中，要保证焊缝背面熔透，焊接电流应大于最低熔透电流，这也是单面焊双面成形的前提条件。根据试验，随着电流的增大，背面焊缝的熔宽和余高均增加，但如果焊接电流过大，坡口根部熔化过宽，衬垫熔化过多，会造成背面焊缝宽度过大，余高过高，使焊缝成形恶化，严重时烧穿衬垫造成背面焊瘤或烧穿等缺陷；电流过小时，容易出现未焊透和熔合不良等缺陷。

在双面焊中，由于采用的是梯形衬垫，衬垫块与钢板坡口是线接触，焊接时熔池在衬垫的上表面形成，由于熔池对衬垫块表面的热作用条件不一样，衬垫块上表面两边角熔化较多，中间熔化相对较少，形成凸形的熔化表面。这样，焊缝背面就形成与衬垫块表面相配的凹形，并且随着焊接电流的增大，焊缝背面形成的凹度和熔宽都有所增加，其中凹度增加更明显，当电流过大时，会出现焊瘤和烧穿等缺陷。

② 焊接电压。在采用 CO_2 焊接方法中，电弧电压是焊接参数中关键的一个，它的大小决定了电弧的长短和熔滴的过渡方式，它对焊缝成形、飞溅、焊接缺陷以及焊缝的力学性能都有很大的影响，电弧电压过低或过高均会造成电弧的不稳，正反两面焊缝成形恶化，焊接质量下降。

③ 焊接速度。陶瓷衬垫是不导电的，因此焊接速度不宜过快，否则熔池不连续，易出现熄弧，造成焊接过程的不稳定。随着焊接速度的增加，背面焊缝熔宽减小，而余高变化不大。

因为焊接速度、焊接电流和电弧电压三者是相互联系的，只有在实际焊接中综合考虑，才能保证得到良好的焊缝成形。

（2）陶瓷挡板

采用钢质引弧板、引出板，其目的是让起弧时焊接能量不足而引起的焊接裂纹以及熄弧时造成的缩孔和裂纹留在非正式焊缝上，以免影响正式受力焊缝的焊接质量，焊接完成后宜采用火焰切割、碳弧气刨或机械等方法去除。然而在去除引板时，不仅耗时、耗材，而且往往由于现场条件限制或操作不当伤及母材和正式焊缝，给钢结构焊接施工质量造成一定影响。同样，使用钢衬垫时由于衬垫与母材之间存在间隙，造成局部应力集中，在外力的作用下有可能成为裂纹源。

图 3-30　陶瓷挡板装配照片

而采用陶瓷挡板和陶瓷衬垫，是通过特制夹具将其装配成堤坝状进行焊接的。这种方法由于使用夹具固定挡板，无需进行装配焊接，同时焊接后拆除简单，端口焊缝形状规则，并能目测两端的焊接层次状况，因而在焊接管理上具有诸多优点。如图 3-30 所示的陶瓷挡板装配照片。

随着焊接材料和设备厂家的研发与改良，陶瓷挡板在种类、形状以及用途等方面也得到了多样化的发展。采用这种固形引板法，有助于提高焊接作业的效率并降低成本，熔敷金属的质量方面也能够满足标准的要求，特别是在焊缝根部和端部表面焊缝形状圆滑过渡，大大降低了由于采用钢制引板、衬垫而产生的应力集中，阪神大地震后，这种方法在日本的建筑钢结构中得到普遍应用。

根据相关试验结果，采用陶瓷挡板主要有以下优点。

① 使用陶瓷挡板和衬垫焊接后的试块无论外观、超声、金相以及化学方面的检测结果都能够满足相关标准的要求，各方面综合性能良好。除此之外，还可以克服采用钢制引板及衬垫可能造成的应力集中等问题。

② 通过对陶瓷与钢制引板的使用经济性和作业效率进行比较，使用陶瓷挡板和衬垫焊接可节省费用，提高工作效率。如图 3-31 所示为使用陶瓷挡板焊接的试件。

图 3-31　使用陶瓷挡板焊接的试件

7.10 焊接工艺技术要求

7.10.1 焊接施工前，施工单位应制订焊接工艺文件用于指导焊接施工，工艺文件可依据本标准第 6 章规定的焊接工艺评定结果进行制定，也可依据本标准第 6 章对符合免除工艺评定条件的工艺直接制定焊接工艺规程。焊接工艺规程应至少包括下列内容：

　　1　焊接方法或其组合；
　　2　母材的牌号、厚度及适用范围；
　　3　填充金属的规格、类别和型号；
　　4　焊接接头形式，坡口形式、尺寸及其允许偏差；
　　5　焊接位置；
　　6　焊接电源的种类和电流极性；
　　7　清根处理要求；
　　8　焊接工艺参数，包括焊接电流、焊接电压、焊接速度、焊层和焊道分布等；
　　9　预热温度及道间温度范围；
　　10　焊后消应热处理工艺；
　　11　其他必要的规定。

[释义]：施工单位用于指导实际焊接操作的焊接工艺文件应根据本标准要求和工艺评定结果进行编制。只有符合本标准要求或经评定合格的焊接工艺方可确保获得满足质量要求的焊缝。如果施工过程中不严格执行焊接工艺文件，将对焊接结构的安全性带来较大隐患，应引起足够关注。

7.10.2 焊条电弧焊、实心焊丝气体保护焊、药芯焊丝气体保护焊和埋弧焊，每一道焊缝的宽深比不应小于 1.1。

[释义]：焊道形状是影响焊缝裂纹的重要因素。由于母材的冷却作用，熔融的焊缝金属凝固沿母材金属的边缘开始，并向中部发展直至完成这一过程，最后凝固的液态金属位于通过焊缝中心线的平面内。如果焊缝深度大于其表面宽度，则在焊缝中心凝固之前，焊缝表面可能凝固，此时作用于仍然热的、半液态的焊缝中央或心部的收缩力会导致焊缝中心裂纹并使其扩展而贯穿焊缝纵向全长。

一般来讲，影响焊缝结晶裂纹敏感度的因素包括以下三方面内容：

① 焊缝金属含有敏感的化学成分，如硫和铜；
② 不良的焊缝熔池形状，具体讲就是深而窄的焊缝形状；
③ 在焊接区存在约束或拉伸应力。

当焊接材料和接头形式一定时，则焊道形状就是影响焊缝凝固裂纹的最重要因素，如图 3-32 所示。浅而宽的焊缝，在凝固过程中，低熔点的共晶溶液聚集在柱状晶的前沿，处于焊缝表面，这样，即使在焊缝因冷却而出现拉伸应力时，这种薄膜仍可以自我愈合，从而避免裂纹的产生；深而窄的焊缝在凝固过程中，低熔点的共晶溶液聚集在焊缝中心，由于周边材料冷却产生收缩，晶间液化膜在拉伸应力的作用下产生裂纹。

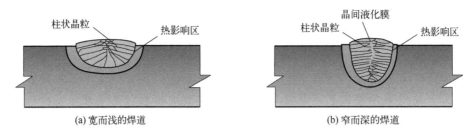

(a) 宽而浅的焊道　　　　　　　　　　　　　　(b) 窄而深的焊道

图 3-32　焊道形状对凝固裂纹产生的影响

7.10.3　除用于角接与对接组合焊缝的加强角焊缝外，当满足设计要求时，应采用最小角焊缝尺寸，最小角焊缝尺寸应符合本标准表 5.3.2 的规定。

[释义]：本条规定的最小角焊缝尺寸是基于焊接时应保证足够的热输入，以降低焊缝金属或热影响区产生裂纹的可能性，同时与较薄的连接件（厚度）保持合理的比例。如果最小角焊缝尺寸大于设计尺寸，应按本条规定的最小角焊缝尺寸执行。

7.10.4　焊条电弧焊、半自动实心焊丝气体保护焊、半自动药芯焊丝气体保护、自保护药芯焊丝电弧焊和单丝埋弧焊、单电双细丝埋弧焊，焊道尺寸宜符合表 7.10.4 的规定。

表 7.10.4　最大焊道尺寸

焊道类型	焊接位置	焊缝类型	焊接方法			
			焊条电弧焊	半自动实心焊丝气体保护焊、半自动药芯焊丝气体保护、自保护药芯焊丝电弧焊	单丝埋弧焊	单电双细丝埋弧焊
根部焊道最大厚度	平焊	对接焊缝	10mm	10mm	不限	不限
	横焊		8mm	8mm		
	立焊		12mm	12mm	—	—
	仰焊		8mm	8mm		
填充焊道最大厚度	全部	对接焊缝	5mm	6mm	6mm	不限
最大单道角焊缝焊脚尺寸	平焊	角焊缝	10mm	12mm	不限	不限
	横焊		8mm	10mm	8mm	10
	立焊		12mm	12mm	—	—
	仰焊		8mm	8mm		

[释义]：本条对于 SMAW、GMAW、FCAW 和 SAW 焊接方法，规定了最大根部焊道厚度、最大填充焊道厚度、最大单道角焊缝尺寸和最大单道焊焊层宽度，主要目的是在焊接过程中确保焊接的可操作性和焊缝质量的稳定。实践证明，超出上述限制进行焊接操作，对焊缝的外观质量和内部质量都会产生不利影响。施工单位应按本条规定严格执行。

7.10.5　多层焊时应连续施焊，每一焊道焊接完成后应及时清理焊渣及表面飞溅物，遇有中断施焊的情况，应采取保温措施，必要时应进行后热处理，再次焊接时重新预热温度比初始预热温度提高 20℃。

7.10.6 塞焊和槽焊可采用焊条电弧焊、气体保护电弧焊及自保护药芯焊丝电弧焊等焊接方法。当平焊时，可分层焊接，每层熔渣冷却凝固后应清除再重新焊接，当立焊和仰焊时，每道焊缝焊完后，应待熔渣冷却并清除再施焊后续焊道。

7.10.7 调质钢不得采用塞焊和槽焊焊缝。

7.11 焊接变形的控制

7.11.1 钢结构焊接时，采用的焊接工艺和焊接顺序应能使最终构件的变形和收缩最小。

7.11.2 根据构件上焊缝的布置，宜按下列要求采用合理的焊接顺序控制变形：

1 对接接头、T形接头和十字接头，在工件放置条件允许或易于翻转的情况下，宜双面对称焊接；有对称截面的构件，宜对称于构件中性轴焊接；有对称连接杆件的节点，宜对称于节点轴线同时对称焊接；

2 非对称双面坡口焊缝，宜先在深坡口面完成部分焊缝焊接，然后完成浅坡口面焊缝焊接，最后完成深坡口面焊缝焊接。厚板宜增加轮流对称焊接的循环次数；

3 长焊缝宜采用分段退焊法或多人对称焊接法；

4 宜采用跳焊法。

7.11.3 构件装配焊接时，宜先焊收缩量较大的接头，后焊收缩量较小的接头。

7.11.4 对于有较大收缩或角变形的接头，正式焊接前应采用预留焊接收缩裕量或反变形方法控制收缩和变形。

7.11.5 多组件构成的组合构件应采取分部组装焊接，矫正变形后再进行总装焊接。

7.11.6 对于焊缝分布相对于构件的中性轴明显不对称的异形截面的构件，在满足设计要求的条件下，可采用调整填充焊缝熔敷量或补偿加热的方法控制变形。

[7.11.1～7.11.6 释义]：焊接变形控制的主要目的是保证构件或结构要求的尺寸，但有时对焊接变形控制的同时会造成结构焊接应力和焊接裂纹倾向增大，因此应采取合理的焊接工艺措施、装焊顺序、平衡焊接热输入等方法控制焊接变形，避免采用刚性固定或强制措施控制焊接变形。本条给出的一些方法，是实践经验的总结，可根据实际结构情况合理地采用，对控制构件的焊接变形是十分有效的。

（1）常见的焊接变形（图3-33）

① 纵向收缩。

② 横向收缩。

③ 角变形。

④ 弓形和盘状。

⑤ 翘曲。

（2）产生变形的影响因素

如果一块金属受到均匀的加热或冷却，它几乎不会有变形。然而，如果材料局部被加热，并且周围被冷金属限制，就可能产生高于材料屈服强度的应力，出现永久性的变形。归纳起来，影响变形的主要因素如下。

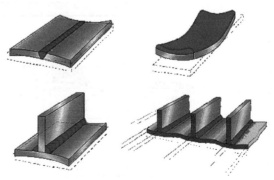

图3-33 常见的焊接变形

① 母材的性能。影响变形的母材性能有热胀系数和单位体积比热容。由于变形是由材料的膨胀和收缩决定的，因此材料的热胀系数对焊接中出现的应力和变形起着十分重要的作

用。例如，不锈钢比碳素钢有更高的热胀系数，因而它更容易发生变形。

②　焊接件拘束度。焊件在焊接时没有外部拘束，它会通过自由变形来释放焊接产生的应力；相反，如果焊件相对固定，如在焊件上采用"拘束板"以减少变形，这样会在焊缝和热影响区里出现很高的焊接残余应力，如果超过材料的拉伸强度，就有可能导致裂纹的产生。

③　接头设计。在接头设计中选用可以平衡板厚方向热应力的接头类型，则可减少变形。例如，双面焊比单面焊要好，双面角焊缝可以减少直立部件的角变形，尤其是当两个焊缝同时焊接时。

④　焊件装配。焊件装配应该保持均匀，以便产生可预测和恒定的收缩，另外，接头处的间隙越大，所需填充的焊材就越多，产生的变形就越大。焊接时，接头应该定位牢固，以免在焊接过程中出现部件的相对移动。

⑤　焊接工艺。焊接工艺主要是通过热输入影响变形的，选择焊接工艺时，总的原则是，焊缝的体积要尽可能小，另外，在选择焊接顺序和所用的技术时，要尽可能地使焊接热输入相对于部件中性轴平衡。

（3）预防焊接变形的措施

①　在焊接过程中，可通过焊件预置、反变形或使用固定装置防止变形，如图 3-34～图 3-36 所示。预防变形措施的选择取决于焊件或组合件的尺寸及复杂性，固定装置的费用，以及对残余应力的要求。

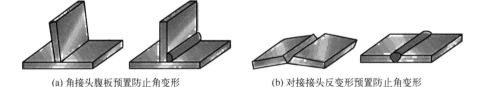

(a) 角接头腹板预置防止角变形　　　　　(b) 对接接头反变形预置防止角变形

图 3-34　焊件预置

图 3-35　使用定位板和楔子进行预弯曲减少薄板的角变形

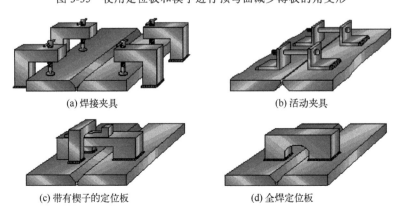

(a) 焊接夹具　　　　　　　　　(b) 活动夹具

(c) 带有楔子的定位板　　　　　　(d) 全焊定位板

图 3-36　防止变形的几种固定方法

　　合适的部件预置，焊接时的变形会使部件最终取得整体对中，从而达到控制变形和减少残余应力的目的。

　　预弯曲接头边缘以造成反变形，使接头对中，从而达到控制变形、降低残余应力的目的。

　　在焊接时一般使用夹具、活动夹钳、定位板和定位焊等固定装置或措施，但需要考虑产生裂纹的危险，尤其在使用全焊的定位板时。

　　采用合适的焊接工艺对固定装置进行焊接，必要时辅以预热等措施，防止在焊件表面形成缺陷。

　　② 当然，也可通过设计减小变形，例如，将焊缝置于中性轴，尽量减少焊接量，使用平衡焊接热输入的技术焊接等。

　　防止变形的设计原则如下。

　　① 尽量减少或避免焊接。焊接必然会造成变形和收缩，因此，好的设计方法不仅要求焊缝数最少，也要求焊缝的体积最小。在设计阶段通过使用机械成形板材或标准的轧制或铸造构件（图3-37）避免或减少焊接量。另外，在满足要求的前提下，尽可能使用断续焊缝而不是连续焊缝，以减少焊接量，例如，焊件采用加劲板时，焊接量可大为减少，但接头仍能保持足够的强度。

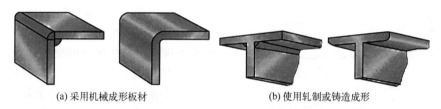

(a) 采用机械成形板材　　　　(b) 使用轧制或铸造成形

图 3-37　避免焊接的方法

　　② 选择合理的焊缝位置。在设计时应充分考虑焊缝的位置和分布对焊接变形的影响，一个焊缝越靠近工件的中性轴，收缩的力就越小，因而变形也越小，如图3-38所示。如果大多数焊缝的位置偏离中性轴，在焊接设计时，可以采用双面焊，正面和反面交替进行焊接，从而减少变形。

　　③ 减少焊接金属的体积。对于单面焊的接头，焊缝的横截面要尽可能小，以减少角变形，如图3-39所示。

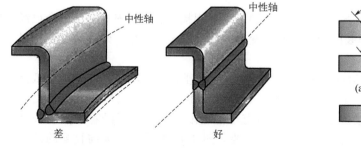

图 3-38　将焊缝放置于靠近中性轴可以降低变形

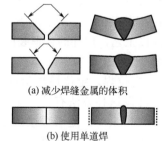

(a) 减少焊缝金属的体积

(b) 使用单道焊

图 3-39　减少角变形和横向收缩

　　在不影响焊接质量的前提下，接头坡口角度和根部间隙要尽量小。通过减小焊缝上部和根部金属体积的差别，角变形的程度可得到相应的降低。

　　对于厚截面，因为所需移除的材料仅是单面 V 形坡口的一半，所需的填充焊材的体积大为减少，同时，采用 X 形坡口还可以实现相对于接头中部的平衡焊接，以减少角变形。

因为焊接收缩是同焊材用量成正比的，不良的接头组装或焊接量过大会导致变形增加，焊接量过大对角接头的变形影响很大。这是因为，焊缝设计强度是基于设计焊喉的尺寸，过量焊接所造成的凸形焊缝形状不会增加设计强度，只会加剧收缩和变形。

④ 减少焊接的道次。对于焊接一定体积的焊缝，有两种对立的观点：一种观点认为，焊道越少越好，每个焊道可有较多的焊缝金属；另一种观点赞成多道焊，每一道只焊入少量的焊缝金属。经验表明，对于单面对接焊缝或单面角焊缝，单道焊造成的角变形要比多道焊小。总体来说，对于一个没有外部拘束的焊接接头，角变形的程度与焊接的道数成正比。

与小焊道相比，大焊道会造成较大的横向和纵向收缩，在一个多道次的焊缝里，已经堆积的焊缝会对新焊缝的变形施加限制，这样，随着焊接道次的增加，每个道次造成的角变形变小，同时大焊道也会增加薄板发生翘曲的可能。

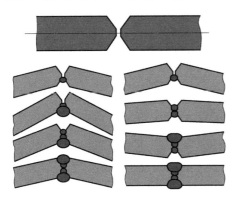

图 3-40　平衡焊法降低角变形

⑤ 使用平衡热输入的焊接法。对于多道次对接焊缝，采用平衡焊法是控制角变形的有效方法，它是通过合理安排焊接顺序来不断地纠正角变形，不让角变形在焊接中积累。图 3-40 比较了两种焊法所造成的角变形：一种是平衡焊法；另一种是焊完一面再焊另一面，平衡焊法也可用于角焊缝。

如果不可能在接头的两面交替焊接，或某一面焊接必须首先完成，推荐采用不对称接头坡口，以便在第二面能堆积更多的焊缝金属，这些焊缝金属会产生较大的收缩，以抵消焊接第一面时产生的变形。

采用上述做法在降低成本方面十分有效。例如，对于一个设计要求焊脚尺寸是 6mm 的角焊缝，如果焊出的焊脚是 8mm，就会额外消耗 57%的焊接金属，除了这些多余焊缝金属造成的额外花费和增加变形的危险以外，焊后清除这些多余焊接金属的费用也很高。不过，使用控制变形的设计方法也可能造成焊接方面的额外花费。例如，使用 X 形坡口是一种降低焊缝金属体积和控制变形非常好的方法，但是，试件尤其是大型构件的翻身也可能会增加额外的费用。

⑥ 通过加工技术防止变形。

a. 焊件装配。一般情况下，焊工并没有自主选择焊接工艺的权利，对于一个已经确定使用的焊接工艺，焊件的合理装配通常在减少变形方面起着关键作用。焊件装配包括以下几方面内容。

ⓐ 定位焊。定位焊是预置和保持接头间隙的一种理想方法，它也可以用于抵抗横向收缩，要确保这种方法有效，定位焊缝的数量、长度及相互间的距离应满足一定要求。如果定位焊数量太少，随着焊接的进行，接头就有可能逐渐合拢。为了沿着接头的长度方向保持一个等间距的根部间隙，定位焊的顺序很重要。图 3-41 表示防止横向收缩的几种定位焊接的步骤。

定位焊从一端逐次进到另一端[图 3-41（a）]。在定位时，有必要用夹钳将板固定或使用楔子来保持接头的间距。

先在接头一端焊接定位焊缝，然后用倒退式焊接方法在其他位置焊接定位焊缝[图 3-41（b）]。

先在接头中部焊接定位焊缝，然后交错焊接其他位置的定位焊缝[图 3-41（c）]。

ⓑ 背靠背组装。通过定位焊或用夹钳将两个相同部件背靠背固定住，可以实现相对组合件的中性轴的平衡焊接[图 3-42（a）]。建议在焊接完成后两部件分离前先对组合件进行应力松弛处理，如果没有进行应力松弛处理，有必要在零件中间嵌入楔子[图 3-42（b）]，当楔子移去时，零件会恢复到合适的形状。

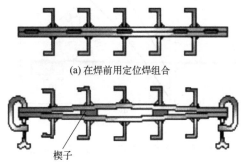

(a) 在焊前用定位焊组合

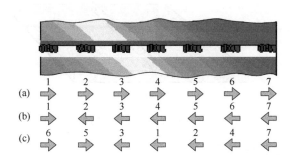

图 3-41 防止横向收缩的几种定位焊接的步骤

楔子

(b) 对焊后分离易产生变形的部件，使用楔子

图 3-42 背靠背组合控制变形

薄板对接焊缝的纵向收缩经常造成弓形变形，将带钢或角钢沿着焊缝的一边进行加强（图 3-43），是一种有效的强化方法，可防止纵向弓形变形。加强筋的位置很重要，应避免影响与正式焊缝的焊接。

图 3-43 纵向加强筋强化防止薄板对接焊产生弓形

b. 焊接工艺。焊接工艺通常是根据生产效率和质量要求确定的，一般很少会考虑变形控制的要求，但是，焊接方法和焊接顺序是影响变形的重要因素。

ⓐ 焊接方法。基于控制角变形的目的，焊接方法应具有以下特点：一是具有高的熔敷速度；二是能够采用尽可能少的焊道填充接头。然而，基于这些原则所选择的焊接方法可能增加纵向收缩，导致弓弯和翘曲。

由于熔化极金属惰性气体保护焊（MIG）/活性气体保护焊（MAG）有较高的焊接速度，在 MIG/MAG 和手工电弧焊（SMAW）两种焊接方法中，应优先考虑 MIG/MAG。对于 SMAW，应该选用较大直径的焊条；而对于 MIG/MAG，则应选择大的电流。但要注意不要造成未熔合缺陷。

由于自动化焊接具有高的熔敷速度和焊接速度，因此在防止变形方面有着较大的潜力。

ⓑ 焊接技术。控制变形的焊接技术包括：将焊缝（角焊缝）控制在规定的最小尺寸；使用相对于中性轴的平衡焊接法；尽量减少两个焊道间的时间。如果接头处于自由伸缩状态，对于一个给定的横截面，角焊缝和对接焊缝的角变形取决于接头的几何形状、焊缝的大小以及焊道数。对于一个焊脚为 10mm 的角焊缝，其角变形量和焊道数的关系如图 3-44 所示。

如果可能，尽量采用相对于中性轴的平衡焊法。

ⓒ 焊接顺序。焊接的顺序和焊接方向很重要，焊缝的增长方向应该朝向没有拘束的一端。对于长的焊缝，整个焊缝不是沿一个方向完成的，使用分段退焊或跳焊是控制变形非常有效的方法[图 3-45（a）]。

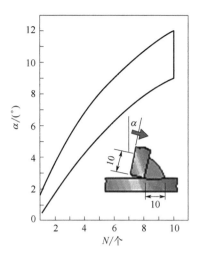

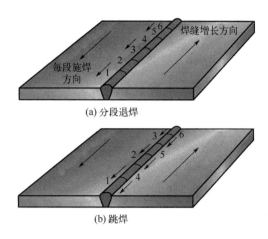

图 3-44　角焊缝的角变形量（α）和焊道数（N）的关系 　　图 3-45　通过焊接顺序和方向控制变形

分段退焊法每段焊缝施焊的方向与焊缝增长方向相反。

跳焊是将焊缝分成若干段，按预定次序和方向分段间隔施焊，完成整条焊缝的焊接方法〔图 3-45（b）〕。每段焊缝的长度和焊缝间的距离通常与一个焊条所能焊的长度相同，每段焊缝施焊的方向同焊缝增长方向相反。

7.12　返修焊

7.12.1　焊缝金属和母材的超标缺欠，可采用砂轮打磨、碳弧气刨、铲凿或机械等方法彻底清除。对焊缝进行返修，应按下列要求进行：

　　1　返修前，应对修复区域的表面进行清理；

　　2　焊瘤、凸起或余高过大时，应采用砂轮或碳弧气刨清除过量的焊缝金属；

　　3　焊缝凹陷或弧坑、焊缝尺寸不足、咬边、未熔合、焊缝气孔或夹渣等应在缺陷完全清除后进行焊补；

　　4　焊缝或母材的裂纹应采用磁粉、渗透或其他无损检测方法确定裂纹的范围及深度，用砂轮打磨或碳弧气刨清除裂纹，清除长度应超过裂纹两端各 50mm 长的完好焊缝或母材，修整表面或磨除气刨渗碳层后，应采用渗透或磁粉等检测方法确定裂纹是否彻底清除，再重新进行焊补；对于拘束度较大的焊接接头的裂纹用碳弧气刨清除前，宜在裂纹两端钻止裂孔；

　　5　焊接返修的预热温度应比相同条件下正常焊接的预热温度提高 30℃～50℃，并应采用低氢焊接材料和焊接方法进行焊接；

　　6　返修部位应连续焊接。当中断焊接时，应采取防止产生裂纹的后热、保温措施；厚板返修焊宜采用消氢处理；

　　7　焊接裂纹的返修，应由焊接技术人员对裂纹产生的原因进行调查和分析，制订专门的返修工艺方案后进行；

　　8　同一部位两次返修后仍不合格时，应重新制订返修方案，并经业主或监理工程师认可后方可实施。

7.12.2　返修焊的焊缝应按原检测方法和质量标准进行检测验收，填报返修施工记录及返修前后的无损检测报告，作为工程验收及存档资料。

[7.12.1～7.12.2 释义]：焊缝金属或部分母材的缺欠超过相应的质量验收标准时，施工单位可以选择局部修补或全部重焊。焊接或母材的缺陷修补前应分析缺陷的性质和种类及产生原因。如果不是因焊工操作或执行工艺参数不严格而造成的缺陷，应从工艺方面进行改进，编制新的工艺并经过焊接试验评定合格后进行修补，以确保返修成功。多次对同一部位进行返修，会造成母材的热影响区的热应变脆化，对结构的安全有不利影响。

① 焊缝修复的内容非常广泛，一般可分为生产修复（在生产、制造过程中出现的缺陷的返修）和在役修复（焊缝在工作状态下的修复）两种。

在进行任何修复前，通常要考虑以下问题。

a. 如果对某个部位进行修复，结构完整性是否能够保证？

b. 除焊接外，是否还有其他办法？

c. 产生缺陷的原因是什么？是否还会再次发生？

d. 如何去除缺陷？使用什么焊接工艺进行返修？

e. 使用哪种无损检测（NDT）方法来确保该缺陷完全被去除？

f. 返修焊焊接工艺是否需要经过相关人员、单位审核批准？

g. 焊接变形和残余应力会造成什么影响？

h. 返修后是否需要热处理？

i. 返修后的质量检测方法、合格标准如何确定？

② 总体来说，返修焊涉及如下几方面：

a. 通过外观及无损检测方法对缺陷进行定量、定位；

b. 根据检测结果明确返修部位；

c. 清理要修复的区域（去除油漆、油污等）；

d. 确定缺陷挖除工艺，包括使用的方法，例如砂轮打磨、碳弧气刨、是否需要预热等；

e. 使用无损检测方法确定缺陷被完全去除；

f. 确定返修焊焊接工艺，包括合适的焊接方法、焊材、技术、热输入和预热、道间温度等；

g. 使用满足返修焊工作要求的合格焊工；

h. 返修焊完成后清理打磨焊缝并进行最后的外观检查和相应的无损检测，确保返修焊焊缝质量满足要求；

i. 如果需要，进行焊接修复后热处理，在热处理后再进行一次无损检测；

j. 进行防护处理（根据需要，如涂漆等）。

在焊缝返修进行前，应对缺陷进行评估并分析其产生原因，例如对于贯穿表面的缺陷，它可能是裂纹或者是侧壁未熔合缺陷，如果是裂纹，其产生的原因可能和材料或焊接工艺有关，如果是侧壁未熔合缺陷，则和焊工焊接技能有关。

对于这类缺陷，可以用磁粉检测法（MT）和着色渗透检测法（PT）来测量缺陷的长度，用超声波测量其深度。

③ 下面实例说明焊接修复过程。

a. 典型的贯穿表面的缺陷如图 3-46 所示。

b. 采用无损检测方法对缺陷进行评估、定位。

c. 对缺陷进行挖除。如果使用热挖除，例如碳弧气刨，如图 3-47 所示，应根据实际情况采取相应措施，避免对母材组织产生不良热影响，如为防止产生裂纹，对工件进行预热。

图 3-46　典型的贯穿表面的缺陷

图 3-47　对缺陷进行挖除

挖除部位的深度和宽度比应不大于 1，理想的比例是 1∶1.5［深（D）1、宽（W）1.5］，如图 3-48 所示。

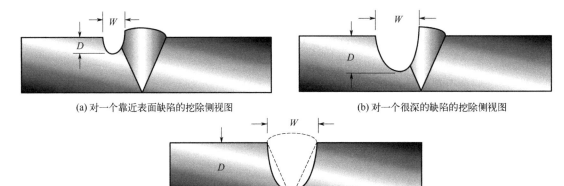

(a) 对一个靠近表面缺陷的挖除侧视图　　　　　　　(b) 对一个很深的缺陷的挖除侧视图

(c) 对焊缝根部进行全修复的挖除侧视图

图 3-48　对缺陷进行挖除的比例

d. 使用碳弧气刨进行缺陷挖除后，应使用砂轮将渗碳层打磨干净，如图 3-49 所示。

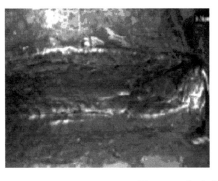

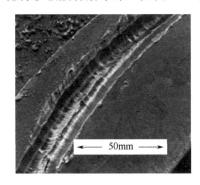

图 3-49　将渗碳层打磨干净

e. 使用磁粉探伤等无损检测方法对挖除后的部分进行检测，确认缺陷完全被挖除。

f. 采用合格的焊接工艺对挖出部位进行焊接修复，如图 3-50 所示。

g. 焊缝返修以后，使用与原焊缝相同的无损检测方法对返修焊缝进行检测，保证返修焊缝满足标准要求。如果需要进行焊后热处理，热处理后还需进行无损检测。

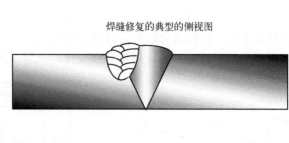

图 3-50 焊接修复完成后效果

④ 在役修复应注意的问题。大多数在役修复都比较复杂,这是因为,此时构件很有可能处于不同于原来焊接时的焊接位置和条件,同时考虑构件的工作环境和荷载状况,焊接修复工艺可能与原来制造加工时的焊接工艺大不相同。修复方案应由设计、施工和业主等各方面共同研究确定。

同时,焊接修复对构件周围区域的影响,是否进行焊前预热或焊后热处理,以及返修部位的可达性都应在修复前充分考虑。

在修复服役造成的缺陷时,除了需要考虑以上的因素外,还有许多其他因素要考虑,因此,这类修复通常要比焊接时的修复复杂得多。

7.13 焊件矫正

7.13.1 焊接变形超标的构件应采用机械方法或局部加热的方法进行矫正。

[释义]:钢结构焊接变形的矫正方法包括机械矫正或热矫正,下面对矫正技术做简单介绍。

（1）机械方法

机械方法主要有锤击和机械挤压,锤击可能损坏表面,造成加工硬化。

对于弓形变形或角变形,整个工件在机械挤压下可以变得平直,同时不会有锤击所造成的不良后果,但要注意施加足够的压力,形成一定的过矫正,这样,正常的弹性回弹会使工件恢复到要求的形状（图 3-51）。

（2）热矫正技术

热矫正技术是指通过将材料局部加热到发生塑料变形的温度,这样,屈服强度低的材料会在

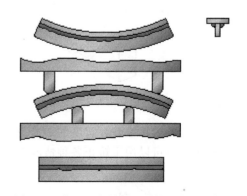

图 3-51 使用压力矫正 T 形接头的弓形变形

周围具有较高屈服强度的冷金属的包围下膨胀,一旦冷却到室温时,加热的部分会收缩到比加热前更小的体积,这样所造成的应力会将零件拉回到需要的形状（图 3-52）。

热矫正技术是一个相对简单而行之有效的焊接变形矫正方法。收缩的程度取决于加热区的大小、数量、位置和温度。板的厚度和尺寸决定了加热区的面积,加热区的数量和位置基本上根据经验确定,通常需要进行试验来确定加热后收缩的程度。点加热、线加热或楔形加

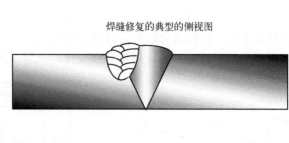

热方法都可以用于变形的热矫正。

① 点加热。点加热（图 3-53）可用于矫正翘曲变形。例如，当一个相对较薄的板焊接到一个刚性框架上时，往往会有翘曲，这时，通过在凸形一边进行点加热，变形一般就能被矫正。如果翘曲是规则的，加热点可以对称安排，从翘曲的中心开始，然后向外进行。

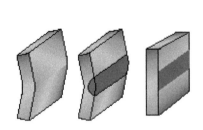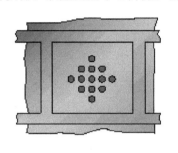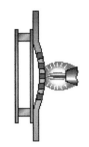

图 3-52　局部加热纠正变形　　　　　　图 3-53　点加热矫正翘曲

② 线加热。线加热通常用于矫正角变形，例如用于角焊缝（图 3-54），在接头的背面，沿着接头的焊缝进行加热，这样产生的应力会将翼板拉平。

要矫正较大或复杂工件的变形，除了需要线加热以外，可能还需要对整个区域进行加热。加热的安排是要使部分工件收缩，然后将材料拉回到正确的形状。

③ 楔形加热。除了用点加热薄板以外，有时还可使用楔形加热（图 3-55），从底部到顶部，尽量使温度沿厚度均匀分布。对于厚板材料，可能需要两个喷枪，在板的每边一个。

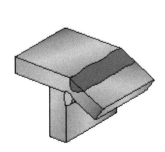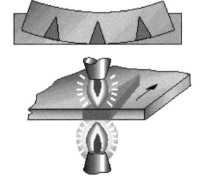

图 3-54　线加热矫正角焊缝的角变形　　　图 3-55　使用楔形加热使板平直

一般楔形的长度是板宽度的 2/3，楔形的宽度是其长度（基底部到顶部）的 1/6。楔形加热可以用于矫正各种情况下的变形（图 3-56）。

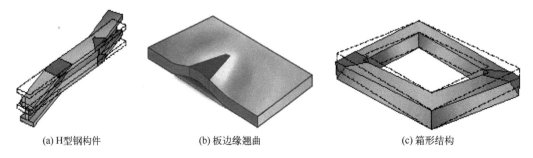

(a) H型钢构件　　　　　　(b) 板边缘翘曲　　　　　　(c) 箱形结构

图 3-56　楔形加热矫正变形

7.13.2　采用加热矫正时，调质钢的矫正温度不得超过供货状态的回火温度，TMCP 钢的矫正温度不应高于其终轧温度，其他供货状态的钢材的矫正温度不应超过 800℃和钢厂推荐温度两者中的较低值。

7.13.3　构件加热矫正后宜采用自然冷却，低合金钢在矫正温度高于 650℃时不得急冷。

[7.13.2～7.13.3 释义]：使用加热方法矫正变形，容易造成收缩区域过大，或由于加热温度过高而造成金相组织的变化，因此，对热矫正规定了最高加热温度。

允许局部加热矫正焊接变形，但所采用的加热温度应避免引起钢的性能发生变化。本条规定的最高矫正温度是为了防止材质发生变化。在一定温度之上避免急冷，是为了防止淬硬组织的产生。

7.14　焊缝清根

7.14.1　焊缝清根后的凹槽应形成不小于 10°的 U 形坡口。

[释义]：焊缝清根不彻底或清根后坡口形式不合理容易造成焊缝未焊透和焊接裂纹的产生。

7.14.2　碳弧气刨清根应符合下列规定：

1　碳弧气刨工应经过培训，方可上岗操作；
2　刨槽表面应光洁，无夹碳、粘渣等；
3　碳弧气刨清根后，应使用砂轮打磨刨槽表面，去除渗碳淬硬层及残留熔渣，露出金属表面。

[释义]：碳弧气刨作为缺陷清除和反面清根的主要手段，其操作工艺对焊接的质量有相当大的影响。碳弧气刨时应避免夹碳、夹渣等缺陷的产生。

7.15　临时焊缝

7.15.1　临时焊缝的焊接工艺和质量要求与正式焊缝相同。临时焊缝清除时应不伤及母材，并应将临时焊缝区域修磨平。

7.15.2　承受动荷载需经疲劳验算结构中受拉部件或受拉区域不得设置临时焊缝。

7.15.3　对于 Ⅲ、Ⅳ类钢材、板厚大于 60mm 的 Ⅰ、Ⅱ类钢材、需经疲劳验算的钢结构，临时焊缝清除后，应采用磁粉或渗透检测方法对母材进行检测，不应存在裂纹缺陷。

[7.15.1～7.15.3 释义]：临时焊缝焊接时应避免焊接区域的母材性能改变和留存焊接缺陷，因此焊接临时焊缝采用的焊接工艺和质量要求与正式焊缝相同。对于 Q420、Q460 及以上级别钢材或板厚大于 60mm 的结构钢，临时焊缝清除后应采用磁粉或渗透方法检测，以确保母材中不残留焊接裂纹或出现淬硬裂纹，对结构的安全产生不利影响。

7.16　引弧和熄弧

7.16.1　不应在焊缝区域外的母材上引弧和熄弧。

[释义]：在非焊接区域母材上进行引弧和熄弧时，由于焊接引弧热量不足和迅速冷却，可能导致母材的硬化，形成弧坑裂纹和气孔，成为导致结构破坏的潜在裂纹源。施工过程中应避免这种情况的发生。

7.16.2　母材的电弧擦伤应打磨光滑，对于Ⅲ、Ⅳ类钢材，板厚大于 60mm 的Ⅰ、Ⅱ类钢材和需经疲劳验算的钢结构，打磨光滑后应采用磁粉或渗透检测方法进行检测，不得存在裂纹等缺陷。

7.17　电渣焊和气电立焊

7.17.1　电渣焊和气电立焊的冷却块或衬垫块以及导管应满足焊接质量要求。

7.17.2　采用熔嘴电渣焊时，应保持熔嘴的药皮干燥完整，受潮的熔嘴应经过 120℃ 约 1.5h 的烘焙后方可使用，药皮脱落、导管锈蚀和带有油污的熔嘴不得使用。

7.17.3　电渣焊和气电立焊在引弧和熄弧时可使用钢制或铜制引熄弧块。电渣焊使用的铜制引熄弧块长度不应小于 100mm，引弧槽的深度不应小于 50mm，引弧槽的截面积应与正式电渣焊接头的截面积一致，可在引弧块的底部加入适当的碎焊丝便于起弧。

7.17.4　电渣焊采用Ⅰ形坡口（图 7.17.4）时，坡口间隙 b、衬板厚度与板厚 t 的关系宜符合表 7.17.4 的规定。

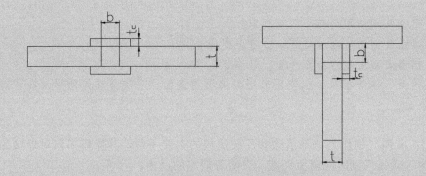

图 7.17.4　电渣焊Ⅰ形坡口

表 7.17.4　电渣焊Ⅰ形坡口间隙、衬板与板厚关系

母材厚度 t（mm）	坡口间隙 b（mm）	衬板厚度 t_c（mm）
$t \leqslant 20$	22	22
$20 < t \leqslant 40$	25～28	28
$40 < t \leqslant 60$	30～32	32
$t > 60$	30～32	36

7.17.5　电渣焊焊接过程中，可采用填加焊剂和改变焊接电压的方法，调整渣池深度和宽度。

7.17.6　焊接过程中出现电弧中断或焊缝中间存在缺陷，可钻孔清除已焊焊缝，重新进行焊接。必要时应刨开面板采用其他焊接方法进行局部焊补，返修后应重新按本标准要求进行无损检测。

[7.17.1～7.17.6 释义]：电渣焊主要用于箱形构件内横隔板的焊接。电渣焊是利用电阻热对焊丝熔化建立熔池，再利用熔池的电阻热对填充焊丝和接头母材进行熔化而形成焊接接头。调节焊接工艺参数和焊剂填加量以建立合适大小的熔池是确保电渣焊焊缝质量的关键。

电渣焊的焊接热量较大，引弧时为防止引弧块被熔化而造成熔池建立失败，一般采用铜制引熄弧块，且规定其长度不小于 100mm。规定引弧槽的截面与接头的截面大致相同，主要考虑到在引弧槽中建立的熔池转换到正式接头时，如果截面积相差较大，将造成正式接头的熔合不良或衬垫板烧穿，导致电渣焊失败。

为避免电渣焊时焊缝产生裂纹和缩孔，应采用脱氧元素含量充分且 S、P 含量较低的焊丝。

为了使焊缝金属与接头的坡口面完全熔合，必须在积累了足够的热量状态下开始焊接。如果焊接过程因故中断，熔渣或熔池开始凝固，可重新引弧焊接直至焊缝完成，但应对焊缝重新焊接处的上、下两端各 150mm 范围内进行超声波检测，并对停弧位置进行记录。

以下对电渣焊、气电立焊作简单介绍。

在大厚度焊接结构的焊接中，电渣焊和气电立焊具有生产率高、自动化程度高、工人劳动强度低等优点。

电渣焊是利用电流通过熔渣所产生的电阻热作为热源，将填充金属和母材熔化，凝固后形成金属原子间牢固连接（图 3-57）。在开始焊接时，使焊丝与起焊槽短路起弧，不断加入少量固体焊剂，利用电弧的热量使之熔化，形成液态熔渣，待熔渣达到一定深度时，增加焊丝的送进速度，并降低电压，使焊丝插入渣池，电弧熄灭，从而转入电渣焊焊接过程。

电渣焊主要有熔嘴电渣焊、非熔嘴电渣焊、丝极电渣焊、板极电渣焊等。

电渣焊理论上没有材料厚度上的限制，但钢材厚度小于 30mm 时采用气电立焊强于电渣焊。电渣焊的缺点是输入的热量大，接头在高温下停留时间长，焊缝附近容易过热，焊缝金属呈粗大结晶的铸态组织，冲击韧性低，焊件在焊后一般需要进行正火和回火热处理。

气电立焊是由普通熔化极气体保护焊和电渣焊发展而形成的一种熔化极气体保护电弧焊方法（图 3-58）。气电立焊的能量密度比电渣焊高且更加集中，焊接技术却基本相同。它利用类似于电渣焊所采用的水冷滑块挡住熔融的金属，使之强迫成形，以实现立向位置的焊接。通常采用外加单一气体（如 CO_2）或混合气体（如 $Ar+O_2$）作保护气体。

图 3-57　电渣焊

图 3-58　气电立焊

在焊接电弧和熔滴过渡方面，气电立焊类似于普通熔化极气体保护焊（MAG 焊），而在焊缝成形和机械系统方面又类似于电渣焊。气电立焊与电渣焊的主要区别在于熔化金属的热量是电弧热而不是熔渣的电阻热。

气电立焊通常用于较厚的低碳钢和中碳钢等材料的焊接，也可用于奥氏体不锈钢和其他金属合金的焊接。板材厚度为 12～80mm 最适宜，如大于 80mm 时，难获得充分良好的保护效果，导致焊缝中产生气孔，熔深不均匀和未焊透。焊接接头长度一般无限制，单层焊是最常用的焊接方法，但也可采用多层焊。

电渣焊和气电立焊是不完全相同的机械自动焊接方法。相同点是：两项技术的焊接接头多用 I、X、V 形坡口，而且全部处于立焊位置，即焊缝轴线处在垂直或接近垂直的位置下施焊，除环缝外，焊接时，焊件是固定的。焊接开始以后就连续焊到结束，中间不能停顿。焊缝的凝固过程是从底部向上进行的，均采用水冷结晶器。不同点是：电渣焊在凝固的焊缝金属上面总有熔化金属，而熔化金属始终被高温熔渣覆盖；气电立焊为水冷结晶器焊缝强迫成形，结晶器同时有挡风作用，适宜户外作业，两项技术焊接过程平稳，具有高的熔敷率，从而可以单道焊非常厚的截面。与其他熔焊方法比较，电渣焊和气电立焊有下列优点。

① 可以一次焊接很厚的工件，从而可以提高焊接生产率。理论上能焊接的板厚是无限的，但实际上要受到设备、电源容量和操作技术等方面限制，常焊的板厚在 13～500mm。

② 电渣焊厚的工件也不需开坡口，只要两工件之间有一定装配间隙即可，因而可以节约大量填充金属和加工时间。

③ 由于处在立焊位置，金属熔池上始终存在着一定体积的高温熔池，使熔池中的气体和杂质较易析出，故一般不易产生气孔和夹渣等缺陷。又由于焊接速度缓慢，其热源的热量集中程度远比电弧焊弱，所以使近缝区加热和冷却速率缓慢，这对于焊接易淬火的钢种，减少了近缝区产生淬火裂缝的可能性。焊接中碳钢和低合金钢时均可不预热。

④ 由于母材熔深较易调整和控制，所以使焊缝金属中的填充金属和母材金属的比例可在很大范围内调整，这对于调整焊缝金属的化学成分及降低有害杂质具有特殊意义。

由于电渣焊、气电立焊热输入大，易引起晶粒粗大，产生过热组织，造成焊接接头冲击韧度降低，所以对某些钢种，焊后一般都要求进行正火或回火热处理，这对于大型工件来说是比较困难的。

目前电渣焊、气电立焊主要用于：建筑钢结构 BOX 结构筋板的焊接；冶金窑炉炉壳立焊的焊接；矿山、冶金、设备大型机械钢结构的制作。

7.18　机器人焊接

7.18.1　焊接机器人及其外围设备应满足钢结构焊接的要求，相应的测量仪表应经检定、校准合格并在有效期内。

7.18.2　焊接节点的装配精度和焊接条件应满足机器人焊接的要求并符合本标准第 5 章机器人焊接节点的相关规定。

7.18.3　采用机器人焊接，应进行相关的焊接工艺评定并进行试验段的焊接，合格后方可正式焊接。

7.18.4　采用机器人焊接宜在平焊、横焊、立焊位置施焊，宜避免仰焊位置焊接。

7.18.5　焊接机器人的操作人员应经技能评定并合格。

7.18.6　采用机器人焊接接头组装后尺寸允许偏差应符合表 7.18.6 的规定。

表 7.18.6 组装后焊接坡口尺寸允许偏差值

序 号	项目	允许偏差值	
		不清根	清根
1	钝边（mm）	±1	±2
2	无衬垫根部间隙（mm）	±2	±2
3	带衬垫根部间隙（mm）	±4	—
4	坡口角度（°）	±2	±2
5	U 形和 J 形坡口根部半径（mm）	±5	±5

[7.18.1～7.18.6 释义]：本标准对机器人焊接工艺做出了基本规定，考虑到国内焊接机器人品种较多，并未对坡口加工、装配做出详细要求，用户可根据使用机器人种类、应用场合及对象的不同自己确定相应的工艺要求，以下为日本神钢机器人在梁贯通方管柱的制作中，方钢管短节与隔板焊接、隔板与 H 型钢牛腿翼板焊接的坡口类型及精度要求，如下所示。

① 采用焊接机器人焊接，接头的坡口类型如图 3-59 所示。

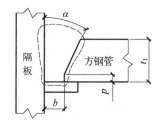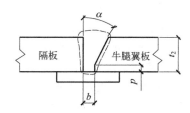

图 3-59 机器人焊接接头坡口类型

② 采用焊接机器人焊接，构件的坡口加工和组对精度如图 3-60 和表 3-11 所示。

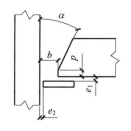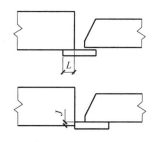

图 3-60 坡口加工以及组对精度

表 3-11 坡口加工以及组对精度

项目		允许范围		
焊接位置		平焊	横焊	立焊
坡口角度 α		$\alpha\pm2°$		
坡口面的粗糙度（机加工或火焰切割）	粗糙度	$\leqslant100\mu m$（R_z）		
	割痕深度	$\leqslant1.0mm$	$\leqslant0.5mm$	$\leqslant1.0mm$
圆管、方钢管切割端头垂直度		$\Delta/D\leqslant2.5/1000$，最大 2mm		

续表

项目	允许范围		
钝边（P）	1mm 以下		
衬垫与母材结合间隙（e）	≤1mm		
衬垫的厚度	≥9mm		
衬垫与母材底部的搭接宽度（L）	≥5mm		
衬垫与母材侧面的结合宽度（J）	≥5mm		
错边	≤3mm	≤3mm	≤3mm
根部间隙（b）	4～10mm	5～9mm	4～10mm
根部间隙变化	≤4mm	≤2mm	≤4mm

注：1. 衬垫与母材结合间隙超过允许范围时，应在通过焊接方式将间隙填充后由机器人进行焊接。
　　2. 衬垫与母材的结合小于规定值时，可通过焊接方式确保结合厚度。
　　3. 本表仅为推荐值，实际应用中应根据焊接机器人生产厂商推荐的适用范围进行焊接。
　　4. 坡口宜采用机加工或数控切割，若采用火焰切割时应使用自动火焰切割，切割表面不得留有影响焊接质量的缺欠。
　　5. 坡口钝边及间隙应保持连续一致，避免局部出现突变。

7.19　窄间隙焊接

7.19.1　对于板厚大于 40mm 的长直或环形全焊透焊缝，可根据情况采用窄间隙埋弧焊或窄间隙气体保护焊进行焊接。

7.19.2　焊接前，应使用专用焊接设备并进行相关的焊接工艺评定并进行试验段的焊接，合格后方可正式焊接。

7.19.3　窄间隙焊接的位置应为平焊。

7.19.4　窄间隙焊接的工件可采用 V 形坡口或 U 形坡口（图 7.19.4），坡口尺寸可按表 7.19.4 的推荐确定。

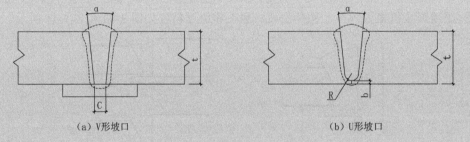

（a）V形坡口　　　　　　　　　　　　（b）U形坡口

图 7.19.4　窄间隙焊接坡口形式

表 7.19.4　窄间隙焊接坡口尺寸推荐表

项目	V 形坡口		U 形坡口
	埋弧焊	气保焊	气保焊
板材厚度 t（mm）	40～300	40～300	40～300
坡口角度 α（°）	0～2	0～1	0～1
坡口根部间隙 C（mm）	18～22	9	—
坡口根部 U 型半径 R（mm）	—	—	4.5
坡口根部钝边 b（mm）	—	—	1～2

7.19.5 焊接过程中出现电弧中断或焊缝中间存在缺陷，可采用清除已焊焊缝的方法，重新进行焊接；也可采用其他焊接方法进行返修焊，返修后应重新按本标准要求进行无损检测。

[7.19.1~7.19.5 释义]：对于厚板焊接，与普通坡口焊接相比，窄间隙焊接具有节省焊接材料，减少热输入，减少变形，简化焊接条件，提高焊接效率等优点，因此对于厚板尤其是 40mm 以上板厚的平焊位置焊接，可优先考虑窄间隙焊（图 3-61～图 3-64），但使用窄间隙焊时要考虑以下问题：

图 3-61　窄间隙埋弧焊

图 3-62　窄间隙 MAG 焊接

图 3-63　窄间隙焊导电嘴

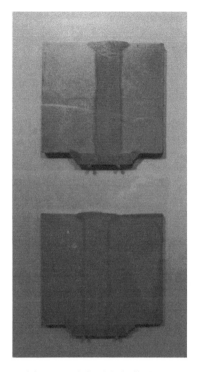

图 3-64　窄间隙焊焊接试板

① 要使用专用的自动焊接设备，具有高精度跟踪功能；

② 具有自动摆动焊丝（导电嘴）功能，实现一层两道或一层三道焊接；

③ 具有自动焊道控制，实现连续焊接功能；

④ 对于窄间隙埋弧焊，还应有焊剂自动填充和回收装置，由于坡口窄而深，若采用普通焊剂，焊后清渣困难，应采用易于脱渣的专用焊剂；

⑤ 对于焊缝垂直受到拉应力的接头，由于焊缝熔合区垂直受力，应慎用窄间隙焊，如果使用，应在节点设计阶段对接头受力做出充分评估，保证窄间隙接头在荷载状态下的使用安全；

⑥ 若窄间隙焊接过程中出现缺陷，则返修困难，因此要格外重视焊接工艺评定和过程监控，尽量减少焊后返修量。

3.8　对"焊接检验"的详释

8　焊　接　检　验

8.1　一般规定

8.1.1　焊接检验包括自检和监检，应在自检合格后，再进行监检。

[释义]：焊接检验应分为自检和监检两类。自检是钢结构焊接质量保证体系中的重要步骤，涉及焊接作业的全过程，包括过程质量控制、检验和产品最终检验。自检人员的资质要

求除应满足本规范的相关规定外，其无损检测人员数量的要求尚需满足产品所需检测项目每项不少于 2 名二级及二级以上人员的规定。监检同自检一样是产品质量保证体系的一部分，但需由具有资质的独立第三方来完成。监检的比例需根据设计要求及结构的重要性确定，对于焊接难度等级为 A、B 级的结构，监检的主要内容是无损检测，而对于焊接难度等级为 C、D 级的结构，监检内容还应包括过程中的质量控制和检验。

对于焊接难度等级为 C、D 级的结构，监检内容应包括焊接过程中的质量控制和检验要求的提出，虽然在一定程度上增加了生产成本，但就目前国内钢结构焊接质量保证的需求而言，还是非常必要的。纵观国内涉钢产业，对焊接产品的监督检验主要有两种模式，一种是以船舶和建筑行业为代表的模式，另一种则是以压力容器行业为代表的模式。两者的主要区别在于：前者是以验船师或监理工程师为驻厂代表，对制造安装过程进行旁站监控。无论是验船师或监理工程师，虽经专业培训后执证上岗，但其业务考核范围仅限于项目管理的法律法规及标准规范，很少涉及具体技术专业知识。旁站监控工作质量的好坏，主要取决于旁站者自身的业务素养，若验船师或监理工程师的原专业业务技术领域为焊接或相近专业，且水平较高，则监控工作的质量一般效果较好；反之，其工作质量难以保证。而压力容器行业则不然，其驻厂监造人员必须在取得行业颁发的焊接检验师或焊接检验员的资格证书后方可上岗，这在一定程度上保证了其监督工作的质量。对无损检测工作的要求，船舶和压力容器行业明确规定，由船级社或特种设备检验机构按一定比例进行第三方抽检，而建筑行业在本规范执行前尚无明确的相关规定要求，只是在一些国家重点工程或地方大型工程中，执行由业主委托的第三方抽检制度，而更多的时候主要靠企业自检控制工程质量，因此漏检、瞒报事件时有发生。

监督检验工作质量的好坏，在很大程度上与从事此工作人员的业务水平有关。而以目前钢结构产业领域流行的监理工程师制来管理技术性很强的焊接生产工作是有很大欠缺的。钢结构行业应向欧美同行及国内压力容器行业学习，尽快在本行业内实现焊接从业人员的职业资格认证制度。

当然片面强调监督检验的作用，似乎有了独立第三方的监督检验就可以解决一切质量问题的做法也是不可取的。质量问题的产生是一个复杂而综合的带有社会性质的问题，这里面既有体制机制、管理意识、成本控制问题，也有技术工艺问题，而更重要的是人员整体素质和职业道德问题。特别是在当前建筑钢结构市场急剧膨胀，竞争激烈，以及焊接工种工作环境恶劣的条件下，相关从业人员特别是焊工自身素质或职业道德水准显得尤为重要。

8.1.2 焊接检验应包括焊前检验、焊中检验和焊后检验，应符合下列规定：

1 焊前检验应至少包括下列内容：

1）按设计文件和相关标准的要求对工程中所用钢材、焊接材料的规格、型号（牌号）、材质、外观及质量证明文件进行确认；

2）焊工合格证及认可操作范围确认；

3）焊接工艺技术文件及操作规程审查；

4）坡口形式、尺寸及表面质量检查；

5）组对后构件的形状、位置、错边量、角变形、间隙等检查；

6）焊接环境、焊接设备等条件确认；

7）定位焊缝的尺寸及质量认可；

8）焊接材料的烘干、保存及领用情况检查；

9）引弧板、引出板和衬垫板的装配质量检查。

2　焊中检验应至少包括下列内容：

1）实际采用的焊接电流、焊接电压、焊接速度、预热温度、层间温度及后热温度和时间等焊接工艺参数与焊接工艺文件的符合性检查；

2）多层多道焊焊道缺陷的处理情况确认；

3）采用双面焊清根的焊缝，应在清根后进行外观检测及规定的无损检测；

4）多层多道焊中焊层、焊道的布置及焊接顺序等检查。

3　焊后检验应至少包括下列内容：

1）焊缝的外观质量与外形尺寸检测；

2）焊缝的无损检测；

3）焊接工艺规程记录及检验报告审查。

[释义]：本条款强调了过程检验的重要性，对过程检验的程序和内容进行了规定。就焊接产品质量控制而言，过程控制比焊后无损检测显得更为重要。特别是对高强钢或特种钢，产品制造过程中工艺参数对产品性能和质量的影响更为直接，产生的不利后果更难以恢复，同时也是用常规无损检测方法无法检测到的。因此正确的过程检验程序和方法是保证产品质量的重要手段。

所谓过程控制，就是在焊接产品的生产过程中通过对相关人员、技术文件、材料、设备、工艺参数及焊接质量等进行一系列的审核与检验，从而达到控制产品质量的目的。

本条款虽然对过程检验程序和内容进行了规定，但仍有不足。首先是第 8.1.2 条第 1 款第 2）项中虽然对焊工的资格认定提出了要求，但仅仅通过对焊工合格证的审查是远远不够的。我们知道焊工是一种技术性强且具有时效性的工种，这就要求管理者应时刻了解焊工的工作状况。根据国内现有的焊工管理规范的要求，持证焊工若连续 6 个月未从事其证件许可范围内的工作，则应在上岗前重新参加实操考核，合格者方能上岗。但从 20 世纪 80 年代初至今，我国的社会体制发生了很大变化，从原来单一的公有制逐步向公私合营、私有制及股份制转化。体制的变化造成人员管理模式的改变，目前绝大多数企业均采取项目承包、专业分包的管理模式。专业分包多为一些私营小企业，管理不规范，人员流动性强。项目管理者要想充分掌握每个焊工的从业情况并非易事，最终导致焊工管理失控，焊接质量下降。国家现行团体标准《钢结构焊接从业人员资格认证》T/CECS 331 在针对手工操作技能附加项目考试的规定中明确指出：

① 从事高层及其他大型钢结构构件制作及安装焊接的焊工，应根据钢结构的焊接节点形式、采用的焊接方法和焊工所承担的焊接工作范围及操作位置要求决定附加项目考试内容；

② 凡申报参加附加项目考试的焊工应已取得相应的手工操作基本技能资格证书。

但由于该标准只是推荐性团体标准，除少数国家重点工程外，多数情况下企业并不执行。

另外，对焊接技术人员及焊接检验人员（执证的无损检测人员除外）也应提出资质认证要求。目前我们对所谓焊接技术人员和焊接检验人员的资格认定没有一个明确的准则，通常认为凡是具有焊接专业技术职称的技术人员就自然而然成为合格的焊接技术人员，而焊接检验人员则多由监理工程人员或企业质量检验人员担任，许多人缺乏基本的焊接专业技术知识。人员能力的不足是导致焊接质量事故频发的主要原因之一。要想改变现状必须从人员培训和资质认定方面抓起。

8.1.3 焊接检验前应根据结构所承受的荷载性质、深化设计图及技术文件规定的焊缝质量等级要求编制检验和试验计划，由技术负责人批准并报监理工程师备案。检验方案应包括检验批的划分、抽样检验的抽样方法、检验项目、检验方法、检验时机及相应的验收标准等内容。

[释义]：焊缝在结构中所处的位置不同，承受荷载不同，破坏后产生的危害程度也不同，因此对焊缝质量的要求理应不同。如果一味提高焊缝的质量要求将造成不必要的浪费。本标准根据承受荷载不同将焊缝分成动荷载和静荷载结构，并提出不同的质量要求。同时要求按设计图及说明文件规定荷载形式和焊缝等级，在检验前按照科学的方法编制检验方案，并由质量工程师批准后实施。设计文件对荷载形式和焊缝等级要求不明确的应依据现行国家标准《钢结构设计标准》（GB 50017）及本标准的相关规定执行，并须经原设计单位签认。

本标准第 5.1.5 条根据结构所承受的载荷性质的不同对焊缝质量等级进行了划分。本条则是在焊缝质量等级的基础上对检验和试验计划的编制、批准及备案提出了进一步的要求。之所以强调根据载荷形式制定检验方案或标准，主要是承受静载的结构与承受动载（或疲劳载荷）的结构在产生破坏的机理和概率上存在巨大差异。据统计目前焊接结构发生破坏或失效的形式主要有塑性、脆性、疲劳、腐蚀和蠕变五种，其中大约 90% 为疲劳破坏。而疲劳破坏相对于其他破坏形式有其自己的特点，主要表现为：①低应力破坏，是指疲劳破坏发生时通常结构所承受荷载远低于设计允许的应力值；②破坏断口宏观上无塑性变形；③疲劳破坏对材料的微观组织和内部微小缺陷不敏感，相反对材料表面缺陷非常敏感。由此可见疲劳载荷对结构安全性的巨大影响，因此根据结构所承受的荷载形式确定质量控制标准是目前国际上为保证结构安全所采取的通用准则。

8.1.4 焊缝检验抽样方法应符合下列规定：

1 当工厂制作焊缝长度不大于 1000mm 时，每条焊缝应为 1 处；当长度大于 1000mm 时，以 1000mm 为基准，每增加 300mm 焊缝数量应增加 1 处；现场安装焊缝每条焊缝应为 1 处。

2 可按下列方法确定检验批：

1）制作焊缝以同一工区（车间）按 300～600 处的焊缝数量组成检验批；多层框架结构可以每节柱的所有构件组成检验批；

2）安装焊缝以区段组成检验批；多层框架结构以每层（节）的焊缝组成检验批。

3 抽样检验除设计指定焊缝外应采用随机取样方式取样，且取样中应覆盖到该批焊缝中所包含的所有钢材类别、焊接位置和焊接方法。

[释义]：为了组成抽样检验中的检验批，首先应知道焊缝个体的数量。一般情况下，作为检验对象的钢结构安装焊缝长度大多较短，通常将一条焊缝作为一个焊缝个体。在工厂制作构件时，箱形钢柱（梁）的纵焊缝、H 形钢柱（梁）的腹板-翼板组合焊缝较长，此时可将一条焊缝划分为每 300mm 为一个检验个体。检验批的构成原则上以同一条件的焊缝个体为对象，一方面要使检验结果具有代表性，另一方面要有利于统计分析缺陷产生的原因，便于质量管理。

取样原则上按随机方式，随机取样方法有多种，例如将焊缝个体编号，使用随机数表来规定取样部位等。但要强调的是对同一批次抽查焊缝的取样，一方面要涵盖该批焊缝所涉及的母材类别和焊接位置、焊接方法，以便客观反映不同难度下的焊缝合格率结果，另一方面自检、监检及见证检验所抽查的对象应尽可能避免重复，只有这样才能达到更有效的控制焊缝质量的目的。

　　8.1.5　外观检测应符合下列规定：

　　1　所有焊缝应冷却到环境温度后方可进行外观检测；

　　2　外观检测采用目测方式，裂纹的检查应辅以 5 倍放大镜并在合适的光照条件下进行，必要时可采用磁粉检测或渗透检测，尺寸的测量应用量具、卡规。

　　3　栓钉焊接接头的焊缝外观质量应符合本标准表 6.5.1-1 或表 6.5.1-2 的要求。外观质量检验合格后应进行打弯抽样检查，当栓钉弯曲至 30° 时，焊缝和热影响区不得有肉眼可见的裂纹，检查数量不应小于栓钉总数的 1%且不少于 10 个；

　　4　电渣焊、气电立焊接头的焊缝外观成形应光滑，不得有未熔合、裂纹等缺陷；当板厚小于 30mm 时，压痕、咬边深度不应大于 0.5mm；当板厚不小于 30mm 时，压痕、咬边深度不应大于 1.0mm。

　　[释义]：焊接接头在焊接过程中、焊缝冷却过程及以后相当长的一段时间内均可产生裂纹，但目前钢结构用钢材和焊接材料，由于生产工艺和技术水平的提高，产生延迟裂纹的概率并不高，而且，在随后的生产制作过程中，还要进行相应的无损检测。为避免由于检测周期过长，使工期延误造成不必要的浪费，本规范借鉴欧洲和美国等先进标准，规定外观检测应在焊缝冷却以后进行。由于裂纹很难用肉眼直接观察到，因此在外观检测中应用放大镜观察，并注意应有充足的光线。下面就外观检测的条件进一步说明：

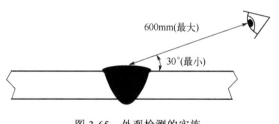

图 3-65　外观检测的实施

　　① 照明。外观检测照度要求：最低为 350lx，一般推荐的照度是不低于 500 lx（相当于正常工厂条件或办公室照明条件）。

　　② 为保证检测质量，外观检测的实施应按图 3-65 所示进行：

　　a. 肉眼与待测表面的距离不超过 600mm；

　　b. 观测方向与工件表面的夹角不小于 30°。

　　③ 外观检测的辅助工具。

　　a. 在无法直接进行外观检测时，可以采用诸如管道内窥镜或光纤检视系统等辅助工具帮助检测，具体做法应和检测委托方协商确定。

　　b. 同时，也可能需要提供辅助照明，以便在外观检测时目标具有足够的对比度，降低工件表面缺陷与背景之间的互相影响。

　　c. 其他可用来帮助进行外观检测的辅助工具有：

　　ⓐ 焊缝量规（用于检查坡口角度、焊缝轮廓、角焊缝尺寸、咬边深度等）；

　　ⓑ 专用的焊缝量规和高低焊规；

　　ⓒ 直尺和卷尺；

ⓓ 放大镜（放大 2～5 倍）。

8.1.6 焊缝无损检测报告签发人员应具有现行国家标准《无损检测人员资格鉴定与认证》GB/T 9445 规定的 2 级或 3 级资格。

[释义]：无损检测是技术性较强的专业技术，按照我国各行业无损检测人员资格考核管理的规定，一级人员只能在二级或三级人员的指导下从事检测工作。因此，规定一级人员不能独立签发检测报告。且凡需从事无损检测工作的企业，应在其所采用的检测方法领域，拥有两名或两名以上的二级或三级持证人员。

8.1.7 超声检测的区域和等级应符合下列规定：

1 焊缝超声检测区域应包括焊缝和焊缝两侧至少 10mm 宽母材或热影响区宽度的内部区域；对于承受动荷载的结构或高层钢结构应根据设计要求增加焊缝两侧区域母材的检测。

2 对接接头及角接接头的检测等级应根据质量要求从低到高分为 A、B、C 三级，并应根据结构的材质、焊接方法、使用条件及承受载荷的不同，由设计文件确定检测级别。

3 对接接头及角接接头检测位置（图 8.1.7）确定应符合下列规定：

1）A 级检测时，应采用一种角度的探头在焊缝的单面单侧进行检测，可不要求作横向缺欠的检测。当母材厚度大于 50mm 时，不得采用 A 级检测。

2）B 级检测时，宜采用一种角度的探头在焊缝的单面双侧进行检测，受几何条件限制时，可在焊缝单面、单侧采用角度之差大于 10° 的两种角度探头进行检测；当母材厚度大于 100mm 时，应采用双面双侧检测，受几何条件限制时，应在焊缝双面单侧，采用角度之差大于 10° 的两种角度探头进行检测，检测应覆盖整个焊缝截面；当检测条件允许时，应作横向缺欠检测。

3）C 级检测时，至少应采用两种角度的探头在焊缝的单面双侧进行检测；同时还应作两个扫查方向和两种探头角度的横向缺欠检测；母材厚度大于 100mm 时，应采用双面双侧检测。检查前应将对接焊缝余高磨平，焊缝两侧斜探头扫查经过母材部分应采用直探头作检查；当焊缝母材厚度大于 100mm，或窄间隙焊缝母材厚度大于 40mm 时，应增加串列式扫查。

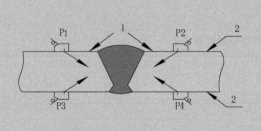
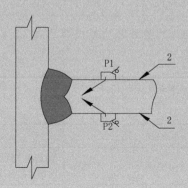

图 8.1.7 超声检测位置

P1、P2、P3、P4—探头位置；1—焊缝侧；2—焊接面

[释义]：超声检测的检验等级分为 A、B、C 三级，与现行国家现行行业标准《钢结构超声波探伤及质量分级法》JG/T 203 基本相同，只是对 B 级的规定做了局部修改。修改的原因是上述标准在此规定上对建筑钢结构而言存在缺陷，易增加漏检比例，JG/T 203 中规定：B 级检验采用一种角度探头在焊缝单面双侧检测。母材厚度大于 100mm 时，进行双面双侧检测。条件许可时应做横向检测。但在钢结构中存在大量无法进行单面双侧检测的节点，为弥补这一缺陷，本标准规定：受几何条件限制时，可在焊缝单面、单侧采用两种角度探头（两角度之差大于 10°）进行检验。

8.1.8　抽样检验应按照现行国家强制性规范《钢结构通用规范》GB55006 的规定进行结果判定。

[释义]：现行国家强制性规范《钢结构通用规范》GB 55006 中对于焊接质量抽样检验结果判定要求如下。

①　除裂纹缺陷外，抽样检验的焊缝数不合格率小于 2%时，该批验收合格；抽样检验的焊缝数不合格率大于 5%时，该批验收不合格；抽样检验的焊缝数不合格率为 2%～5%时，应按不少于 20%探伤比例对其他未检焊缝进行抽检，且必须在原不合格部位两侧的焊缝延长线各增加一处；在所有抽检焊缝中不合格率不大于 3%时，该批验收合格，大于 3%时，该批验收不合格。

②　当检验有 1 处裂纹缺陷时，应加倍抽查，在加倍抽检焊缝中未再检查出裂纹缺陷时，该批验收合格；检验发现多处裂纹缺陷或加倍抽查又发现裂纹缺陷时，该批验收不合格，应对该批余下焊缝的全数进行检验。

③　批量验收不合格时，应对该批余下的全部焊缝进行检验。

本条实际上是引入允许不合格率的概念，事实上，在一批检查数量中要达到 100%合格往往是不切实际的，既无必要，也浪费大量资源。本着安全、适度的原则，并根据近几年来钢结构焊缝检验的实际情况及数据统计，规定小于抽样数的 2%为合格，大于 5%时为不合格，2%～5%之间时加倍抽检，不仅确保钢结构焊缝的质量安全，也反映了目前我国钢结构焊接施工水平。不合格率应按下面公式计算。

$$不合格率 = \frac{当批次抽检不合格的焊缝数量}{当批次抽检的焊缝总数} \times 100\%$$

8.2　不需疲劳验算结构焊接质量的检验

8.2.1　焊缝外观质量应满足表 8.2.1 的规定。

表 8.2.1　焊缝外观质量要求

检验项目 ＼ 焊缝质量等级	一级	二级	三级
裂纹	不允许		
未焊满	不允许	≤0.2mm+0.02t 且≤1mm，每 100mm 长度焊缝内未焊满累积长度≤25mm	≤0.2mm+0.04t 且≤2mm，每 100mm 长度焊缝内未焊满累积长度≤25mm
根部收缩	不允许	≤0.2mm+0.02t 且≤1mm，长度不限	≤0.2mm+0.04t 且≤2mm，长度不限

续表

焊缝质量等级 检验项目	一级	二级	三级
咬边	不允许	≤0.05t 且≤0.5mm,连续长度≤100mm,且焊缝两侧咬边总长≤10%焊缝全长	≤0.1t 且≤1mm,长度不限
电弧擦伤	不允许		允许存在个别电弧擦伤
接头不良	不允许	缺口深度≤0.05t 且≤0.5mm,每1000mm 长度焊缝内不得超过 1 处	缺口深度≤0.1t 且≤1mm,每1000mm 长度焊缝内不得超过 1 处
表面气孔	不允许		每 50mm 长度焊缝内允许存在直径<0.4t 且≤3mm 的气孔 2 个,孔距应≥6 倍孔径
表面夹渣	不允许		深≤0.2t,长≤0.5t 且≤20mm

注：t 为母材厚度。

8.2.2 焊缝外观尺寸应符合下列规定：

1 对接与角接组合焊缝（图 8.2.2），当板厚 t 不大于 40mm 时，加强焊角尺寸 h_k 不应小于 $t/4$ 且不宜大于 10mm；当板厚 t 大于 40mm 时，加强焊角尺寸 h_k 宜为 10mm；加强焊角尺寸允许偏差应为 $h_k{}^{+4.0}_0$。对于加强焊角尺寸 h_k 大于 8.0mm 的角焊缝其局部焊脚尺寸可小于设计要求值 1.0mm，但累计长度不得超过焊缝总长度的 10%；焊接 H 形梁腹板与翼缘板的焊缝两端在其两倍翼缘板宽度范围内，焊缝的焊脚尺寸不得低于设计要求值；焊缝余高应符合本标准表 8.2.2 的要求。

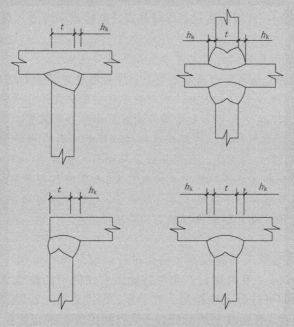

图 8.2.2 对接与角接组合角焊缝

2 对接焊缝与角焊缝余高及错边的尺寸要求应符合表 8.2.2 的规定。

表 8.2.2　焊缝余高和错边的尺寸要求（mm）

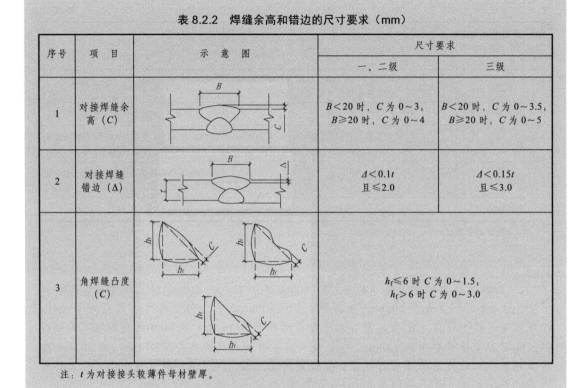

序号	项目	示意图	尺寸要求	
			一、二级	三级
1	对接焊缝余高（C）		$B<20$ 时，C 为 $0\sim3$；$B\geqslant20$ 时，C 为 $0\sim4$	$B<20$ 时，C 为 $0\sim3.5$；$B\geqslant20$ 时，C 为 $0\sim5$
2	对接焊缝错边（Δ）		$\Delta<0.1t$ 且 $\leqslant2.0$	$\Delta<0.15t$ 且 $\leqslant3.0$
3	角焊缝凸度（C）		$h_f\leqslant6$ 时 C 为 $0\sim1.5$；$h_f>6$ 时 C 为 $0\sim3.0$	

注：t 为对接接头较薄件母材壁厚。

[8.2.1～8.2.2释义]：外观检测包括焊缝外观缺陷检测和焊缝几何尺寸测量两部分。

8.2.3　焊缝内部质量无损检测的基本要求应符合下列规定：

1　无损检测应在外观检查合格后进行。当焊接难度等级为 C、D 级时，应以焊接完成 24h 后无损检测结果作为验收依据；当钢材标称屈服强度不小于 690MPa 或供货状态为调质状态时，应以焊接完成 48h 后无损检测结果作为验收依据。

2　设计要求全焊透的焊缝，内部缺欠的检测比例应符合现行国家强制性规范《钢结构通用规范》GB55006 的规定，合格等级应符合下列规定：

1）一级焊缝合格等级不应低于本标准第 8.2.4 条中 B 级检验的 Ⅱ 级要求；

2）二级焊缝合格等级不应低于本标准第 8.2.4 条中 B 级检测的 Ⅲ 级要求。

3　三级焊缝应根据设计要求进行相关的检测。

[释义]：无损检测必须在外观检测合格后进行。裂纹可在焊接、焊缝冷却及以后相当长的一段时间内产生。Ⅰ、Ⅱ 类钢材产生焊接延迟裂纹的可能性很小，因此规定在焊缝冷却到室温外观检测后即可进行无损检测。对于 Ⅲ、Ⅳ 类钢材，若焊接工艺不当，则有产生焊缝延迟裂纹的可能性，且裂纹延迟时间较长，有些国外标准规定此类钢焊接裂纹的检查应在焊后 48h 进行。考虑到工厂存放条件、现场安装进度、工序衔接的限制以及随着时间延长，产生延迟裂纹的概率逐渐减小等因素，本标准对 Ⅲ、Ⅳ 类钢材及焊接难度等级为 C、D 级的结构，规定以 24h 后无损检测的结果作为验收的依据。对钢材标称屈服强度大于等于 690MPa 或调质钢，考虑产生延迟裂纹的可能性更大，规定以焊后 48h 的无损检测结果

作为验收依据。

内部缺欠的检测一般可用超声波检测和射线检测。射线检测具有直观性、一致性好的优点，但其成本高、安全防护要求高、操作程序复杂、检测周期长，尤其是钢结构中大多为T形接头和角接头，射线检测的效果差，且射线检测对裂纹、未熔合等危害性缺陷的检出率低。超声波检测则正好相反，操作程序简单、快速，对各种接头形式的适应性好，对裂纹、未熔合的检测灵敏度高，因此世界上很多国家对钢结构内部质量的控制采用超声波检测。本标准原则规定钢结构焊缝内部缺欠的检测宜采用超声波检测，如有特殊要求，可在设计图纸或订货合同中另行规定。同时也鼓励用户辅助采用诸如相控阵、TOFD等先进检测手段，以提高检测质量。

本标准将二级焊缝的局部检验定为抽样检验。这一方面是基于钢结构焊缝的特殊性；另一方面，目前我国推行全面质量管理已有多年的经验，采用抽样检测是可行的，在某种程度上更有利于提高产品质量。

8.2.4 超声检测工艺和技术应符合下列规定：

1 超声检测设备应符合现行国家标准《焊缝无损检测 超声检测技术、检测等级和评定》 GB/T 11345 的有关规定；缺欠测长应符合本标准附录E的规定；

2 超声检测灵敏度和距离-波幅曲线（图8.2.4）应符合表8.2.4-1的规定，评定线以上至定量线应为Ⅰ区（弱信号评定区）；定量线以上至判废线应为Ⅱ区（长度评定区）；判废线以上区域应为Ⅲ区（判废区）；

表8.2.4-1 超声检测灵敏度

厚度（mm）	判废线（dB）	定量线（dB）	评定线（dB）
3.5～150	$\phi3\times40$	$\phi3\times40$-6	$\phi3\times40$-14

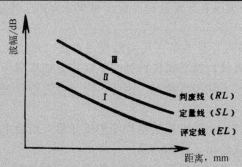

图8.2.4 距离-波幅曲线示意图

3 最大反射波幅位于Ⅱ区的缺欠，应根据缺欠显示长度按表8.2.4-2的规定进行等级评定；

4 最大反射波幅不超过评定线的缺欠，均应评为Ⅰ级；最大反射波幅超过评定线的裂纹缺陷，均应评为Ⅳ级；反射波幅位于Ⅰ区的非裂纹缺欠，均应评为Ⅰ级；反射波幅位于Ⅲ区的缺欠，无论其显示长度如何，均应评为Ⅳ级；

5 焊接球节点网架、螺栓球节点网架及圆管T、K、Y节点焊缝的超声检测方法及缺欠分级应符合现行行业标准《钢结构超声波探伤及质量分级法》JG/T 203的有关规定；

作为验收依据。

内部缺欠的检测一般可用超声波检测和射线检测。

8.2.4 超声检测工艺和技术应符合下列规定：

表 8.2.4-2　超声检测缺欠等级评定

评定等级	检验等级		
	A	B	C
	板厚 t（mm）		
	3.5～50	3.5～150	3.5～150
Ⅰ	2t/3；最小 8mm	t/3；最小 6mm 最大 40mm	t/3；最小 6mm 最大 40mm
Ⅱ	3t/4；最小 8mm	2t/3；最小 8mm 最大 70mm	2t/3；最小 8mm 最大 50mm
Ⅲ	＜t；最小 16mm	3t/4；最小 12mm 最大 90mm	3t/4；最小 12mm 最大 75mm
Ⅳ	超过Ⅲ级者		

注：1　母材板厚不同时，按较薄板评定；

　　2　相邻两缺欠各向间距小于 8mm 时，两缺欠显示长度之和作为单个缺欠的显示长度。

　　6　箱形构件隔板电渣焊焊缝无损检测，除应符合本标准第 8.2.3 条的相关规定外，还应按本标准附录 D 进行焊缝焊透宽度、焊缝偏移检测；

　　7　当需要对超声检测结果做进一步判断时，可采用其他检测方法辅助验证；

　　8　下列情况之一宜采用超声检测方法在焊前对 T 形、十字形、角接接头坡口处的翼缘板进行夹层检测，或在焊后进行层状撕裂检测：

　　1）发现钢板有夹层缺欠；

　　2）翼缘板、腹板为厚度大于等于 20mm 的非厚度方向性能钢板；

　　3）腹板厚度大于翼缘板厚度且该翼缘板厚度方向的工作应力较大。

　　[释义]：目前钢结构节点设计大量采用局部焊透对接、角接及纯贴角焊缝的节点形式，除纯贴角焊缝节点形式的焊缝内部质量国内外尚无现行无损检测标准外，对于局部焊透对接及角接焊缝均可采用超声波方法进行检测，因此，应与全焊透焊缝一样对其焊缝的内部质量提出要求。

　　对于目前在高层钢结构、大跨度桁架结构箱形柱（梁）制造中广泛采用的隔板电渣焊的检验，本标准以附录的形式给出了检测方法。

　　随着钢结构技术进步，对承受板厚方向荷载的厚板（δ≥40mm）结构产生层状撕裂的原因认识越来越清晰，对材料的质量要求越来越明确。但近年来一些薄板结构（δ≤40mm）出现层状撕裂问题，有的还造成严重的经济损失。针对这一现象本标准提出相应的检测要求，以杜绝类似情况的发生。

　　8.2.5　射线检测技术应符合现行国家标准《焊缝无损检测　射线检测》GB/T 3323 中 B 级检测技术的有关规定；射线底片的质量评级应符合本标准附录 C 的规定：一级焊缝评定合格等级不应低于Ⅱ级的要求，二级焊缝评定合格等级不应低于Ⅲ级的要求。

　　[释义]：射线检测作为钢结构内部缺欠检验的一种补充手段，在特殊情况采用，主要用

于对接焊缝的检测，按现行国家标准《焊缝无损检测 射线检测》GB/T 3323—2019 的有关规定执行。

GB/T 3323—2019 分为两部分：《焊缝无损检测 射线检测 第 1 部分：X 和伽玛射线的胶片技术》GB/T 3323.1 和《焊缝无损检测 射线检测 第 2 部分：使用数字化探测器的 X 和伽玛射线技术》GB/T 3323.2。

GB/T 3323.1 为使用胶片的传统射线技术，是钢结构射线检测应用最普遍的方法，由于该技术已经成熟应用多年，其相关工艺广为熟知，因此，这里不再赘述。同时，本标准也鼓励用户在采用成熟方法的基础上积极探索新方法、新工艺、新技术应用的可能性，使用数字化探测器的 X 和伽玛射线技术是射线检测发展趋势，虽然目前在钢结构领域极少应用，但相信随着数字化技术的不断发展，钢结构相关标准的不断完善以及相关成本的降低，数字射线检测技术的应用会越来越广。

GB/T 3323.2 是基于数字射线检测基本理论和实际经验，规定了采用计算机射线照相（CR）技术与采用数字阵列探测器（DDA）的数字成像（DR）技术对金属材料焊接接头进行 X 射线和伽玛射线数字检测的通用技术和要求，包括 X 射线和伽玛射线数字检测技术的技术等级、一般要求及推荐技术（探测器系统选择、透照技术控制、图像采集与显示要求）等内容，规定了获得与标准第 1 部分（GB/T 3323.1）基于胶片的射线检测技术同等检测灵敏度的数字检测图像的最低要求。适用于采用存储荧光成像板（IP 板）的 CR 技术与采用数字阵列探测器（DDA）的 DR 技术，检测板、管焊接接头或其他焊接接头。

不管采用何种射线检测技术，其射线底片或数字图像的质量评级都应按照本标准附录 C 的规定进行。

8.2.6 表面检测应符合下列规定：

　1 下列情况之一应进行表面检测：

　　1）设计文件要求，进行表面检测；

　　2）外观检测发现裂纹时，对该批中同类焊缝进行 100%的表面检测；

　　3）外观检测怀疑有裂纹缺陷时，对怀疑的部位进行表面检测；

　　4）检测人员认为有必要时。

　2 铁磁性材料宜采用磁粉检测表面缺欠；非铁磁性材料，宜采用渗透检测表面缺欠。

8.2.7 磁粉检测应符合现行国家标准《焊缝无损检测 磁粉检测》GB/T 26951 的有关规定，检测结果应符合本标准第 8.2.1 条规定。

8.2.8 渗透检测应符合现行国家标准《无损检测 渗透检测 第 1 部分：总则》GB/T 18851.1 的有关规定，检测结果应符合本标准第 8.2.1 条规定。

[8.2.6～8.2.8 释义]：表面检测主要是作为外观检查的一种补充手段，其目的主要是为了检查焊接裂纹，检测结果的评定按外观检验的有关要求验收。一般来说，磁粉检测的灵敏度要比渗透检测高，特别是在钢结构中，要求作磁粉检测的焊缝大部分为角焊缝，其中立焊缝的表面不规则，清理困难，渗透检测效果差，且渗透检测难度较大，费用高。因此，为了提高表面缺欠检出率，规定铁磁性材料制作的工件应尽可能采用磁粉检测方法进行检测。只有在因结构形状的原因（如检测空间狭小）或材料的原因（如材质为奥氏体不锈钢）不能采用磁粉检测时，宜采用渗透检测。

8.3　需疲劳验算结构焊接质量的检验

8.3.1　焊缝的外观质量应无裂纹、未熔合、夹渣、弧坑未填满及超过表 8.3.1 规定的缺欠。

表 8.3.1　焊缝外观质量要求

焊缝质量等级 检验项目	一级	二级	三级
未焊满		不允许	≤0.2mm+0.02t 且≤1mm，每 100mm 长度焊缝内未焊满累积长度≤25mm
根部收缩		不允许	≤0.2mm+0.02t 且≤1mm，长度不限
咬边	不允许	≤0.05t 且≤0.3mm，连续长度≤100mm，且焊缝两侧咬边总长≤10%焊缝全长	≤0.1t 且≤0.5mm，长度不限
电弧擦伤		不允许	允许存在个别电弧擦伤
接头不良		不允许	缺口深度≤0.05t 且≤0.5mm，每 1000mm 长度焊缝内不得超过 1 处
表面气孔		不允许	直径小于 1.0mm，每米不多于 3 个，间距不小于 20mm
表面夹渣		不允许	深≤0.2t，长≤0.5t 且≤20mm

注：1　t 为母材厚度；

　　2　桥面板与弦杆角焊缝、桥面板与 U 形肋角焊缝（桥面板侧）、竖向加劲肋角焊缝（腹板侧受拉区）的咬边缺欠应满足一级焊缝的质量要求。

8.3.2　焊缝的外观尺寸应符合表 8.3.2 的规定。

表 8.3.2　焊缝外观尺寸要求（mm）

项目	焊缝种类	尺寸要求
焊脚尺寸	主要角焊缝[1]（包括对接与角接组合焊缝）	$h_f^{+2.0}_0$　（$h_k^{+2.0}_0$）
	其他角焊缝	$h_{f-1.0}^{+2.0}$[2]
焊缝计算厚度（焊喉尺寸）	角焊缝	凸面角焊缝 $h_{e\ 0}^{+2.0}$
		凹面角焊缝 $h_{e-0.3}^{+2.0}$
焊缝高低差	对接焊缝和角焊缝	≤2.0mm（任意 25mm 范围高低差）
对接焊缝错边量	板厚小于等于 25mm	≤0.5mm
	板厚大于 25mm	≤1mm
余高	对接焊缝	≤2.0mm（焊缝宽 b≤20mm）
		≤3.0mm（b＞20mm）
余高铲磨后表面	横向对接焊缝	表面不高于母材 0.5mm
		表面不低于母材 0.3mm
		粗糙度 50μm

注：1　主要角焊缝是指主要杆件的盖板与腹板的连接焊缝；

　　2　手工焊角焊缝全长的 10%允许 $h_{f-1.0}^{+3.0}$。

8.3.3 焊缝内部质量无损检测应符合下列规定：

1 无损检测应在外观检查合格后进行。当焊接难度等级为 A、B 级时，应以焊接完成 24h 后检测结果作为验收依据；当焊接难度等级为 C、D 级时，应以焊接完成 48h 后的检测结果作为验收依据；

2 板厚不大于 30mm 的对接焊缝除应按本标准第 8.3.4 条的规定进行超声检测外，还应采用射线检测抽检其接头数量的 10% 且不少于一个焊接接头，射线检测范围应为焊缝两端各 250mm～300mm，焊缝长度大于 1200mm 时，中部应加探 250mm～300mm。

3 板厚大于 30mm 的对接焊缝除应按本标准第 8.3.4 条的规定进行超声检测外，还应增加接头数量的 10% 且不少于一个焊接接头，按检验等级应为 C 级、焊缝质量等级应为一级的超声检测，检测时焊缝余高应磨平，使用的探头折射角应有一个为 45°，无损检测范围应为焊缝两端各 500mm。焊缝长度大于 1500mm 时，中部应加探 500mm。当发现超标缺欠时应加倍检验。

4 对表面余高不需要磨平的十字交叉、T 字交叉对接焊缝应在以十字交叉点为中心的 120mm～150mm 范围内 100% 射线检测。

5 用射线和超声两种方法检测同一条焊缝时，应同时达到各自的质量要求，该焊缝应判定为合格。

8.3.4 超声检测工艺和技术应符合下列规定：

1 超声检测设备及缺欠测长应符合本标准第 8.2.4 条 1 款的规定。

2 检测范围和检测等级应符合表 8.3.4-1 的规定；检测灵敏度和距离-波幅曲线应符合表 8.3.4-2 的规定（图 8.2.4）。

表 8.3.4-1 焊缝超声检测范围和检测等级

焊缝质量级别	检测比例	检测部位	板厚 t (mm)	检测等级
一、二级横向对接焊缝	100%	全长	$10 \leqslant t \leqslant 46$	B
			$46 < t \leqslant 80$	B
二级纵向对接焊缝	100%	焊缝两端各 1000mm	$10 \leqslant t \leqslant 46$	B
			$46 < t \leqslant 80$	B
二级角焊缝	100%	两端螺栓孔部位并延长 500mm，板梁主梁及纵、横梁跨中加探 1000mm	$10 \leqslant t \leqslant 46$	B
			$46 < t \leqslant 80$	B

表 8.3.4-2 超声检测灵敏度

焊缝质量等级		板厚 (mm)	判废线	定量线	评定线
对接焊缝一、二级		$10 \leqslant t \leqslant 46$	$\phi 3 \times 40 - 6dB$	$\phi 3 \times 40 - 14dB$	$\phi 3 \times 40 - 20dB$
		$46 < t \leqslant 80$	$\phi 3 \times 40 - 2dB$	$\phi 3 \times 40 - 10dB$	$\phi 3 \times 40 - 16dB$
全焊透对接、角接组合焊缝一级		$10 \leqslant t \leqslant 80$	$\phi 3 \times 40 - 4dB$	$\phi 3 \times 40 - 10dB$	$\phi 3 \times 40 - 16dB$
			$\phi 6$	$\phi 3$	$\phi 2$
角焊缝二级	部分焊透对接、角接组合焊缝	$10 \leqslant t \leqslant 80$	$\phi 3 \times 40 - 4dB$	$\phi 3 \times 40 - 10dB$	$\phi 3 \times 40 - 16dB$
	贴角焊缝	$10 \leqslant t \leqslant 25$	$\phi 1 \times 2$	$\phi 1 \times 2 - 6dB$	$\phi 1 \times 2 - 12dB$
		$25 < t \leqslant 80$	$\phi 1 \times 2 + 4dB$	$\phi 1 \times 2 - 4dB$	$\phi 1 \times 2 - 10dB$

注：1 角焊缝超声检测采用铁路钢桥制造专用柱孔标准试块或与其校准过的其他孔形试块；

2 $\phi 6$、$\phi 3$、$\phi 2$ 表示纵波检测对比试块的平底孔尺寸。

3　最大反射波幅位于Ⅱ区的缺欠，根据缺欠显示长度应按表8.3.4-3的规定进行评定。

表8.3.4-3　超声检测缺欠评定

焊缝质量等级	板厚 t（mm）	单个缺欠显示长度	多个缺欠的累计显示长度
对接焊缝一级	$10 \leqslant t \leqslant 80$	$t/4$，最小可为 8mm	在任意 $9t$，焊缝长度范围不超过 t
对接焊缝二级	$10 \leqslant t \leqslant 80$	$t/2$，最小可为 10mm	在任意 $4.5t$ 焊缝长度范围不超过 t
全焊透对接、角接组合焊缝一级	$10 \leqslant t \leqslant 80$	$t/3$，最小可为 10mm	—
角焊缝二级	$10 \leqslant t \leqslant 80$	$t/2$，最小可为 10mm	—

注：1　母材板厚不同时，按较薄板评定；
　　2　缺欠显示长度小于 8mm 时，按 5mm 计算；
　　3　相邻两缺欠各向间距小于 8mm 时，两缺欠显示长度之和作为单个缺欠的显示长度。

4　最大反射波幅不超过评定线的缺欠，均应为合格；最大反射波幅超过评定线的裂纹缺陷，均应为不合格；反射波幅位于Ⅰ区的非裂纹缺欠，均应为合格；反射波幅位于Ⅲ区的缺欠，无论其显示长度如何，均应为不合格。

8.3.5　射线检测技术应符合现行国家标准《焊缝无损检测　射线检测》GB/T 3323 中 B 级检测技术的有关规定；射线底片的质量评级应符合本标准附录 C 的规定，焊缝内部质量等级不应低于Ⅱ级。

8.3.6　焊缝表面检测的应用和检测方法的选择应符合本标准第 8.2.6 条规定。

8.3.7　磁粉检测应符合现行国家标准《焊缝无损检测　磁粉检测》GB/T 26951 的有关规定，检测结果应符合本标准第 8.3.1 条规定。

8.3.8　渗透检测应符合现行国家标准《无损检测　渗透检测　第 1 部分：总则》GB/T 18851.1 的有关规定，检测结果应符合本标准第 8.3.1 条规定。

8.3.9　桥梁钢结构产品试板的检验应符合下列规定：

1　焊缝应按表 8.3.9 规定的焊缝类型和接头数量确定产品试板的数量，当接头数量少于表中数量时应做一组产品试板。产品试板焊缝经外观和无损检测合格后进行接头拉伸、侧弯和焊缝金属低温冲击试验，试样数量和试验结果应符合焊接工艺评定的有关规定。

表8.3.9　桥梁钢结构产品试板的焊缝类型及数量

焊缝类型		接头数量	产品试板数量
受拉横向对接焊缝	焊缝长度≤1m	32 条	1 组
	焊缝长度＞1m	24 条	1 组
桥面板横向对接焊缝		10 条	1 组
桥面板纵向对接焊缝		30 条	1 组
全断面对接焊缝		10 个断面	平、立、仰焊缝各 1 组

2　当试验结果不合格时，应查明原因，并应对该试板代表的接头处理后，重新进行检验。

[8.3.1～8.3.9释义]：需疲劳验算结构的焊缝质量检验标准基本采用了现行行业标准《公

路桥涵施工技术规范》JTG/T 3650 及中国铁路总公司企业标准《铁路钢桥制造规范》Q/CR 9211 的内容，只是增加了磁粉和渗透检测作为检测表面缺欠的手段。同时，根据桥梁钢结构产品的特殊要求，增加了产品试板的检验的规定。

3.9 对"焊接补强和加固"的详释

补强与加固作为一种非常规的工艺方法，在操作过程中应慎重对待，特别是对焊接过程中的各种工艺规定、焊接参数及相关条件的选择与应用更应严格认真，避免引发次生事故。

9 焊接补强与加固

9.0.1 钢结构焊接补强与加固设计应符合现行国家标准《钢结构加固设计标准》GB 51367、《建筑结构加固工程施工质量验收规范》GB 50550、《建筑抗震设计规范》GB 50011 及《构筑物抗震设计规范》GB 50191 的有关规定。补强与加固的方案应由设计、施工和业主等各方共同研究确定。

[释义]：我国现有的有关钢结构加固的技术标准有《建筑结构加固工程施工质量验收规范》GB 50550、《钢结构加固设计标准》GB 51367、《建筑抗震设计规范》GB 50011 和《构筑物抗震设计规范》GB 50191。为使原有钢结构焊接补强加固安全可靠，经济合理，施工方便，切合实际，加固方案应由设计、施工、业主三方结合，共同研究决定，以便于实践。

9.0.2 编制补强与加固设计方案时，应具备下列技术资料：

    1 原结构的设计计算书和竣工图。当缺少竣工图时，需测绘结构的现状图；

    2 原结构的施工技术档案资料及焊接资料，必要时在原结构构件上截取试件进行检测试验；

    3 原结构或构件的损坏、变形、锈蚀等情况的检测报告，并根据损坏、变形、锈蚀等情况确定构件或零件的实际有效截面；

    4 现场作业条件、待加固结构的实际荷载等资料。

[释义]：原始资料是加固设计必不可少的，是进行设计计算的重要依据。资料越完整，补强加固就越能做到经济合理、安全可靠。

9.0.3 钢结构焊接补强与加固设计，应符合下列规定：

    1 宜采取减小荷载、更改荷载传递路径、完善结构体系、优化连接节点等综合措施，减少现场焊接加固量。

    2 应评估时效对钢材塑性的不利影响，时效后钢材屈服强度的提高值应忽略不计。

    3 重要部位的薄壁受拉构件和小规格受拉构件，不应在负荷状态下进行补强和加固。

9.0.4 受气相腐蚀介质作用的钢结构构件，应根据所处腐蚀环境按现行国家标准《工业建筑防腐蚀设计规范》GB 50046 进行分类。当腐蚀削弱平均量超过原构件厚度的 25% 以及腐蚀削弱平均量虽未超过 25% 但剩余厚度小于 5mm 时，应对钢材的强度设计值乘以相应的折减系数。

9.0.5 对于特殊腐蚀环境、特重级工作制吊车梁钢结构焊接补强与加固方案应作专门研究确定。

[9.0.3～9.0.5 释义]：钢材的时效性能是指随时间的推移，钢材的屈服强度增高、塑性降低的现象。在对原结构钢材进行试验时应考虑这一影响。在加固设计时，不应考虑由于时效硬化而提高的屈服强度，仍按原有钢材的强度进行计算。当塑性显著降低，伸长率低于许可值时，其加固计算应按弹性阶段进行，即不应考虑内力重分布。对于有气相腐蚀介质作用的钢构件，当腐蚀较严重时，除应考虑腐蚀对原有截面的削弱外，根据已有资料，还应考虑钢材强度的降低。钢材强度的降低幅度与腐蚀介质的强弱有关，腐蚀介质的强弱程度按现行国家标准《工业建筑防腐蚀设计规范》GB 50046 确定。

9.0.6　钢结构的焊接补强与加固，可按下列两种方式进行：
　　1　卸载补强与加固，在需补强或加固的位置使结构或构件完全卸载，条件允许时，可将构件拆下进行补强或加固；
　　2　负荷或部分卸载状态下进行补强与加固，在需补强或加固的位置上未经卸载或仅部分卸载状态下进行结构或构件的补强或加固。
9.0.7　负荷状态下进行补强与加固工作时，应符合下列规定：
　　1　应卸除作用于待加固结构上的可变荷载和可卸除的永久荷载。
　　2　应根据加固时的实际荷载，对结构、构件和连接进行承载力验算，当待加固结构实际有效截面的名义应力与其所用钢材的强度设计值之间的比值 β 符合下列规定时，方可进行补强或加固：
　　　　1）对于承受静态荷载或间接承受动态荷载的构件，β 不应大于 0.8；
　　　　2）对于直接承受动态荷载的构件，β 不应大于 0.4。

[9.0.6～9.0.7 释义]：钢结构的焊接补强与加固，可在两种状态下进行，其一是卸载状态，其二是负荷或部分卸载状态。在负荷状态下进行加固补强时，除必要的施工荷载和难以移动的固定设备或装置外，其他活动荷载都应卸除。用圆钢、小角钢制成的轻钢结构因杆件截面较小，焊接加固时易使原有构件因焊接加热而丧失承载能力，所以不宜在负荷状态下采用焊接加固。特别是圆钢拉杆，应避免在负荷状态下焊接加固。对原有结构构件中的应力限制主要根据苏联的有关经验和国内的几个工程试验，同时还吸收了国内的钢结构加固工程经验。苏联于 1987 年在《改建企业钢结构加固计算建议》中认为所有构件（无论承受静力荷载或是动力荷载）都可按内力重分布原则进行计算，仅对加固时原有构件的名义应力 σ^0（即不考虑次应力和残余应力，按弹性阶段计算的应力）与钢材强度设计值 f 的比值 β 限制如下。

$\beta = \dfrac{\sigma^0}{f} \leqslant 0.2$　　　　特重级动力荷载作用下的结构

$\beta = \dfrac{\sigma^0}{f} \leqslant 0.4$　　　　对承受动力荷载，其极限塑性应变值为 0.001 的结构

$\beta = \dfrac{\sigma^0}{f} \leqslant 0.8$　　　　对承受静力荷载，其极限塑性应变值为 0.002～0.004 的结构

国内关于在负荷状态下焊接加固资料都提出了加固时原有构件中的应力极限值可以达到（0.6～0.8）f。而且在静态荷载下，都可按内力重分布原则进行计算。本章对在负荷状态下采用焊接加固时，规定对承受静态荷载的构件，原有构件中的名义应力不应大于钢材强度设计值的80%，承受动态荷载时，原有构件中的名义应力不应大于强度设计值的40%，其理由如下。

① 苏联的资料和我国的一些试验及加固工程实践都证明对承受静态荷载的构件取 $\beta \leqslant 0.8$ 是可行的。对承受动态荷载的构件,因本标准不考虑内力重分布,故根据苏联的经验,适当扩大应用范围,取 $\beta \leqslant 0.4$。

② 在工程实际中要完全卸荷或大量卸荷一般都是难以实现的。在钢结构中,钢屋架是长期在高应力状态下工作的,因为大部分屋架所承受的荷载中,永久荷载大都占屋面总荷载的 80% 左右,要卸掉这部分荷载(扒掉油毡、拆除大型屋面板)是比较困难的。若应力限制值取强度设计值的 80%,则大多数焊接加固工程都可以在负荷状态下进行。

9.0.8   在负荷状态下进行焊接补强与加固施工时,应根据具体情况采取必要的临时支护并制定合理的焊接工艺。

[释义]:$\beta \leqslant 0.8$ 这一限制值虽然安全可靠,但仍然比较高,而且还须考虑在焊接过程中,焊接产生的高温会使一部分母材的强度和弹性模量在短时间内降低,故在施工过程中仍应根据具体情况采取必要的安全措施,以防万一。

9.0.9   负荷状态下焊接补强与加固施工应符合下列规定:

    1   对结构最薄弱的部位或构件应先进行补强或加固;

    2   加大焊缝厚度时,应从原焊缝受力较小部位开始施焊。道间温度不应超过 200℃,每道焊缝厚度不宜大于 3mm;

    3   应根据钢材材质,选择相应的焊接材料和焊接方法,并采用合理的焊接顺序和小直径焊材以及小电流、多层多道焊接工艺;

    4   焊接补强与加固的施工环境温度不宜低于 10℃。

[释义]:负荷状态下实施焊接补强和加固是一项艰巨而复杂的工作。由于外部环境和条件差,影响因素多,比新建工程的困难更大,要认真地进行施工组织设计。本条规定的各项要求是施工中应遵循的最基本事项,也是国内外实践经验的总结。按照要求执行,方能做到安全可靠,经济合理。

9.0.10   对有缺损的构件应进行承载力评估。当缺损严重,影响结构安全时,应立即采取卸载、加固措施或更换损坏构件;对一般缺损,可按下列方法进行焊接修复或补强:

    1   对于裂纹,应查明裂纹的起止点,并应在起止点分别钻直径为 12mm～16mm 的止裂孔,彻底清除裂纹后并加工成侧边斜面角大于 10° 的凹槽,当采用碳弧气刨方法时,应磨掉渗碳层。预热温度宜为 100℃～150℃,并应采用低氢焊接方法按全焊透对接焊缝要求进行。

    2   对承受动荷载的构件,应在板件受力较小的部位起弧和息弧,并应采用连续绕焊施焊,疲劳计算部位的补焊焊缝表面应磨平;

    3   对于孔洞,宜将孔边修整后采用加盖板或设置套管的方法补强;

    4   构件的变形影响其承载能力或正常使用时,应根据变形的大小采取矫正、加固或更换等措施。

[释义]:对有缺损的钢构件承载能力的评估可根据现行行业标准《钢结构检测评定及加

固技术规程》YB 9257 进行。关于缺损的修补方法是总结国内外的经验而得到的。其中裂纹的修补是根据苏联及国内的实践经验，用热加工矫正变形的温度限制值是按照美国《钢结构焊接规范》AWS D1.1 的规定。

9.0.11　焊缝补强与加固应符合下列规定：

　　1　原有结构的焊缝缺陷，应根据其对结构安全影响的程度，分别采取卸载或负荷状态下补强与加固，具体焊接工艺应按本标准 7.12 节的相关规定执行；

　　2　角焊缝补强宜采用增加原有焊缝长度或增加焊缝有效厚度的方法。当负荷状态下采用加大焊缝厚度的方法补强时，被补强焊缝的长度不应小于 50mm；加固后的焊缝应力应符合下式要求：

$$\sqrt{\sigma_f^2 + \tau_f^2} \leqslant \eta \times f_f^w \qquad (9.0.11)$$

式中：σ_f——角焊缝按有效截面（$h_e \times l_w$）计算垂直于焊缝长度方向的名义应力；

　　　τ_f——角焊缝按有效截面（$h_e \times l_w$）计算沿长度方向的名义剪应力；

　　　η——焊缝强度折减系数，可按表 9.0.11 采用；

　　　f_f^w——角焊缝的抗剪强度设计值。

表 9.0.11　焊缝强度折减系数 η

被加固焊缝的长度（mm）	≥600	300	200	100	50
η	1.0	0.9	0.8	0.65	0.25

　　[释义]：焊缝缺陷的修补方法是根据国内实践经验提出的。采用加大焊缝厚度和加长焊缝长度两种方法来加固角焊缝都是行之有效的。国外资料介绍，加长角焊缝长度时，对原有焊缝中的应力限值是不超过焊缝的计算强度。但加大角焊缝厚度时，由于焊接时的热影响会使部分焊缝暂时退出工作，从而降低了原有角焊缝的承载能力。所以对在负荷状态下加大角焊缝厚度时，应对原有角焊缝中的应力加以限制。

　　国内相关单位的试验资料指出，焊缝加厚时，原有焊缝中的应力应限制在 $0.8f_t^w$ 以内。据苏联 20 世纪 60 年代通过试验得出的结论是：加厚焊缝时，焊接接头的最大强度损失一般为 10%～20%。

　　根据近年来国内的试验研究，在负荷状态下加厚焊缝时，由于施焊时的热作用，在温度 $T \geqslant 600℃$ 区间内的焊缝将退出工作，致使焊缝的平均强度降低。经计算分析并简化后引入了原焊缝在加固时的强度降低系数 η，详见国家现行标准《钢结构加固技术规范》CECS 77 的有关规定。本标准引用了这条规定。

9.0.12　用于补强或加固的连接件宜对称布置。加固焊缝不宜密集、交叉，在高应力区和应力集中处，不宜布置加固焊缝。

　　[释义]：对称布置主要是使补强或加固的零件及焊缝受力均匀，新旧杆件易于共同工作。其他要求是为了避免加固焊缝对原有构件产生不利影响。

9.0.13　用焊接方法补强铆接或普通螺栓接头时，补强焊缝应承担全部荷载。

[释义]：考虑铆钉或普通螺栓经焊接补强加固后不能与焊缝共同工作，因此规定全部荷载应由焊缝承受，保证补强安全可靠。

> 9.0.14 摩擦型高强度螺栓连接的构件用焊接方法加固时，当栓接和焊接共同作用时，两种连接形式计算承载力的比值应在 1.0～1.5 范围内。

[释义]：先栓后焊的高强度螺栓摩擦型连接是可以和焊缝共同工作的，日本、美国、挪威等国家以及 ISO 的钢结构设计标准均允许它们共同受力。这种共同工作也为我国的试验研究所证实。虽然我国钢结构设计标准还未纳入这一内容，但我们考虑在加固这一特定情况下是可以允许的。所以本条作出了可共同工作的原则规定。另外，根据国内的试验研究，加固后两种连接承载力的比例应在 1.0～1.5 范围内，否则荷载将主要由强的连接承担，弱的连接基本不起作用。

3.10 其他部分标准原文（附录、标准用词及引用标准名录）

附录A 钢结构焊接接头坡口形式、尺寸和标记方法

A.0.1 焊接接头各种标记的代号和符号应符合表 A.0.1-1～表 A.0.1-8 的规定（图 A.0.1）。

表 A.0.1-1 接头形式代号

代 号	接头形式
B	对接接头
T	T形接头
X	十字接头
C	角接接头
F	搭接接头

表 A.0.1-2 坡口形式代号

代 号	坡口形式
I	I形坡口
V	V形坡口
Y	Y形坡口
X	X形坡口
L	单边V形坡口
K	K形坡口
U	U形坡口
J	单边U形坡口

表 A.0.1-3　焊缝类型代号

代　号	焊缝类型
B	对接焊缝
C	角焊缝
B_C	对接与角接组合焊缝

表 A.0.1-4　管结构节点形式代号

代　号	节点形式
T	T 形节点
K	K 形节点
Y	Y 形节点

表 A.0.1-5　焊接方法符号

符　号	焊接方法
M	焊条电弧焊
G	气体保护电弧焊 自保护药芯焊丝电弧焊
S	埋弧焊

表 A.0.1-6　焊缝熔深代号

代　号	焊缝熔深
C	完全焊透
P	部分焊透

表 A.0.1-7　单、双面焊接及衬垫种类代号

衬垫种类		单、双面焊接	
代号	使用材料	代号	单、双焊接面规定
B_S	钢衬垫	1	单面焊接
B_F	其他材料的衬垫	2	双面焊接

表 A.0.1-8　坡口各部分的尺寸符号

符　号	代表的坡口各部分尺寸
t	接缝部位的板厚（mm）
b	坡口根部间隙或部件间隙（mm）
h	坡口深度（mm）
p	坡口钝边（mm）
α	坡口角度（°）

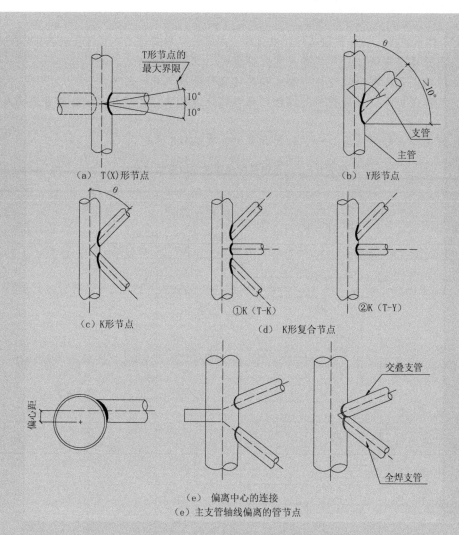

图 A.0.1 管结构节点形式

A.0.2 焊接接头的标记应能反映接头的各项信息（图 A.0.2）：

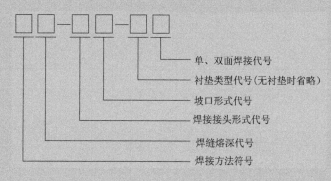

图 A.0.2 焊接接头的标记

A.0.3 焊条电弧焊全焊透坡口形式和尺寸宜符合表 A.0.3 的要求。

A.0.4　气体保护焊、自保护药芯焊丝电弧焊全焊透坡口形式和尺寸宜符合表 A.0.4 的要求。

A.0.5　埋弧焊全焊透坡口形式和尺寸宜符合表 A.0.5 要求。

A.0.6　焊条电弧焊部分焊透坡口形式和尺寸宜符合表 A.0.6 的要求。

A.0.7　气体保护焊、自保护药芯焊丝电弧焊部分焊透坡口形式和尺寸宜符合表 A.0.7 的要求。

A.0.8　埋弧焊部分焊透坡口形式和尺寸宜符合表 A.0.8 的要求。

表 A.0.3　焊条电弧焊全焊透坡口形式和尺寸

序号	标记	坡口形状示意图	板厚 (mm)	焊接位置	坡口尺寸 (mm)	备注
1	MC-BI-2 MC-TI-2 MC-CI-2		3～6	F H V O	$b = \dfrac{t}{2}$	清根
2	MC-BI-B1 MC-CI-B1		3～6	F H V O	$b = t$	
3	MC-BV-2 MC-CV-2		≥6	F H V O	$b = 0 \sim 3$ $p = 0 \sim 3$ $\alpha_1 = 60°$	清根

续表

序号	标记	坡口形状示意图	板厚 (mm)	焊接位置	坡口尺寸 (mm)		备注
4	MC-BV-B1		≥6	F,H V,O	b	α₁	
					6	45°	
				F,V	10	30°	
					13	20°	
				O	P=0~2		
	MC-CV-B1		≥12	F,H V,O	b	α₁	
					6	45°	
				F,V	10	30°	
					13	20°	
				O	P=0~2		
5	MC-BL-2		≥6	F H V O	b=0~3 p=0~3 α₁=45°		清根
	MC-TL-2						
	MC-CL-2						
6	MC-BL-B1		≥6	F H V O			
	MC-TL-B1			F,H V,O (F,V,O)	b	α₁	
					6	45°	
					(10)	(30°)	
					P=0~2		
	MC-CL-B1			F,H V,O (F,V,O)			

续表

序号	标记	坡口形状示意图	板厚(mm)	焊接位置	坡口尺寸(mm)	备注
7	MC-BX-2		≥16	F H V O	$b=0\sim3$ $H_1=\frac{2}{3}(t-p)$ $p=0\sim3$ $H_2=\frac{1}{3}(t-p)$ $\alpha_1=45°$ $\alpha_2=60°$	清根
8	MC-BK-2 MC-TK-2 MC-CK-2		≥16	F H V O	$b=0\sim3$ $H_1=\frac{2}{3}(t-p)$ $p=0\sim3$ $H_2=\frac{1}{3}(t-p)$ $\alpha_1=45°$ $\alpha_2=60°$	清根

表 A.0.4　气体保护焊、自保护药芯焊丝电弧焊全焊透坡口形式和尺寸

序号	标记	坡口形状示意图	板厚(mm)	焊接位置	坡口尺寸(mm)	备注
1	GC-BI-2 GC-TI-2 GC-CI-2		3~8	F H V O	$b=0\sim3$	清根
2	GC-BI-B1 GC-CI-B1		6~10	F H V O	$b=t$	

续表

序号	标 记	坡口形状示意图	板厚 (mm)	焊接 位置	坡口 尺寸 (mm)	备 注
3	GC-BV-2 GC-CV-2		≥6	F H V O	b=0~3 P=0~3 α₁=60°	清 根
4	GC-BV-B1 GC-CV-B1		≥6 ≥12	F V O	b α₁ 6 45° 10 30° P=0~2	
5	GC-BL-2 GC-TL-2 GC-CL-2		≥6	F H V O	b=0~3 P=0~3 α₁=45°	清 根

续表

序号	标　记	坡口形状示意图	板厚 (mm)	焊接位置	坡口尺寸 (mm)		备　注
6	GC-BL-B1		≥6	F,H V,O (F)	b $\qquad$ 6 (10) $\qquad$ P=0~2	α_1 45° (30°)	
	GC-TL-B1						
	GC-CL-B1						
7	GC-BX-2		≥16	F H V O	b=0~3 $H_1=\frac{2}{3}(t-p)$ p=0~3 $H_2=\frac{1}{3}(t-p)$ α_1=45° α_2=60°		清　根
8	GC-BK-2		≥16	F H V O	b=0~3 $H_1=\frac{2}{3}(t-p)$ p=0~3 $H_2=\frac{1}{3}(t-p)$ α_1=45° α_2=60°		清　根
	GC-TK-2						
	GC-CK-2						

表 A.0.5　埋弧焊全焊透坡口形式和尺寸

序号	标　记	坡口形状示意图	板厚 (mm)	焊接位置	坡口尺寸 (mm)	备　注
1	SC-BI-2		6~12	F	b=0	清　根
	SC-TI-2					
	SC-CI-2		6~10	F		
2	SC-BI-B1		6~10	F	b=t	
	SC-CI-B1					
3	SC-BV-2		≥12	F	b=0 H₁=t-p P=6 α₁=60°	清　根
	SC-CV-2		≥10	F	b=0 P=6 α₁=60°	清　根
4	SC-BV-B1		≥10	F	b=8 H₁=t-p P=2 α₁=30°	
	SC-CV-B1					

续表

序号	标　记	坡口形状示意图	板厚 (mm)	焊接位置	坡口尺寸 (mm)	备　注
5	SC-BL-2		≥12	F	b=0 H=t−p p=6 α₁=55°	清　根
			≥10	H		
	SC-TL-2		≥8	F	b=0 H=t−p p=6 α₁=60°	清　根
	SC-CL-2		≥8	F	b=0 H=t−p p=6 α₁=55°	
6	SC-BL-B1		≥10	F	b / α₁ 6 / 45° 10 / 30° p=2	
	SC-TL-B1					
	SC-CL-B1					

续表

序号	标　记	坡口形状示意图	板厚 (mm)	焊接位置	坡口尺寸 (mm)	备　注
7	SC-BX-2		≥20	F	$b=0$ $H_1=\frac{2}{3}(t-p)$ $p=6$ $H_2=\frac{1}{3}(t-p)$ $\alpha_1=45°$ $\alpha_2=60°$	清　根
	SC-BK-2		≥20	F	$b=0$ $H_1=\frac{2}{3}(t-p)$ $p=5$ $H_2=\frac{1}{3}(t-p)$ $\alpha_1=45°$ $\alpha_2=60°$	清　根
			≥12	H		
8	SC-TK-2		≥20	F	$b=0$ $H_1=\frac{2}{3}(t-p)$ $p=5$ $H_2=\frac{1}{3}(t-p)$ $\alpha_1=45°$ $\alpha_2=60°$	清　根
	SC-CK-2		≥20	F	$b=0$ $H_1=\frac{2}{3}(t-p)$ $p=5$ $H_2=\frac{1}{3}(t-p)$ $\alpha_1=45°$ $\alpha_2=60°$	清　根

表 A.0.6　焊条电弧焊部分焊透坡口形式和尺寸

序号	标记	坡口形状示意图	板厚 (mm)	焊接 位置	坡口 尺寸 (mm)	备 注
1	MP-BI-1 MP-CI-1		3~6	F H V O	b=0	
2	MP-BI-2		3~6	F H V O	b=0	
	MP-CI-2		6~10	F H V O	b=0	
3	MP-BV-1 MP-BV-2 MP-CV-1 MP-CV-2		≥6	F H V O	b=0 $H_1 \geqslant 2\sqrt{t}$ p=t−H_1 α_1=60°	

续表

序号	标 记	坡口形状示意图	板厚 (mm)	焊接位置	坡口尺寸 (mm)	备 注
4	MP-BL-1 MP-BL-2 MP-CL-1 MP-CL-2		≥6	F H V O	$b=0$ $H_1 \geqslant 2\sqrt{t}$ $p=t-H_1$ $\alpha_1=45°$	
5	MP-TL-1 MP-TL-2		≥10	F H V O	$b=0$ $H_1 \geqslant 2\sqrt{t}$ $p=t-H_1$ $\alpha_1=45°$	
6	MP-BX-2		≥25	F H V O	$b=0$ $H_1 \geqslant 2\sqrt{t}$ $p=t-H_1-H_2$ $H_2 \geqslant 2\sqrt{t}$ $\alpha_1=60°$ $\alpha_2=60°$	

续表

序号	标记	坡口形状示意图	板厚 (mm)	焊接位置	坡口尺寸 (mm)	备注
7	MP-BK-2 MP-TK-2 MP-CK-2		≥25	F H V O	$b=0$ $H_1 \geqslant 2\sqrt{t}$ $p=t-H_1-H_2$ $H_2 \geqslant 2\sqrt{t}$ $\alpha_1=45°$ $\alpha_2=45°$	

表 A.0.7　气体保护焊、自保护药芯焊丝电弧焊部分焊透坡口形式和尺寸

序号	标记	坡口形状示意图	板厚 (mm)	焊接位置	坡口尺寸 (mm)	备注
1	GP-BI-1 GP-CI-1		3~10	F H V O	$b=0$	
2	GP-BI-2 GP-CI-2		3~10 10~12	F H V O	$b=0$	

续表

序号	标　记	坡口形状示意图	板厚 (mm)	焊接位置	坡口尺寸 (mm)	备　注
3	GP-BV-1 GP-BV-2 GP-CV-1 GP-CV-2		≥6	F H V O	b=0 $H_1 \geqslant 2\sqrt{t}$ $p=t-H_1$ $\alpha_1=60°$	
4	GP-BL-1 GP-BL-2 GP-CL-1 GP-CL-2		≥6 6~24	F H V O	b=0 $H_1 \geqslant 2\sqrt{t}$ $p=t-H_1$ $\alpha_1=45°$	
5	GP-TL-1 GP-TL-2		≥10	F H V O	b=0 $H_1 \geqslant 2\sqrt{t}$ $p=t-H_1$ $\alpha_1=45°$	

续表

序号	标　记	坡口形状示意图	板厚 (mm)	焊接位置	坡口尺寸 (mm)	备　注
6	GP-BX-2		≥25	F H V O	$b=0$ $H_1 \geqslant 2\sqrt{t}$ $p=t-H_1-H_2$ $H_2 \geqslant 2\sqrt{t}$ $\alpha_1=60°$ $\alpha_2=60°$	
7	GP-BK-2		≥25	F H V O	$b=0$ $H_1 \geqslant 2\sqrt{t}$ $p=t-H_1-H_2$ $H_2 \geqslant 2\sqrt{t}$ $\alpha_1=45°$ $\alpha_2=45°$	
	GP-TK-2					
	GP-CK-2					

表 A.0.8　埋弧焊部分焊透透坡口形式和尺寸

序号	标　记	坡口形状示意图	板厚 (mm)	焊接位置	坡口尺寸 (mm)	备　注
1	SP-BI-1		6~12	F	$b=0$	
	SP-CI-1					

续表

序号	标记	坡口形状示意图	板厚(mm)	焊接位置	坡口尺寸(mm)	备注
2	SP-BI-2 SP-CI-2		6~20	F	b=0	
3	SP-BV-1 SP-BV-2 SP-CV-1 SP-CV-2		≥14	F	$b=0$ $H_1 \geq 2\sqrt{t}$ $p=t-H_1$ $\alpha_1=60°$	
4	SP-BL-1 SP-BL-2 SP-CL-1 SP-CL-2		≥14	F H	$b=0$ $H_1 \geq 2\sqrt{t}$ $p=t-H_1$ $\alpha_1=60°$	

续表

序号	标记	坡口形状示意图	板厚 (mm)	焊接位置	坡口尺寸 (mm)	备注
5	SP-TL-1		≥14	F	b=0 H≥2√t p=t−H₁ α₁=60°	
	SP-TL-2			H		
6	SP-BX-2		≥25	F	b=0 H≥2√t p=t−H₁−H₂ H₂≥2√t α₁=60° α₂=60°	
7	SP-BK-2		≥25	F	b=0 H≥2√t p=t−H₁−H₂ H₂≥2√t α₁=60° α₂=60°	
	SP-TK-2			H		
	SP-CK-2					

附录 B　钢结构焊接工艺评定报告格式

B.1　钢结构焊接工艺评定报告

B.1.1　钢结构焊接工艺评定报告封面应包含报告名称、编号以及编制人员、单位、日期等内容（图 B.1.1）。

B.1.2　钢结构焊接工艺评定报告目录应符合表 B.1.1 的规定。

B.1.3　钢结构焊接工艺评定报告格式应符合表 B.1.2～表 B.1.5 的规定。

钢结构焊接工艺评定报告

报告编号：＿＿＿＿＿＿＿＿＿

编　　制：＿＿＿＿＿＿＿＿＿＿＿＿＿

审　　核：＿＿＿＿＿＿＿＿＿＿＿＿＿

批　　准：＿＿＿＿＿＿＿＿＿＿＿＿＿

单　　位：＿＿＿＿＿＿＿＿＿＿＿＿＿

日　　期：＿＿＿＿年＿＿＿月＿＿＿日

图 B.1.1　钢结构焊接工艺评定报告封面

表 B.1.1　焊接工艺评定报告目录

序号	报 告 名 称	报告编号	页数
1			
2			
3			
4			
5			
6			
7			
8			
9			
10			
11			
12			
13			
14			
15			
16			
17			
18			
19			
20			

表 B.1.2 焊接工艺评定报告

共 4 页   第 1 页

工程（产品）名称			评定报告编号		
委托单位			工艺指导书编号		
项目负责人			依据标准	《钢结构焊接标准》（GB 50661-202X）	
试样焊接单位			施焊日期		
焊工	资格代号		级别		
母材钢号	板厚或管径×壁厚		轧制或热处理状态		生产厂

化 学 成 分 (%) 和 力 学 性 能

	C	Mn	Si	S	P	Cr	Mo	V	Cu	Ni	B	$R_{eH}(R_{el})$ (N/mm²)	R_m (N/mm²)	A (%)	Z (%)	A_{kv} (J)
标准																
合格证																
复验																

$C_{eq,\;IIW}$ (%)	$C+\dfrac{Mn}{6}+\dfrac{Cr+Mo+V}{5}+\dfrac{Cu+Ni}{15}=$	P_{cm} (%)	$C+\dfrac{Si}{30}+\dfrac{Mn+Cu+Cr}{20}+\dfrac{Ni}{60}+\dfrac{Mo}{15}+\dfrac{V}{10}+5B=$

焊接材料	生产厂	牌号	类型	直径（mm）	烘干制度（℃×h）	备注
焊条						
焊丝						
焊剂或气体						

焊接方法		焊接位置		接头形式	
焊接工艺参数	见焊接工艺评定指导书	清根工艺			
焊接设备型号		电源及极性			
预热温度（℃）	道间温度（℃）		后热温度（℃）及时间（min）		
焊后热处理					

评定结论：本评定按《钢结构焊接标准》GB 50661-202X 的规定，根据工程情况编制工艺评定指导书、焊接试件、制取并检验试样、测定性能，确认试验记录正确，评定结果为：_____。焊接条件及工艺参数适用范围按本评定指导书规定执行

评定		年 月 日	评定单位：	（签章）
审核		年 月 日		
技术负责		年 月 日		年 月 日

表 B.1.3　焊接工艺评定指导书

工程名称				指导书编号				
母材钢号		板厚或管径×壁厚		轧制或热处理状态			生产厂	
焊接材料	生产厂	牌　号	型　号	类　型		烘干制度（℃×h）		备注
焊　条								
焊　丝								
焊剂或气体								
焊接方法				焊接位置				
焊接设备型号				电源及极性				
预热温度（℃）			道间温度			后热温度（℃）及时间(min)		
焊后热处理								
接头及坡口尺寸图				焊接顺序图				

焊接工艺参数	道次	焊接方法	焊条或焊丝		焊剂或保护气	保护气体流量（L/min）	电流（A）	电压（V）	焊接速度（cm/min）	热输入（kJ/cm）	备注
			牌号	ϕ (mm)							

技术措施	焊前清理			道间清理		
	背面清根					
	其它：					

编制		日期	年　月　日	审核		日期	年　月　日

表 B.1.4　焊接工艺评定记录表

共 4 页　第 3 页

工程名称				指导书编号				
焊接方法			焊接位置		设备型号		电源及极性	
母材钢号			类别		生产厂			
母材板厚或管径×壁厚					轧制或热处理状态			

接头尺寸及施焊道次顺序	焊接材料						
	焊条	牌号		型号		类型	
		生产厂			批号		
		烘干温度（℃）			时间（min）		
	焊丝	牌号		型号		规格（mm）	
		生产厂			批号		
	焊剂或气体	牌号		规格（mm）			
		生产厂					
		烘干温度（℃）			时间（min）		

施 焊 工 艺 参 数 记 录

道次	焊接方法	焊条（焊丝）直径（mm）	保护气体流量（l/min）	电流（A）	电压（V）	焊接速度（cm/min）	热输入（kJ/cm）	备注

施焊环境	室内/室外		环境温度（℃）		相对湿度		%
预热温度（℃）		道间温度（℃）		后热温度（℃）		时间（min）	
焊后热处理							

技术措施	焊前清理			道间清理	
	背面清根				
	其他				

焊工姓名		资格代号		级别		施焊日期		年　月　日
记录		日期	年 月 日	审核		日期		年　月　日

表 B.1.5　焊接工艺评定检验结果

非 破 坏 检 验				
试验项目	评定标准	评定结果	报告编号	备　注
外　观				
射　线				
超声波				
磁　粉				

拉伸试验	报告编号			弯曲试验		报告编号		
试样编号	$R_{eH}(R_{el})$ (MPa)	Rm (MPa)	断口位置	评定结果	试样编号	试验类型	弯心直径 D (mm)	弯曲角度	评定结果
							$D=$　α		
							$D=$　α		
							$D=$　α		
							$D=$　α		

冲击试验	报告编号				宏观金相	报告编号
试样编号	试样尺寸 (mm)	缺口位置	试验温度 (℃)	冲击功 $A_{kv}(J)$	评定结果：	
					硬度试验	报告编号
					评定结果：	

评定结果：

其它检验：

检验		日期	年　月　日	审核		日期	年　月　日

B.2 栓钉焊接工艺评定报告

B.2.1 栓钉焊接工艺评定报告封面应包含报告名称、编号以及编制人员、单位、日期等内容（图 B.2.1）。

B.2.2 栓钉焊接工艺评定报告目录应符合表 B.2.1 的规定。

B.2.3 栓钉焊接工艺评定报告格式应符合表 B.2.2～表 B.2.5 的规定。

栓钉焊接工艺评定报告

报告编号：_____

编　　制：_____

审　　核：_____

批　　准：_____

单　　位：_____

日　　期：_____年 ____月 ____日

图 B.2.1 栓钉焊接工艺评定报告封面

表 B.2.1　栓钉焊接工艺评定报告目录

序号	报　告　名　称	报告编号	页数
1			
2			
3			
4			
5			
6			
7			
8			
9			
10			
11			
12			
13			
14			
15			
16			
17			
18			
19			
20			

表 B.2.2 栓钉焊焊接工艺评定报告

工程（产品）名称				评定报告编号		
委托单位				工艺指导书编号		
项目负责人				依据标准		《钢结构焊接标准》GB 50661-202X
试样焊接单位				施焊日期		
焊　工		资格代号			级　别	

施焊材料	牌　号	型号或材质	规　格	热处理或表面状态	烘干制度（℃×h）	备　注
焊接材料						
母　材						
穿透焊板材						
焊　钉						
瓷　环						

焊接方法		焊接位置		接头形式	
焊接工艺参数	见焊接工艺评定指导书				
焊接设备型号			电源及极性		

备　注：

评定结论：
本评定按《钢结构焊接标准》GB 50661-202X 的规定，根据工程情况编制工艺评定指导书、焊接试件、制取并检验试样、测定性能，确认试验记录正确，评定结果为：
焊接条件及工艺参数适用范围应按本评定指导书规定执行

评定		年　月　日	评定单位：　　　　　　（签章）
审核		年　月　日	
技术负责		年　月　日	年　月　日

表 B.2.3　栓钉焊焊接工艺评定指导书

工程名称				指导书编号			
焊接方法				焊接位置			
设备型号				电源及极性			
母材钢号			类别	厚度（mm）		生产厂	

接头及试件形式		施焊材料					
		焊接材料	牌　号		型　号		规格（mm）
			生产厂				批　号
		穿透焊钢材	牌　号			规格（mm）	
			生产厂			表面镀层	
		焊钉	牌　号			规格（mm）	
			生产厂				
		瓷环	牌　号			规格（mm）	
			生产厂				
		烘干温度℃及时间（min）					

焊接工艺参数	序号	电流（A）	电压（V）	时间（s）	保护气体流量（l/min）	伸出长度（mm）	提升高度（mm）	备　注
	1							
	2							
	3							
	4							
	5							
	6							
	7							
	8							
	9							
	10							

技术措施	焊前母材清理	
	其它：	

编　制		日　期	年　月　日	审　核		日　期	年　月　日

表 B.2.4 栓钉焊焊接工艺评定记录表

共 4 页 第 3 页

工程名称				指导书编号				
焊接方法				焊接位置				
设备型号				电源及极性				
母材钢号		类别		厚度（mm）			生产厂	

	施 焊 材 料					
接头及试件形式	焊接材料	牌 号		型 号		规格（mm）
		生产厂				批 号
	穿透焊钢材	牌 号		规格（mm）		
		生产厂		表面镀层		
	焊钉	牌 号		规格（mm）		
		生产厂				
	瓷环	牌 号		规格（mm）		
		生产厂				
	烘干温度℃及时间（min）					

			施 焊 工 艺 参 数 记 录						
序号	电流（A）	电压（V）	时间（s）	保护气体流量（l/min）	伸出长度（mm）	提升高度（mm）	环境温度（℃）	相对湿度（%）	备 注
1									
2									
3									
4									
5									
6									
7									
8									
9									

技术措施	焊前母材清理						
	其 它：						

焊工姓名		资格代号		级别		施焊日期		年 月 日
编 制		日期	年 月 日	审核		日期		年 月 日

表 B.2.5　栓钉焊焊接工艺评定试样检验结果

焊　缝　外　观　检　查						
检验项目	实测值（mm）				规定值（mm）	检验结果
	0°	90°	180°	270°		
焊缝高					>1	
焊缝宽					>0.5	
咬边深度					<0.5	
气孔					无	
夹渣					无	
拉伸试验	报告编号					
试样编号	抗拉强度 Rm（MPa）		断口位置		断裂特征	检验结果
弯曲试验	报告编号					
试样编号	试验类型		弯曲角度		检验结果	备　注
	锤击		30°			
	锤击		30°			
	锤击		30°			
	锤击		30°			
	锤击		30°			
其它检验：						
检验		日期	年　月　日	审核	日期	年　月　日

B.3 免予评定的焊接工艺报告

B.3.1 免予评定的焊接工艺报告封面应包含报告名称、编号以及编制人员、单位、日期等内容（图 B.3.1）。

B.3.2 免予评定的焊接工艺报告目录应符合表 B.3.1 的规定。

B.3.3 免予评定的焊接工艺报告格式应符合表 B.3.2～表 B.3.5 的规定。

免予评定的焊接工艺报告

报告编号：＿＿＿＿＿＿＿＿

编　　制：＿＿＿＿＿＿＿＿＿＿＿＿

审　　核：＿＿＿＿＿＿＿＿＿＿＿＿

批　　准：＿＿＿＿＿＿＿＿＿＿＿＿

单　　位：＿＿＿＿＿＿＿＿＿＿＿＿

日　　期：＿＿＿＿年 ＿＿＿＿月 ＿＿＿＿日

图 B.3.1　免予评定的焊接工艺报告封面

表 B.3.1　免予评定的焊接工艺报告目录

序号	报 告 名 称	报告编号	页数
1			
2			
3			
4			
5			
6			
7			
8			
9			
10			
11			
12			
13			
14			
15			
16			
17			
18			
19			
20			

表 B.3.2　免予评定的焊接工艺报告

共 4 页　第 1 页

工程（产品）名称				报告编号											
施工单位				工艺编号											
项目负责人				依据标准			《钢结构焊接标准》GB 50661-202X								
母材钢号		板厚或管径×壁厚		轧制或热处理状态				生产厂							

化 学 成 分 (%) 和 力 学 性 能

	C	Mn	Si	S	P	Cr	Mo	V	Cu	Ni	B	R_{eH} (R_{el}) (N/mm^2)	Rm (N/mm^2)	A (%)	Z (%)	A_{kv} (J)
标准																
合格证																
复验																

$C_{eq, IIW}(\%)$	$C+\dfrac{Mn}{6}+\dfrac{Cr+Mo+V}{5}+\dfrac{Cu+Ni}{15}=$		P_{cm} (%)	$C+\dfrac{Si}{30}+\dfrac{Mn+Cu+Cr}{20}+\dfrac{Ni}{60}+\dfrac{Mo}{15}+\dfrac{V}{10}+5B=$	

焊接材料	生产厂	牌号	类型	直径（mm）	烘干制度（℃×h）	备注
焊条						
焊丝						
焊剂或气体						

焊接方法		焊接位置		接头形式	
焊接工艺参数	见免予评定的焊接工艺	清根工艺			
焊接设备型号		电源及极性			
预热温度（℃）		道间温度（℃）		后热温度（℃）及时间（min）	
焊后热处理					

本报告按《钢结构焊接标准》GB 50661-202X 第 6.6 节关于免予评定的焊接工艺的规定，根据工程情况编制免予评定的焊接工艺报告。焊接条件及工艺参数适用范围按本报告规定执行

编　制		年　月　日	编制单位：	（签章）
审　核		年　月　日		
技术负责		年　月　日	年　　月　　日	

表 B.3.3　免于评定的焊接工艺

共 4 页　第 2 页

工程名称				工艺编号			
母材钢号		板厚或管径×壁厚		轧制或热处理状态		生产厂	
焊接材料	生产厂	牌号	型号	类型	烘干制度（℃×h）	备注	
焊条							
焊丝							
焊剂或气体							
焊接方法				焊接位置			
焊接设备型号				电源及极性			
预热温度（℃）		道间温度		后热温度（℃）及时间（min）			
焊后热处理							

接头及坡口尺寸图		焊接顺序图	

焊接工艺参数	道次	焊接方法	焊条或焊丝		焊剂或保护气	保护气体流量（l/min）	电流（A）	电压（V）	焊接速度（cm/min）	热输入（kJ/cm）	备注
			牌号	φ (mm)							

技术措施	焊前清理		道间清理	
	背面清根			
	其它：			

编制		日期	年　月　日	审核		日期	年　月　日

表 B.3.4 免于评定的栓钉焊焊接工艺报告

工程（产品）名称				报告编号		
施工单位				工艺编号		
项目负责人				依据标准		
施焊材料	牌 号	型号或材质	规 格	热处理或表面状态	烘干制度（℃×h）	备 注
焊接材料						
母 材						
穿透焊板材						
焊 钉						
瓷 环						
焊接方法		焊接位置			接头形式	
焊接工艺参数		见免于评定的栓钉焊焊接工艺（编号：_____）				
焊接设备型号			电源及极性			
备 注：						

本报告按《钢结构焊接标准》GB 50661-202X 第 6.6 节关于免予评定的焊接工艺的规定，根据工程情况编制免予评定的栓钉焊焊接工艺。焊接条件及工艺参数适用范围按本报告规定执行

编 制		年 月 日	编制单位：	（签章）
审 核		年 月 日		
技术负责		年 月 日		年 月 日

表 B.3.5　免于评定的栓钉焊焊接工艺

工程名称			工艺编号		
焊接方法			焊接位置		
设备型号			电源及极性		
母材钢号		类别	厚度（mm）	生产厂	

接头及试件形式

施焊材料

焊接材料	牌　号		型　号	规格（mm）	
	生产厂				批　号
穿透焊钢材	牌　号		规格（mm）		
	生产厂		表面镀层		
焊钉	牌　号		规格（mm）		
	生产厂				
瓷环	牌　号		规格（mm）		
	生产厂				
烘干温度（℃）及时间（min）					

焊接工艺参数

序号	电流（A）	电压（V）	时间（s）	伸出长度（mm）	提升高度（mm）	备　注

技术措施

焊前母材清理	
其它：	

编　制		日　期	年　月　日	审　核		日　期	年　月　日

附录 C　焊接接头射线检测缺欠评定

C.0.1　射线检测缺欠评定前，应根据对接焊缝的母材厚度或角焊缝厚度确定射线底片的评定厚度 T；对接焊缝的评定厚度应为母材的公称厚度，对于不等厚对接焊缝，评定厚度应为较薄母材的公称厚度；角焊缝的评定厚度应为角焊缝的理论厚度。

C.0.2　一、二级焊缝的射线底片应无裂纹、未熔合、未焊透缺陷。

C.0.3　焊接缺欠的评定应符合下列规定：

　1　圆形缺欠评定应符合下列规定：

　　1）长宽比不大于 3 的缺欠应定义为圆形缺欠，可为圆形、椭圆形、锥形或带有尾巴等不规则的形状，可包括孔洞、夹渣和夹钨。

　　2）圆形缺欠评定区的大小应符合表 C.0.3-1 的规定，评定区应选在缺欠最严重的部位；

表 C.0.3-1　缺欠评定区

评定厚度 T（mm）	≤25	>25
评定区尺寸（mm）	10×10	10×20

　　3）评定圆形缺欠时，应将缺欠尺寸按表 C.0.3-2 换算成缺欠点数；不计点数的缺欠应符合表 C.0.3-3 的规定；当缺欠与评定区边界线相接时，应把它划入该评定区内计算点数；

表 C.0.3-2　缺欠点数换算表

缺欠长径（mm）	≤1	>1~2	>2~3	>3~4	>4~6	>6~8	>8
点数	1	2	3	6	10	15	25

表 C.0.3-3　不计点数的缺欠尺寸

评定厚度 T（mm）	缺欠长径（mm）
≤25	≤0.5
>25	≤0.7

　　4）圆形缺欠的评定应符合表 C.0.3-4 的规定。

表 C.0.3-4　圆形缺欠的评定

评定区（mm）		10×10			10×20
评定厚度 T（mm）		≤10	>10~15	>15~25	>25
质量等级	I	1	2	3	4
	II	3	6	9	12
	III	6	12	18	24
	IV			缺欠点数大于 III 级者	

注：1　表中的数字是允许缺欠点数的上限；

　　2　对由于材质或结构等原因进行返修可能会产生不利后果的焊接接头，经合同各方商定，各级别的圆形缺欠可放宽 1~2 点；

　　3　圆形缺欠长径大于 1/2T 时，评为 IV；

　　4　不计点数的圆形缺欠，在评定区内不得多于 10 个。

2 条形缺欠评定应符合下列规定：

1）长宽比大于 3 的孔洞、夹渣和夹钨缺欠应定义为条形缺欠；

2）条形缺欠的评定应符合表 C.0.3-5 的规定。

表 C.0.3-5 条形缺欠的评定

质量等级	评定厚度 T （mm）	单个条形缺欠长度 （mm）	条形缺欠总长
Ⅰ	所有厚度	不允许	/
Ⅱ	≤12	4	在平行于焊缝轴线的任意直线上，相邻两缺欠间距均不超过 6L 的任意一组缺欠，其累计长度在 12T 焊缝长度内不超过 T
	>12	1/3T	
Ⅲ	≤12	8	在平行于焊缝轴线的任意直线上，相邻两缺欠间距均不超过 3L 的任意一组缺欠，其累计长度在 6T 焊缝长度内不超过 T
	>12	2/3T	
Ⅳ	大于Ⅲ级者		

注：表中 L 为该组缺欠中最长者的长度。

3 综合评级应符合下列规定：

当评定区内同时存在圆形缺欠和条形缺欠时，应各自评级，将两种缺欠所评级别之和减 1 或者三种缺欠所评级别之和减 2 作为最终评级。

附录 D 箱形柱（梁）内隔板电渣焊焊缝焊透宽度的测量

D.0.1 应采用超声波垂直检测法以使用的最大声程作为探测范围调整时间轴，在被探工件无缺欠的部位将钢板的第一次底面反射回波调至满幅的 80% 高度作为探测灵敏度基准，垂直于焊缝方向从焊缝的终端开始应以 100mm 间隔进行扫查，并应对两端各 50mm+t_1 范围进行全面扫查（图 D.0.1）。

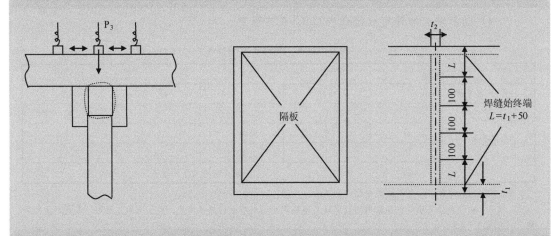

图 D.0.1 扫查方法示意

D.0.2 焊接前应在面板外侧标记上焊接预定线，检测时应以该预定线为基准线。

D.0.3 应把探头从焊缝一侧移动至另一侧底波高度达到 40%时的探头中心位置作为焊透宽度的边界点，两侧边界点间距应为焊透宽度。

D.0.4 缺欠显示长度的测定应符合下列规定：

1 当焊透指示宽度不足时，应按本标准第 D.0.3 条规定扫查求出的焊透指示宽度小于隔板尺寸的沿焊缝长度方向的范围作为缺欠显示长度；

2 当焊透宽度的边界点错移时，应将焊透宽度边界点向焊接预定线内侧沿焊缝长度方向错位超过 3mm 的范围作为缺欠显示长度；

3 缺欠在焊缝长度方向的位置应以缺欠的起点表示。

附录 E 超声检测固定回波幅度测长

E.0.1 超声检测中缺欠显示的水平长度宜采用本方法进行测量。

E.0.2 测量时，应将探头左右移动，回波幅度等于评定线的位置点 1 和 2 应为缺欠显示的端点（图 E.0.2-1）；端点 1 和端点 2 之间的水平长度应为缺欠显示的测定长度（图 E.0.2-2）。

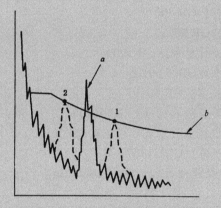

图 E.0.1-1 缺欠显示端点的确定

1、2—回波幅度等于评定线的位置；a—最高回波；b—评定线

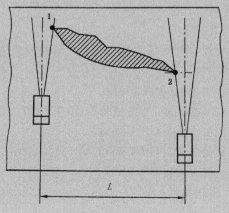

图 E.0.1-2 缺欠显示长度的测量

L—缺欠显示的水平长度

本标准用词说明

1　为便于在执行本标准条文时区别对待，对要求严格程度不同的用词说明如下：

1）表示很严格，非这样做不可的：

正面词采用"必须"，反面词采用"严禁"；

2）表示严格，在正常情况均应这样做的：

正面词采用"应"，反面词采用"不应"或"不得"；

3）表示允许稍有选择，在条件许可时首先应这样做的：

正面词采用"宜"，反面词采用"不宜"；

4）表示有选择，在一定条件下可以这样做的，采用"可"。

2　条文中指定应按其他有关标准执行的写法为："应符合……的规定"或"应按……执行"。

引用标准名录

1　《钢结构通用规范》GB 55006

2　《建筑抗震设计规范》GB 50011

3　《钢结构设计标准》GB 50017

4　《工业建筑防腐蚀设计标准》GB 50046

5　《建筑结构制图标准》GB/T 50105

6　《构筑物抗震设计规范》GB 50191

7　《钢结构工程施工质量验收标准》GB 50205

8　《建筑结构加固工程施工质量验收规范》GB 50550

9　《钢结构加固设计标准》GB 51367

10　《钢的低倍组织及缺陷酸蚀检验法》GB/T 226

11　《金属材料　拉伸试验　第1部分：室温试验方法》GB/T 228.1

12　《焊缝符号表示法》GB/T 324

13　《优质碳素结构钢》GB/T 699

14　《碳素结构钢》GB/T 700

15　《桥梁用结构钢》GB/T 714

16　《气焊、焊条电弧焊、气体保护焊和高能束焊的推荐坡口》GB/T 985.1

17　《埋弧焊的推荐坡口》GB/T 985.2

18　《低合金高强度结构钢》GB/T 1591

19　《金属材料焊缝破坏性试验 冲击试验》GB/T 2650

20　《焊接接头拉伸试验方法》GB/T 2651

21　《焊接接头弯曲试验方法》GB/T 2653

22　《焊接接头硬度试验方法》GB/T 2654

23　《焊缝无损检测 射线检测》GB/T 3323

24　《焊接术语》GB/T 3375

25　《起重机设计规范》GB/T 3811

26 《熔敷金属中扩散氢测定方法》GB/T 3965

27 《耐候结构钢》GB/T 4171

28 《非合金钢及细晶粒钢焊条》GB/T 5117

29 《热强钢焊条》GB/T 5118

30 《焊接及相关工艺方法代号》GB/T 5185

31 《埋弧焊用非合金钢及细晶粒钢实心焊丝、药芯焊丝和焊丝-焊剂组合分类要求》GB/T 5293

32 《厚度方向性能钢板》GB/T 5313

33 《金属熔化焊接头缺欠分类及说明》GB/T 6417.1

34 《焊接结构用铸钢件》GB/T 7659

35 《熔化极气体保护电弧焊用非合金钢及细晶粒钢实心焊丝》GB/T 8110

36 《无损检测人员资格鉴定与认证》GB/T 9445

37 《焊接与切割安全》GB 9448

38 《非合金钢及细晶粒钢药芯焊丝》GB/T 10045

39 《电弧螺柱焊用圆柱头焊钉》GB/T 10433

40 《焊缝无损检测 超声检测 技术、检测等级和评定》 GB/T 11345

41 《埋弧焊用热强钢实心焊丝、药芯焊丝和焊丝—焊剂组合分类要求》GB/T 12470

42 《熔化焊用钢丝》GB/T 14957

43 《钢熔化焊焊工技能评定》GB/T 15169

44 《热强钢药芯焊丝》GB/T 17493

45 《无损检测 渗透检测》GB/T 18851

46 《钢的弧焊接头 缺陷质量分级指南》GB/T 19418

47 《建筑结构用钢板》GB/T 19879

48 《焊缝无损检测 磁粉检测》GB/T 26951

49 《高强钢焊条》GB/T 32533

50 《埋弧焊用高强钢实心焊丝、药芯焊丝和焊丝-焊剂组合分类要求》GB/T 36034

51 《高强钢药芯焊丝》GB/T 36233

52 《钨极惰性气体保护电弧焊用非合金钢及细晶粒钢实心焊丝》GB/T 39280

53 《焊接与切割用保护气体》GB/T 39255

54 《空间网格结构技术规程》JGJ 7

55 《钢结构超声波探伤及质量分级法》JG/T 203

56 《碳钢、低合金钢焊接构件焊后热处理方法》JB/T 6046

57 《铸钢结构技术规程》JGJ/T395

58 《热切割 质量几何技术规范》JB/T 10045

59 《焊接构件振动时效工艺参数选择及技术要求》JB/T 10375

60 《公路桥涵施工技术规范》JTG/T 3650

第4章

钢结构焊接从业人员资格认证与管理

4.1 钢结构焊接从业人员资格认证与管理的必要性

《钢结构焊接规范》GB 50661—2011 自颁布实施（2012 年 8 月 1 日）以来，与《建筑抗震设计规范》GB 50011、《钢结构设计标准》GB 50017、《钢结构工程施工质量验收标准》GB 50205、《高层民用建筑钢结构技术规程》JGJ 99、《空间网格结构技术规程》JGJ 7 等相关标准一起，为我国钢结构的制作和安装施工起到了指导作用，对规范焊接工艺技术，保证钢结构质量及使用安全发挥了重要作用。但与其前身行业标准《建筑钢结构焊接技术规程》JGJ 81—2002 相比，唯一美中不足的是缺少了焊接人员技术评定的具体内容，不利于钢结构焊接质量的保证；反观欧美标准，焊工评定和焊接工艺评定都出现在同一标准中或处于同一地位，国内外大量工程实践证明，焊工评定与焊接工艺评定一样，都是焊接质量保证中不可或缺的重要一环。因此，自 GB 50661—2011 实施以来，国内众多业内人士建议增加人员评定的相关内容，具体理由归纳如下。

① 现行钢结构相关国家标准中均无对焊工技能的要求，导致钢结构焊工技能考核无章可循。

焊接是钢结构加工、安装中最常用的连接技术，其施工质量直接影响到结构安全。随着我国钢铁行业的不断发展，我国钢结构产能、产量均已跃居世界第一，应用领域涵盖了我国工业和民用各个领域。据相关行业组织统计，2021 年我国钢结构行业应用总量已接近 9000 万吨，钢结构行业焊接相关从业人员超过百万人。由于钢结构构件构造复杂，目前其加工制造，特别是现场焊接还是以人工操作、手工焊接为主，这一现状短时间内很难改变。焊接作为特殊的金属热加工工艺，过程决定结果，焊后非破坏性检测只能发现气孔、夹渣、裂纹和表面成型等几何缺陷，无法检验包括力学性能等在内的重要指标是否满足标准要求，必须通过焊接过程控制，即合格的材料、合格的焊工、合格的焊接工艺等，才能保证钢结构工程的焊接质量和施工安全。

在影响焊接质量的诸多因素中，焊工技能是最重要也是最基础的因素。原行业标准《建筑钢结构焊接技术规程》JGJ 81—2002 第 9 章"焊工考试"规定了对从事钢结构焊接的操作人员，需根据工程特点和焊接工艺方法、焊接材料及焊接位置进行专门考试，合格后方可在其合格项目范围内从事焊接。2008 年奥运工程的钢结构焊接均据此规定，对焊接操作人员进行了技能评定，确保了奥运工程的焊接质量。我国现行国家标准《钢结构焊接规范》GB 50661—2011 取消了"焊工考试"的相关章节。国家标准发布后，《建筑钢结构焊接技术规程》JGJ 81—2002

废止，现有钢结构相关国家、行业标准中没有了对焊工技能评定的要求，为工程质量埋下了隐患。

② 焊接质量低劣是造成钢结构工程质量事故的重要原因。

钢结构行业门槛低，加之无章可循造成焊接从业者总体技术素养和技能水平普遍较低。由于目前钢结构行业用工多为劳务外包，焊工流动性强，管理难度大，部分钢结构制作、安装企业和相关业主、监理人员忽视对钢结构焊工技能的有效管理，造成钢结构焊接质量处于不完全受控状态。近些年频繁出现的结构工程事故多与焊接质量低劣有关，而从事后调查来看，这些工程的焊工或是存在无证上岗的问题，或是仅有国家安监部门（国家应急管理部）颁发的焊接特种作业操作证（安全证），没有做过技能评定。

③ 国内其他行业焊工技能考核管理可供借鉴。

国内钢结构行业领域对焊工技能考核管理远远落后于国内其他行业。民用核设施、特种设备、船舶及海工结构等行业都制定了专门的考试规程，对焊工技能进行考核管理，对确保相关行业的焊接质量发挥了极为重要的作用。例如核工业领域 2019 年印发了行业标准《民用核安全设备焊工焊接操作工技能评定》NNSN-HAJ-0002—2019，提出了核领域焊工技能评定要求；国家市场监督管理总局将焊工作为特种设备作业人员，制定了焊工考试技术规程，对从事焊接作业的人员进行考核管理；船舶行业将焊工作为特殊工艺作业人员，由船级社制定焊工技能考试标准并对从业者进行考试和管理。相关行业成熟的做法，为钢结构焊工技能评定提供了很好的借鉴。

④ 增补焊工技能评定章节有利于本标准在国外工程的推广应用。

近些年随着我国钢结构加工制造和施工实力的不断提升，相关企业承接了大量海外工程，《钢结构焊接标准》GB 50601 也被部分海外工程采用。但由于缺乏对焊工技能评定的要求，在人员资格管理方面无法与国际标准对标，还需采用其他国家标准。

综上所述，为解决钢结构焊工技能评定存在的标准缺失，逐步规范钢结构行业焊工技能管理，提高钢结构焊接质量的可控性，应增加焊工技能评定相关章节。但由于国内工程建设领域标准管理的相关规定，明确要求技术标准不能涉及人员评定、考核方面的内容，该章节在报批阶段被删除。本章以国家现行团体标准《钢结构焊接从业人员资格认证标准》T/CECS 331—2021 为基础，对焊接从业人员的资格认证管理做一介绍，以供大家在具体工程实践中参考使用。

4.2　钢结构焊接从业人员的职业要求

焊接作为钢结构构件的主要连接方式之一，其质量的优劣直接关系到整个工程建设的质量，但由于焊接质量在焊后的试验或检验中，不可能充分验证是否满足标准要求，因此，从设计阶段、材料选择、施工直到检验，必须始终进行全过程管理。而焊接从业人员，包括焊接技术管理人员、焊接操作指导人员、焊工、焊接检验人员、焊接热处理人员，是焊接实施的直接或间接参与者，是焊接质量控制环节中的重要组成部分，焊接从业人员的素质是关系到焊接质量的关键因素。

4.2.1　焊接从业人员的职业要求

T/CECS 331—2021 标准对焊接从业人员的职业要求做出了明确规定：

① 了解资格认证的能力范围，不从事超出认证能力范围的工作；
② 按要求向相关部门或人员提交真实有效的资格证明文件；
③ 不得伪造、擅自变更资格证书；
④ 应认真执行国家现行相关标准或焊接技术文件的规定。

当前，我国已成为世界最大的产钢国和用钢国，钢结构工程越来越多，而焊接是保证其工程质量的重要因素之一，因此提高焊接技术水平和焊接从业人员的素质是保证钢结构工程焊接质量的基本条件。就焊接产品质量控制而言，过程控制比焊后检测显得更为重要，特别是对高强钢或特种钢，产品制造过程中工艺参数对产品性能和质量的影响更为直接，产生的不利后果更难以恢复，同时也是用常规无损检测方法难以检测到的，这就需要焊接相关人员严格执行焊接工艺。而焊接工艺能否得到有效实施，一方面需要焊接从业人员的专业技术能力满足焊接生产的要求，另一方面则要求相关人员具有良好的职业道德。以上这些规定即对焊接从业人员的职业道德做出明确要求，用以规范焊接从业人员的行为。

4.2.2　焊接技术管理人员

钢结构制作、安装中负责焊接工艺的设计、施工计划和管理的技术人员，也就是我们常说的焊接工程师。不同级别的焊接技术管理人员，应承担表 4-1 中焊接管理和任务的相应内容。

表 4-1　焊接管理和任务的内容

序号	项目		焊接管理和任务
1	合同评审		制造单位的焊接能力、资质及有关活动
2	设计评审		相关焊接标准
			设计要求的接头部位
			焊接、检验及试验的可行性
			焊接接头的详细要求
			焊缝的质量及合格要求
3	材料	母材	母材的焊接性
			材料采购规程中包括材质证明单在内的所有附加要求
			母材的标识、储存、保管及可追溯性
		焊接材料	匹配性及选用合理性
			供货条件
			材料采购规程中包括焊材质量证明单在内的所有附加要求
			焊材的标识、储存及保管
4	分包		所有分包商的能力及资质
5	生产计划		焊接工艺规程（WPS）及焊接工艺评定报告（WPQR）的适用性
			工作指令
			焊接夹具及固定装置
			焊工资格认可的适用性及有效性
			结构的焊接及组装顺序

续表

序号	项目		焊接管理和任务
5	生产计划		产品焊接试验要求
			焊接检验要求
			环境条件
			健康与安全
6	设备		焊接及相关设备的适用性
			设备及附件的供应、标识及保管、健康与安全
7	焊接操作	准备工作	颁发工作指令
			接头制备、组装及清理
			产品焊接试验准备
			工作区域（包括环境在内）的适用性
		焊接	焊工的管理
			设备及其附件的使用和功能
			焊接材料及辅助材料
			定位焊接
			焊接工艺参数
			所有焊接过程中的检验
			预热及焊后热处理方法
			焊接顺序
			焊缝标识
			焊后处理
8	检验	外观检验	焊缝的完整性
			焊缝外观尺寸
			焊接结构的形状、尺寸及公差、接头的外形
		破坏性试验及无损检测	破坏性试验及无损检测的应用
			特殊试验
9	焊接接头的验收		试验及检验结果的评定
			焊缝返修
			修复焊缝的重新评定
			整改措施
10	文件		记录的准备及管理

4.2.3　焊工

4.2.3.1　定义

根据 T/CECS 331—2021 标准的定义，焊工为定位焊工、手工焊工、焊接操作工的总称。其中定位焊工是正式焊缝焊接前，为了使焊件的一些部分保持对准合适的位置而进行定位焊接的人员；手工焊工是进行手工或半自动焊焊接操作的人员；焊接操作工是全机械或全自动熔化焊、电阻焊焊接设备和焊接机器人的操作人员。

4.2.3.2　国内外焊工技能评定的相关标准

焊接从业人员中，焊工是最直接的执行者，是焊接工作的实现者，是质量控制的关键与核心，因此焊工的优劣关乎钢结构焊接工程的成败。

世界各国都非常重视对焊工的培训、考核工作，通过标准对焊工的技能、职业素质和职业道德加以规范。例如：国际标准《熔化焊焊工技能评定》ISO 9606，（图 4-1），美国标准《钢结构焊接规范》AWS D1.1、欧洲标准《熔化焊焊技能评定》EN 287、德国标准《钢焊工考核标准》DIN8560、日本标准《手工电弧焊的考核方法及评定标准》JISZ 3801 等都对焊工的技能评定做出了具体规定。我国也十分重视焊工的培训考试工作，由国家市场监督管理总局在全国范围内建立了较完善的《特种设备作业人员考核规则》TSG Z6001，其中《特种设备焊接操作人员考核细则》TSG Z6002 对焊工考核做出了详细规定；同时，在焊接应用比较普遍的一些行业，如冶金、电力、船舶等行业，根据自己的需要分别制定了自己的焊工考试规则。但各行业的考核培训内容具有自身行业特点：冶金行业主要是大型工业厂房钢结构及炉窑；电力行业主要是电站锅炉安装，与锅炉压力容器相近；船舶行业主要是船体建造等。

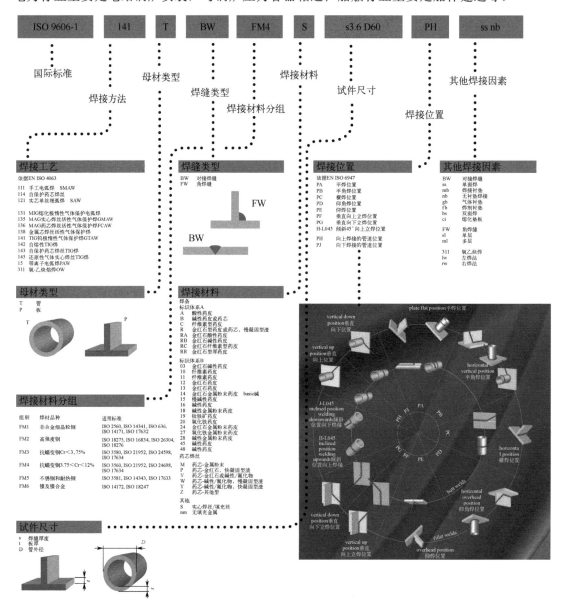

图 4-1 国际标准 ISO 9606-1 规定的焊工技能评定要素

4.2.3.3　国内焊工资格证书介绍

概括起来，目前国内常用的焊工证书有 4 种。

（1）特种作业操作证（俗称"安全证"，图 4-2）

焊工作为特种作业人员，安全证由国家应急管理部（原国家安全生产监督管理总局）按我国《特种作业人员安全技术培训考核管理办法》管理颁发，证明焊工经安全培训合格（20世纪 90 年代以前，由劳动部安全部门管理）。

安全证是焊工经有关技术安全法规培训合格后取得的，持有安全证后才有资格进行焊接技能的培训，有如机动车驾驶员必须先学习交通安全法规，培训考试合格后才能学习驾驶技能一样。安全证的培训主要是理论培训，虽然并不能证明焊工的技能水平，但却是从事焊接、切割等特种作业必须要求的准入资质。

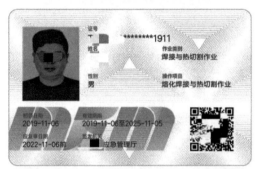
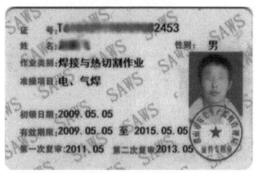

备注：本证书应于2022年11月06日前进行复审

(a) 新证(国家应急管理部)　　　　　　　　(b) 旧证(国家安全生产监督管理总局)

图 4-2　特种作业操作证（安全证）

（2）职业资格证书（俗称"等级证"，图 4-3）

职业资格证书由人力资源和社会保障部（原劳动和社会保障部）职业技能鉴定中心按国家职业标准《焊工》管理颁发，证明焊工的技术资格等级，包括初级工、中级工、高级工、技师、高级技师 5 个级别。

资格等级证相当于我们平常所说的职称证，它是表明证书持有人具有从事焊接这一职业所必须具备的学识和技能的证明，是对焊工具有和达到国家职业标准《焊工》所要求的知识和技能标准，并通过职业技能鉴定的凭证。资格等级证没有有效期限制，只是对从业人员社会身份的一个承认，说明焊工的技术等级，不反映焊工现时的技能水平，一个人由于年龄、体力或者其他原因即使不能从事焊接操作了，但他的职业资格等级仍不会改变，因此，不能作为上岗的凭证。

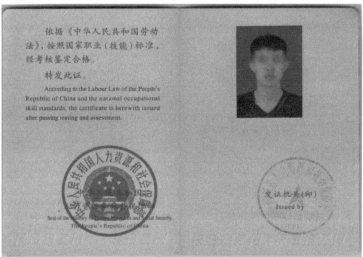

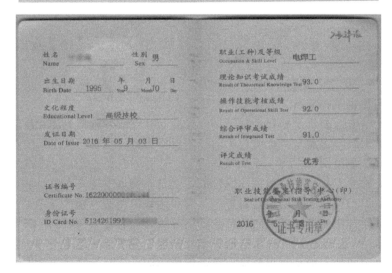

图 4-3　职业资格证书（等级证）

（3）焊工合格证（简称"合格证"，图4-4～图4-6）

　合格证由各归口管理部门按有关规定颁发，如：由原国家质量监督检验检疫总局按《锅炉压力容器压力管道焊工考试与管理规则》管理颁发的"锅炉压力容器压力管道特种设备操作人员资格证"；由冶金焊接考试委员会（原冶金部）按《冶金工程建设焊工考试规程》管理颁发的"冶金工程建设焊工合格证"，由原电力部按《电力部焊工考核规程》管理颁发的"电力部焊工合格证"，由中国工程建设焊接协会钢结构焊工技术资格考试委员会颁发的"钢结构焊工合格证"等。

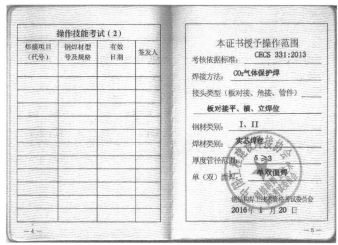

图 4-4　焊工合格证（工程建设）

与机动车驾驶证规定准驾车型（大客车、大货车、小客车还是摩托车等）一样，焊工合格证必须包含以下内容：

① 适用的焊接方法，如焊条电弧焊、氩弧焊、CO_2气体保护焊、埋弧焊、电渣焊等；

② 适用的材料范围，如结构钢、不锈钢、有色金属等以及母材、焊材强度级别、质量等级和型号等；

③ 适用的焊接位置，如平焊、横焊、立焊、仰焊等；

④ 适用的产品对象（管道、钢板等）和应用领域（压力容器、建筑钢结构等）。

姓名：

身份证号：

授权单位：中国建筑第二工程局有限公司

焊工编号：建材□□

授权期□：2022□□月□□用□

项目代号：SMAW P FW FM5(B) □□□□

变素

合格项目代号使用范围
适用范围

焊接方法（SMAW）：焊条电弧焊手工焊

试件形式（P）：板或管（外径D≥500mm）

焊接位置（PD）：PA、PB、PC、PD、PE

焊缝形式（FW）：角焊缝

填充材料（FM5(B)）：不锈钢
药皮类型：酸性型和碱性型

板厚度（T10）：立板厚度≥3mm

焊接要素（ml）：每面坡口内多层焊或单层焊

图 4-5　焊工合格证（核工业）

Welder Qualification Test Certificate
EN ISO 9606-1: 2017

Certificate no: LR-W-BTRL-001
Page 1 of 2　WEL2289011

Designation:	EN ISO 9606-1 : 2017　135　P　BW　FM5　S　t1.5　PA　ss nb		
Welding Procedure Specification Reference No.	pWPS-BTRL-21007	Examining Body: Reference No:	LRQA / Q21-W-161 & Q22-W-022 Rev.0

Welder's Name	Zhang, □□□
Identification:	130□□□□□□□□□□□
Method of Identification:	ID Card
Date and place of birth:	1994-07-12 / Hebei Province, P.R. China
Employer:	Botou Ruilin Locomotive Vehicle Fittings Co., Ltd.
Code/Testing Standard:	EN ISO 9606-1: 2017
Job knowledge:	Not Tested

Photograph (if required)

	Test piece	Range of qualification
Welding process(es)	135	135, 138
Transfer Mode	Short-circuit	All
Product type (plate or pipe)	P	P, T
Type of weld	BW	BW
Parent material group(s)/subgroups	8.1 / 06Cr19Ni10	--
Filler material group(s)	FM5	FM5
Filler material (Designation)	S / ER308LSi	S, M
Shielding gas	ISO 14175: M12	Suitable shielding gases
Auxiliaries	--	--
Type of current and polarity	DCEP	--
Material thickness (mm)	1.5	--
Deposited thickness (mm)	1.5	1.5 to 3
Outside pipe diameter (mm)	--	≥500(fixed); ≥75(rotated)
Welding positions	PA	PA
Weld details	ss nb	ss (nb, mb, gb, fb), bs
Multi-layer/single layer		

Supplementary fillet weld test (completed in conjunction with a butt weld qualification):　**Not Applicable**

Additional information is available on attached sheet and/or welding procedure specification:

Type of test	Performed and acceptable	Not tested	Notes
Visual testing	X	--	--
Radiographic testing	X	--	--
Ultrasonic testing	--	X	--
Magnetic particle / Penetrant test	--	X	--
Macroscopic examination	--	X	--
Fracture test	--	X	--
Bend test	X	--	--
Notch tensile test	--	X	--

Lloyd's Register Industrial Technical Services (Shanghai) C
(Report Number) Wenbo Shao
Date: 19/05/2022　Wenbo Shao　Signature:
Ref No.: CEN2289011
Office: Shanghai　Surveyor to　LRQA
LR04001 11.2021
A member of the LRQA Group Limited

A subsidiary of LRQA Group Limited

Date of issue:	19 May 2022
Location:	Shanghai
Date of welding:	11 March 2022

Revalidation 9.3 a)	Next review	Revalidation 9.3 b)	Next review 10 March 2024	Revalidation 9.3 c)	Next review

Note:

LRQA Group Limited, its affiliates and subsidiaries and their respective officers, employees or agents are, individually and collectively, referred to in this clause as 'LRQA'. LRQA assumes no responsibility and shall not be liable to any person for any loss, damage or expense caused by reliance on the information or advice in this document or howsoever provided, unless that person has signed a contract with the relevant LRQA entity for the provision of this information or advice and in that case any responsibility or liability is exclusively on the terms and conditions set out in that contract.

Form 4125 (2021.12)

图 4-6　焊工合格证（劳氏船级社）

焊工合格证有效期一般为 3 年。证书到期后，证书持有人应按照相应标准规定进行重新认证或申请免评，并及时更新证书。合格证有效期内，焊工违反认证标准相关规定，如焊工施焊质量一贯低劣或在生产工作中弄虚作假等，企业焊工技术考试委员会可依据标准规定注销其焊工合格证。

　　综上，焊工合格证规定了焊工所能从事的焊接工作具体范围，是对焊工现时技术能力的证明，因此，为确保焊接工程质量，必须要求焊工持有一定资格的合格证。

　　（4）焊工上岗证（图 4-7）

　　在具备特种作业操作证和焊工合格证的基础上，针对某一工程的特殊要求，通过参加能够反映该工程具体工艺特点和技术要求的附加考试并获合格，颁发焊工上岗证，根据附加考试的内容和考试结果规定焊工在具体工程中的操作许可范围。在实际操作中，由工程管理方或监理视工程具体需要决定是否要求焊工持有本证，因此，本证不是必需的，而且是一事一议，只针对某一工程有效。

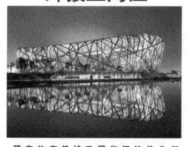

图 4-7　国家体育场焊工附加考试和上岗证

4.2.3.4　焊工技能评定内容

　　虽然本标准不包含焊工技能评定的具体规定，但焊工技能评定却是钢结构焊接质量保证最为关键的一环。根据《钢结构焊接从业人员资格认证标准》T/CECS331—2021，焊工的技能评定应包括理论知识考试和操作技能评定。操作技能评定应包括熔化焊手工操作基本技能评定、附加项目评定、定位焊操作技能评定、焊接机械操作技能评定和焊接机器人操作技能评定。通过熔化焊手工操作基本技能评定和附加项目评定的焊工，同时也具备了相应条件下定位焊的操作资格。

（1）理论知识考试

理论知识考试应以焊接基础知识及安全知识为主要内容，并应按申报焊接方法、类别对应评定。理论知识考试内容范围应下列内容：

① 焊接安全知识；

② 焊缝符号识别与识图；

③ 焊缝外形尺寸要求；

④ 焊接方法表示代号；

⑤ 钢结构的焊接质量要求；

⑥ 申报认证的焊接方法的特点、焊接工艺参数、操作方法、焊接顺序及其对焊接质量的影响；

⑦ 申报认证的钢材类别的型号、牌号和主要合金成分、力学性能及焊接性能；

⑧ 与钢材相匹配的焊接材料型号、牌号及使用和保管要求；

⑨ 焊接设备、装备名称、类别、使用及维护要求；

⑩ 焊接质量保证、焊接缺欠分类及定义、形成原因及防止措施；

⑪ 焊接热输入的计算方法及热输入对焊接接头性能的影响；

⑫ 焊接应力、变形产生原因、防止措施；

⑬ 焊接热处理知识；

⑭ 栓钉焊的焊接技术和质量要求；

⑮ 机器人焊接技术，包括系统安装调试、编程、示教、焊接工艺、焊接质量及操作安全。

（2）操作技能评定

操作技能评定的分类及覆盖范围应符合表 4-2 的规定。

表 4-2　操作技能评定的分类及覆盖范围

评定分类	焊接方法分类	类别号	覆盖范围
焊工手工操作基本技能评定 焊工手工操作技能附加项目评定 焊工定位焊操作技能评定	焊条电弧焊	1	1
	实心焊丝 CO_2 气体保护焊	2-1	2-1，2-2，8-1，8-2
	实心焊丝混合气体保护焊	2-2	2-1，2-2，8-1，8-2
	药芯焊丝气体保护焊	3-1	3-1，8-4
	自保护药芯焊丝电弧焊	3-2	3-2，8-5
	非熔化极气体保护焊	4	4
焊接机械操作技能评定	单丝埋弧焊	5-1	5-1
	多丝埋弧焊	5-2	5-1，5-2
	单电双细丝埋弧焊	5-3	5-1，5-3
	窄间隙埋弧焊	5-4	5-4
	熔嘴电渣焊	6-1	6-1
	丝极电渣焊	6-2	6-2

续表

评定分类	焊接方法分类	类别号	覆盖范围
焊接机械操作技能评定	板极电渣焊	6-3	6-3
	单丝气电立焊	7-1	7-1
	多丝气电立焊	7-2	7-1，7-2
	实心焊丝 CO_2 气体保护焊	8-1	8-1，8-2
	实心焊丝混合气体保护焊	8-2	8-1，8-2
	窄间隙自动气体保护焊	8-3	8-3
	药芯焊丝气体保护焊	8-4	8-4
	自保护药芯焊丝电弧焊	8-5	8-5
	非穿透栓钉焊	9-1	9-1
	穿透栓钉焊	9-2	9-2
机器人焊接操作技能评定	实心焊丝气体保护焊	10-1	10-1
	药芯焊丝气体保护焊	10-2	10-2
	单丝埋弧焊	10-3	10-3
	多丝埋弧焊	10-4	10-3，10-4

注：1. GMAW、FCAW 手工操作技能评定合格可代替相应方法焊接机械操作技能的评定；反之不可。
2. 多丝焊操作技能评定合格可代替单丝焊操作技能评定；反之不可。

4.2.3.5　焊工技能评定要素及标记信息

焊接操作基本技能评定试件的标记应能反映评定类别、焊接位置、焊接方法以及钢材、焊材、衬垫、焊缝类型等信息（图4-8）。

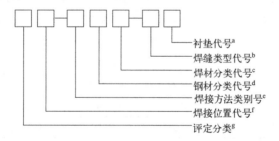

图 4-8　操作基本技能评定试件的标记

a—背面加衬垫为 D，不带衬垫可省略；
b—角焊缝为 C、对接焊缝为 B、对接与角接组合焊缝为 B_C，见表4-3；
c—焊条分类代号为 F1、F2、F3、F4、F5（表4-4、表4-5），气体保护焊及埋弧焊可省略；
d—钢材分类代号为 Ⅰ、Ⅱ、Ⅲ、Ⅳ、Ⅴ、Ⅵ，见表4-6～表4-8；
e—焊接方法类别号为 1、2、3、4、5、6、7、8、9、10，见表4-2；
f—焊接位置代号为 1G（F）、2G（F）、3G（F）、4G（F）、5G（F）、6G（F）、6GR，见表4-9、表4-10；
g—基本技能评定省略，附加项目评定为"建附"，定位焊技能评定为"定"。

表 4-3　焊缝类型代号及覆盖范围

焊缝类型	焊缝类型代号	覆盖范围
角焊缝	C	C
对接焊缝	B	B、C
对接与角接组合焊缝	B_C	B_C、B、C

表 4-4　药皮焊条的分类

类型	组别代号	焊条型号
氧化铁型焊条	F1	E××20、E××22、E××27
钛型焊条	F2	E××12、E××13、E××14、E××03、E××01
低氢型焊条	F3	E××15、E××16、E××28、E××48
纤维素型焊条	F4	E××10、E××11
不锈钢焊条	F5	E××××-××

表 4-5　焊条覆盖范围

考试用焊条组别代号	覆盖范围（组别代号）				
	F1	F2	F3	F4	F5
F1	√	—	—	—	—
F2	√	√	—	—	—
F3	√	√	√	—	—
F4	—	—	—	√	—
F5	—	—	—	—	√

注：√为覆盖的焊条组别代号。

表 4-6　碳钢、低合金钢类别

类别号	标称屈服强度	钢材牌号举例	对应标准号
Ⅰ	≤300MPa	Q195、Q215、Q235、Q275	《碳素结构钢》GB/T 700
		20、25、15Mn、20Mn、25Mn	《优质碳素结构钢》GB/T 699
		Q235GJ	《建筑结构用钢板》GB/T 19879
		Q235NH、Q265GNH、Q295NH、Q295GNH	《耐候结构钢》GB/T 4171
		ZG 200-400H、ZG 230-450H、ZG 270-480H	《焊接结构用铸钢件》GB/T 7659
		G17Mn5QT、G20Mn5N、G20Mn5QT	《铸钢结构技术规程》JGJ/T 395
Ⅱ	>300MPa 且 ≤370MPa	Q355	《低合金高强度结构钢》GB/T 1591
		Q345q、Q370q、Q345qNH、Q370qNH	《桥梁用结构钢》GB/T 714
		Q345GJ	《建筑结构用钢板》GB/T 19879
		Q310GNH、Q355NH、Q355GNH	《耐候结构钢》GB/T 4171
		ZG300-500H、ZG340-550H	《焊接结构用铸钢件》GB/T 7659
Ⅲ	>370MPa 且 ≤420MPa	Q390、Q420	《低合金高强度结构钢》GB/T 1591
		Q390GJ、Q420GJ	《建筑结构用钢板》GB/T 19879
		Q420q、Q420qNH	《桥梁用结构钢》GB/T 714
		Q415NH	《耐候结构钢》GB/T 4171
Ⅳ	>420MPa	Q460、Q500、Q550、Q620、Q690	《低合金高强度结构钢》GB/T 1591
		Q460q、Q500q、Q460qNH、Q500qNH	《桥梁用结构钢》GB/T 714
		Q460GJ	《建筑结构用钢板》GB/T 19879
		Q460NH、Q500NH、Q550NH	现行《耐候结构钢》GB/T 4171

注：国内新钢材和国外钢材按其屈服强度级别归入相应类别。

表 4-7　不锈钢类别

类别号	类型	钢材统一数字代号（牌号）举例	对应标准号
V	奥氏体不锈钢	S30408（06Cr19Ni10）、S30403（022Cr19Ni10）、S31608（06Cr17Ni12Mo2）、S31603（022Cr17Ni12Mo2）	《不锈钢和耐热钢　牌号及化学成分》GB/T 20878、《不锈钢热轧钢板和钢带》GB/T 4237、《不锈钢冷轧钢板和钢带》GB/T 3280
VI	奥氏体-铁素体双相不锈钢	S22053（022Cr23Ni5Mo3N）、S22253（022Cr22Mn3Ni2MoN）	

注：未列入表内的其他不锈钢钢材和国外不锈钢钢材按其组织类型归入相应类别。

表 4-8　试件钢材类别及认可范围

类别代号	认可范围
I	I
II	I、II
III	I、II、III
IV	I、II、III、IV
V	V、VI
VI	V、VI

表 4-9　焊接位置代号

焊接位置		代号	位置定义
平	F	1G（或 1F）	板材对接焊缝（或角焊缝）试件平焊位置 管材（管板、管球）水平转动对接焊缝（或角焊缝）试件位置
横	H	2G（或 2F）	板材对接焊缝（或角焊缝）试件横焊位置 管材（管板、管球）垂直固定对接焊缝（或角焊缝）试件位置
立	V	3G（或 3F）	板材对接焊缝（或角焊缝）试件立焊位置
仰	O	4G（或 4F）	板材（管板、管球）对接焊缝（或角焊缝）试件仰焊位置
全位置	F、V、O	5G（或 5F）	管材（管板、管球）水平固定对接焊缝（或角焊缝）试件位置
		6G（或 6F）	管材（管板、管球）45°固定对接焊缝（或角焊缝）试件位置
		6GR	管材 45°固定加挡板对接焊缝试件位置

表 4-10　焊缝类型和焊接位置认可范围

评定试验		覆盖的焊缝类型和焊接位置			
焊缝类型	焊接位置[1]	板坡口焊缝	板角焊缝	管或管板坡口焊缝	管或管板角焊缝
板	坡口焊缝[2] 1G 2G 3G 4G 3G+4G	F F，H F，H，V F，O 所有位置	F F，H F，H，V F，O 所有位置	F[3] （F，H）[3] （F，H，V）[3] （F，O）[3] 所有位置[3]以及部分焊透管 T、Y、K 形节点相贯焊缝[4]	F，H F，H F，H，V F，H，O 所有位置
	角焊缝 1F 2F 3F 4F 3F+4F	—	F F，H F，H，V F，O 所有位置	—	F，H F，H F，H F，H，O 所有位置
	塞焊	仅覆盖试验位置的塞焊和槽焊			

续表

评定试验		覆盖的焊缝类型和焊接位置			
焊缝类型	焊接位置①	板坡口焊缝	板角焊缝	管或管板坡口焊缝	管或管板角焊缝
管或管板	坡口焊缝② 1G 2G 5G 2G+5G 6G、6GR	F F, H F, V, O 所有位置 所有位置	F, H F, H F, V, O 所有位置 所有位置	F⑤ （F, H）⑤ （F, V, O）⑤ 所有位置⑤以及部分焊透管 T、Y、K 形节点相贯焊缝④ 所有位置⑤以及管 T、Y、K 形节点相贯焊缝④	F, H F, H F, V, O 所有位置 所有位置
	角焊缝 1F 2F 4F 5F	——	F, H F, H F, H, O 所有位置	——	F, H F, H F, H, O 所有位置

① 评定试验焊接位置见《钢结构焊接标准》GB 50661 中图 6.1.6-1～图 6.1.6-5。
② 坡口焊缝的评定可覆盖相应位置的塞焊和槽焊的焊接。
③ 仅覆盖直径大于或等于 600mm 并带有衬垫或清根的管坡口焊缝的焊接。
④ 不覆盖坡口角度小于 30°的焊缝。
⑤ 对于矩形管，仅覆盖直径大于或等于 600mm 圆管的焊接。

4.2.3.6 焊工的职业素养及培训

为获得合格的焊接质量，不仅要求焊工具备一定的职业技能和专业知识，同时还应有良好的职业道德以及心理素质等，这就是通常所说的职业素养。其中，专业知识、职业技能是完成相关焊接工作的前提和基础，职业道德和心理素质则是具有一定职业技能和专业知识的焊工完成一定任务的根本保障。

（1）钢结构焊接从业人员的专业知识、职业技能培训与管理

① 基础培训：包括基本焊接理论、材料冶金、设备工艺、焊接结构等方面的培训。这方面目前主要依靠高校或技工院校来完成。

② 专业训练：有针对性地进行钢结构焊接理论及试件的培训，包括钢结构焊接节点设计、焊接标准、钢结构各种焊接方法的原理及应用培训等。这些目前主要依靠学会、协会或专业培训机构来完成，人员经过各项相关培训后，可获得相关资质证书。

③ 岗前考核：针对某一工程钢结构焊接特点，设计相关的考核内容，对持证人员进行符合性考核，以确认其满足该特定工程相关焊接工作的需要。该工作由相关协会组织进行。

④ 过程监督：对焊接人员工作过程中的表现进行监督，对其表现评分并记录在案，以备日后人员的评价管理。该工作由雇主单位完成。

⑤ 资质复审：根据人员在资质有效期内的表现以及相应的考核，对人员资质给予续证、注销等决定。

（2）钢结构焊工的职业道德

① 了解资格证书的能力范围和有效性，并在合格证书规定的认可范围内施焊，严禁无证焊接。

② 严禁伪造、擅自变更资格证书。

③ 严格按照评定合格的 WPS 或工艺卡施焊，不使用超范围参数焊接；不弄虚作假，严禁在坡口中填塞焊条头、铁块等杂物。

④ 严格遵守国家现行相关安全技术和劳动保护等有关规定。

（3）钢结构焊接从业人员的心理素质

① 对所承担的焊接工作具有高度的责任感和强烈的进取心，主要体现在对职业的敬业

态度、奉献精神、严于律己、公正无私、工作态度认真等。

② 健康稳定的情绪，表现为善于自我控制、冷静思考。

③ 坚强的意志，表现为从业人员的坚定性、果断性、自信心和自觉性，还要有耐心和毅力。

④ 协调的人际关系。

4.2.3.7　焊工技能评定结果及证书

焊工技术资格评定结果登记表见表 4-11，焊工合格证书见图 4-4 和图 4-9。

表 4-11　焊工技术资格评定结果登记表

姓名		性别		出生日期		技术等级		照片
单位				编号				
理论知识考试	试题来源				课时数			
	审核监考单位				考试负责人			
	考试编号			成绩			日期	
操作技能考试	基本情况	焊接方法		试件形式			位置	
		钢材类别		钢材牌号			厚度（管径）	
		焊接材料		焊丝直径			焊剂（保护气）	
	工艺参数	电流		电压			热输入	
		预热制度		层间温度			后热制度	
		叠道层数		道次			清根（衬垫）	
	试件检验	外观检查	角变形	错边量	焊缝余高	咬边	表面缺陷	考试结果
		无损检测方法		执行标准			考试等级	
			件数			考试结果		
		破坏检验	弯曲项目	面弯				
				背弯				
				侧弯				
		断面				宏观		
	监考人员			检验		考试负责人		
结论	按《钢结构焊接从业人员资格认证标准》CECS 331 认证，该焊工 _____ 考试合格。允许焊接工作范围如下：							
	焊接方法		钢材类别		企业焊工技术资格考试委员会（签章）			
	焊材类别		厚度范围					
	焊接位置		构件形式		年　月　日			
	技术负责人（签字）		焊接工程师（签字）					

封1

钢结构焊工合格证

中国工程建设焊接协会

钢结构焊接从业人员资格考试委员会

封2

照片右下侧

盖发证单位

钢印

姓　　　名：＿＿＿＿＿＿＿＿

性　　　别：＿＿＿＿＿＿＿＿

身份证号：＿＿＿＿＿＿＿＿

工作单位：＿＿＿＿＿＿＿＿

证书编号：＿＿＿＿＿＿＿＿

首页

理论知识考试			
方法类别	考试日期	成绩	签发人

2页

操作技能考试					
焊接方法	试件代号	厚度管径	日期	结果	签发人

3页

本证书授予操作范围

焊接方法 ＿＿＿＿＿＿＿＿＿＿＿＿＿

接头类别 (板对接、角接、管件)

＿＿＿＿＿＿＿＿＿＿＿＿＿

钢材类别 ＿＿＿＿＿＿＿＿＿＿＿＿

焊材类别 ＿＿＿＿＿＿＿＿＿＿＿＿

厚度管径范围 ＿＿＿＿＿＿＿＿＿

焊接位置 ＿＿＿＿＿＿＿＿＿＿＿＿

单(双)面焊 ＿＿＿＿＿＿＿＿＿＿

钢结构焊接从业人员资格考试委员会

4页

日 常 工 作 质 量 记 录*
年 月 至 年 月

产品或工程名称 ＿＿＿＿＿＿＿＿＿

焊接方法 ＿＿＿＿＿＿＿＿＿＿＿＿

接头类型 ＿＿＿＿＿＿＿＿＿＿＿＿

焊接位置 ＿＿＿＿＿＿＿＿＿＿＿＿

焊材型(牌)号 ＿＿＿＿＿＿＿＿＿＿

检验记录档案号 ＿＿＿＿＿＿＿＿＿

合格率 ＿＿＿＿＿＿＿＿＿＿＿＿＿

*也可由企业另作记载备查，至少每半年记载一次。

5页

免 试 证 明

该焊工在　年　月至　年　月

期间从事上述认可类别产品或工程的

焊接，其施焊质量符合本标准免试条件，准

予延长有效期至　年　月　日

(封底里)

注 意 事 项

1　本证仅限证明焊工技术能力用。

2　此证应妥为保存，不得转借他人。

3　此证记载各项，不得私自涂改。

4　超过有效期限，本证无效。

图 4-9

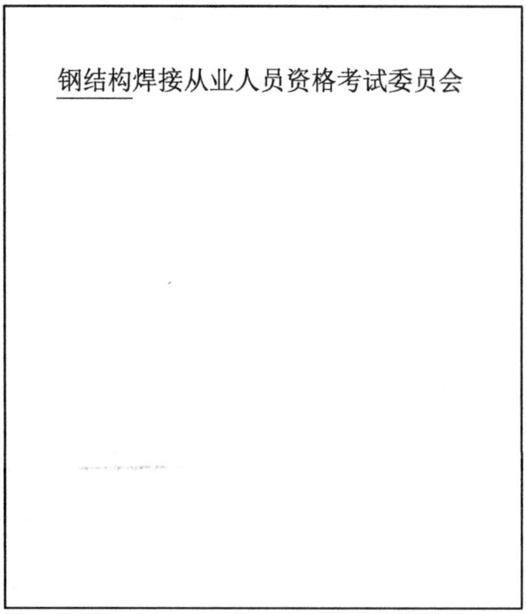

钢结构焊接从业人员资格考试委员会

图 4-9　钢结构焊工合格证

4.2.4　焊接检验人员

焊接检验人员是对焊接施工过程或结果实施检验并进行符合性验证的人员。焊接检验人员不仅仅局限于无损检测人员，其人员范围应包括在全过程焊接质量控制中实施焊前、焊中和焊后检验的所有参与者，对保障焊接质量起着重要作用。具体来讲，焊接检验人员应能完成《钢结构焊接标准》GB 50661 第 8 章规定的所有检验内容。

（1）焊接检验人员（无损检测人员除外）的职责

① 焊接检验人员应能理解并解释图纸和其他相关技术文件的要求。

② 焊接检验人员应能对母材和焊材与技术要求的一致性进行确认。

③ 焊接检验人员应能确认使用的焊接设备与焊接工艺规程的要求一致，并能够满足焊接过程的要求。

④ 焊接检验人员应能监督焊接工艺的实施并提出检查记录或报告。

⑤ 焊接检验人员应能对焊接作业人员的资格进行核实，确认其具有从事相应焊接作业的能力。

⑥ 焊接检验人员实施工程检验，应包括下列内容：

a. 使用符合要求的焊接工艺规程；

b. 坡口的准备和组装满足焊接工艺规程的要求；

c. 焊接材料及其储存条件符合标准要求；

d. 焊接作业符合相关标准以及图纸或技术文件的规定；

e. 被检测工程满足相关文件的特定要求。

⑦ 焊接检验人员应能从事下列无损检测相关工作：

a. 外观检验；

b. 确认具有合格资质的检测人员使用特定方法进行了外观检验和无损检测并核实检测

结果，保证结果完整；

　　c. 对进一步实施的无损检测方法进行确认，并核实检测人员的资格。

　　⑧ 焊接检验人员应能出具检验报告，并对焊接工艺过程记录、焊接工艺质量记录、焊工资格证书、焊接材料质量证明文件、检测结果存档。

　　（2）焊接检验人员证书（图4-10）

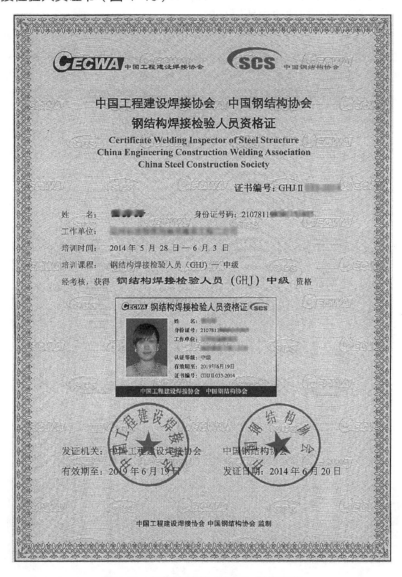

图4-10　焊接检验师（中级）资格证书

4.2.5　焊接从业人员资格评定管理工程实例

　　（1）国家体育场"鸟巢"焊接工程

　　国家体育场"鸟巢"是北京2008年奥运会主会场，建筑造型呈椭圆的马鞍形，长轴最大尺寸323.3m、短轴最大尺寸296.4m；建筑屋盖顶面最高点高度为68.5m，最低点高度为42.8m；空间钢结构由24榀门式桁架围绕着体育场内部碗状看台区旋转而成，与顶面和立面交织形成体育场整体的"鸟巢"造型，可容纳观众 9.1 万人，用钢 5.5 万吨。

　　国家体育场"鸟巢"钢结构工程独特的全焊接重型钢构高空大跨度马鞍形设计造型，不仅使结构变为十分复杂，而且带来难以控制的应力应变状态，由此形成了"一焊，二吊，三卸载"的施工难关。工程中采用的 110mm 厚 Q460E-Z35 钢，也开启了高强钢厚板在国内钢结构工程中应用的先河，作为贯穿整个工程决定结构安全运营的主导工序——焊接，其质量指标和施工难度之高是钢结构建筑中所罕见的。

　　国家体育场"鸟巢"工程自身特殊的重要地位和无与伦比的国际影响力，对结构质量尤其是焊接质量提出了很高要求，不允许出现任何偏差。在钢结构工程的焊接中，焊工是质量控制中的关键一环，焊工的资格和操作技能对工程质量起到至关重要的作用，因此，"鸟巢"工程严把焊工水平关，制定严格的选拔和准入制度。各参施单位焊工必须持有"冶金、化工、造船、电力、压力容器（省级以上）"焊工合格证之一，才能参加鸟巢工程验证考试。该工程一共验证考试 911 名焊工，通过了 832 名（B 证），在此基础上针对现场的特点，强化培训 256 人（A 证，图 4-11），参加现场拼装、安装工作，完成特殊焊接位置和特殊焊缝的焊接任务（图 4-12），由此极大地提高了整个焊工队伍的作业能力，满足了高强钢厚板及高空复杂结构焊接的需要，有效提高了焊接人员的利用率，确保了焊缝质量，保证了焊缝的一次合格率。

图 4-11　　"鸟巢"工程焊工强化培训

图 4-12　　"鸟巢"工程现场焊接

（2）2022 年北京冬奥馆项目钢结构焊工考试（图 4-13）

图 4-13　2022 年北京冬奥馆项目钢结构焊工考试

（3）北京市朝阳区 CBD 核心区 Z15 地块（中国尊）钢结构焊工考试（图 4-14）

图 4-14　北京市朝阳区 CBD 核心区 Z15 地块（中国尊）钢结构焊工考试

（4）钢结构焊接检验人员培训、考试（图 4-15）

图 4-15　钢结构焊接检验人员培训、考试

第5章

《钢结构焊接标准》GB 50661 与美国

《钢结构焊接规范》AWS D1.1 的对比

《钢结构焊接标准》GB 50661—202×（以下简称 GB 50661）共九章，而美国《钢结构焊接规范》AWS D1.1—2020（以下简称 AWS D1.1）分为十一章。两个标准的章节设置见表 5-1。

表 5-1　主要技术内容

GB 50661—202×	AWS D1.1/D1.1M:2020
1　总则	1　总则
2　术语和符号	2　标准参考文献
3　基本规定	3　术语和定义
4　材料	4　焊接连接的设计
5　焊接连接构造设计	5　WPS 的免除评定
6　焊接工艺评定	6　评定
7　焊接工艺	7　制作
8　焊接检验	8　检验
9　焊接补强与加固	9　螺柱焊
	10　管结构
	11　加强和修理现有结构

下面以 GB/T 50661 为基础，就相关章节的具体内容与 AWS D1.1 进行比对，以便参考借鉴。

5.1　总则的对比

GB/T 50661 的第一章为总则，共三条，其中第 1.0.2 条对本规范的适用范围作出了明确规定，另外两条为我国工程建设标准规范编制的规范性条款。而 AWS D1.1 的总则所包含的内容较多，包括对规范整体章节的简介、安全防护、适用范围，参与各方的责任划分及规范术语等，其中第 1.4 条与 GB/T 50661 的第 1.0.2 条有较强的可比性，具体内容见表 5-2。

表 5-2 总则条款对比

标准	GB/T 50661—202×	AWS D1.1/D1.1M:2020
条款	1.0.2	1.4
内容	本标准适用于工业与民用钢结构工程中承受静荷载或动荷载、钢材厚度不小于 3mm 的结构焊接。本标准适用的焊接方法包括焊条电弧焊、气体保护电弧焊、自保护药芯焊丝电弧焊、埋弧焊、电渣焊、气电立焊、栓钉焊等及其组合	本规范是为厚度等于或大于 1/8in（3mm）、最低规定屈服强度等于或小于 100ksi（690MPa）的碳钢或低合金钢的焊接钢结构而专门制定的。本规范或能适用于指导其适用范围以外的结构制造。不过，当应用超出本规范的适用范围时，工程师应该评估其适用性，并在该评估的基础上，把对规范要求的所有必要改变体现在合同文件中，以强调应用的具体要求。结构焊接委员会鼓励工程师对下述应用情况考虑其他 AWS D1 规范的适用性，它们包括：铝（AWS D1.2）、厚度≤3/16in（5mm）薄钢板（AWS D1.3）、钢筋（AWS D1.4）、不锈钢（AWS D1.6）、现有结构的加固和维修（AWS D1.7）、抗震补充（AWS D1.8）和钛合金（AWS D1.9）。AASHTO/AWS D1.5 桥梁焊接规范是为焊接公路桥梁组件而特别定制的，推荐用于相关应用

根据表 5-2 的条文对比可以看出，两标准均适于板厚大于或等于 3mm 的碳钢和低合金高强钢的钢结构焊接。但在 AWS D1.1 中对钢材屈服强度的上限给出了明确规定，即其最大值不应大于 690MPa。相同技术条件限制在 GB/T 50661 的第四章表 4.0.5 中有所体现，同时在第 4.0.3 条规定了新钢材的应用原则，为高屈服强度钢材的应用提供了可能。

另外，AWS D1.1 并未在总则中对所采用的焊接方法进行限定，但结合 AWS D1.1 第五章及第六章的有关内容可确定，AWS D1.1 中所采用的焊接方法包括焊条电弧焊、埋弧焊、熔化极气体保护电弧焊、非熔化极气体保护电弧焊、药芯焊丝电弧焊、电渣焊、气电立焊和栓钉焊。而 GB/T 50661 除涵盖上述焊接方法外，还增加了单电双细丝埋弧焊、窄间隙焊、机器人焊接方法的相关内容和技术要求，可参见 GB/T 50661 的第五章和第七章。

5.2　术语和符号的对比

在 AWS D1.1 中相关定义均包含在第三章中。两标准对术语及符号的关注方向有所不同。

5.3　基本规定的对比

本章为 GB/T 50661 特有，AWS D1.1 没有与其相对应的章节。特别是本章第 3.0.1 条关于钢结构工程焊接难度等级的划分，在当前世界钢结构焊接工程领域标准中尚无先例。钢结构工程焊接难度等级的划分充分考虑了我国钢结构焊接工程的特点，能较准确地反映焊接工程的实际情况。

GB/T 50661 的第 3.0.2 条和第 3.0.3 条是对钢结构焊接工程设计、施工单位的资质要求，在 AWS D1.1 中没有对设计单位的资质要求，对施工单位或称承包商也仅对其责任进行了界定，没有明确的资质要求。

GB/T 50661 的第 3.0.4 条和第 3.0.5 条是对钢结构焊接焊接从业人员的资质及职责要求，GB/T 50661 中焊接从业人员主要包括焊接技术人员、焊接检验人员、无损检测人员、焊工和焊接热处理人员。AWS D1.1 中涉及的从业人员主要包括工程师、检验员、焊工和无损检测人员。AWS D1.1 中涉及的工程师相当于我国的监理工程师和焊接技术人员，但其权力和责任更大，工作范围更广；涉及的检验员相当于我国的焊接检验人员，包括承包商检验员和监理检验员。

　　AWS D1.1 对无损检测人员的职责和资质要求与 GB/T 50661 基本相同，对焊工的要求比 GB/T 50661 明确、详细，与《钢结构焊接从业人员资格认证标准》T/CECS 331 的第六章和附录 C 基本相当；但 AWS D1.1 中仅对工程师和检验人员的责任进行了界定，没有明确的资质要求。相关要求详见 AWS D1.1 第一章、第六章及第八章的有关条款。

5.4　材料的对比

　　GB/T 50661 在第四章中对钢结构焊接工程所用的钢材和焊材提出了明确的技术及质量要求。而在 AWS D1.1 中，相关要求分散于第五章、第六章及第七章的部分条款中。两标准主要有以下不同之处。

　　① GB/T 50661 对新钢种的采用提出更高的要求。GB/T 50661 的第 4.0.3 条中规定"选用的钢材应具备完善的焊接性资料、指导性焊接工艺、热加工工艺参数、相应钢材的焊接接头性能数据等资料；新材料应经专家论证、评审和焊接工艺评定合格后，方可在工程中采用"。

　　② GB/T 50661 在第 4.0.6 条中提出"T 形接头、十字形接头、角接接头，当其翼缘板厚度等于或大于 40mm 时，设计宜采用对厚度方向性能有要求的钢板"。AWS D1.1 中无此要求。

　　③ GB/T 50661 规定了钢材和焊接材料的复验要求，见第 4.0.2 条，规定钢材的化学成分、力学性能复验应符合工程质量验收的有关要求；焊接难度等级为 C 级和 D 级的焊缝及重型、特殊钢结构采用的焊接材料应按生产批号进行复验。AWS D1.1 的第五至七章中规定钢材和焊接材料应符合 AWS 相关标准的要求。

5.5　焊接连接构造设计的对比

　　GB/T 50661 的第五章"焊接连接构造设计"与 AWS D1.1 的第四章"焊接连接的设计"相对应，但条款的结构形式及技术内容的侧重方向有较大的区别。表 5-3 给出了两标准相关章节的结构组成和侧重方向，AWS D1.1 第四章在结构编排上侧重于材料的类型和构件的承载方式，技术内容方面则是在注重节点细节的同时，更为关注各类应力的计算。GB/T 50661 第五章各节的编排主要以技术条件为依据，在技术内容方面对钢结构焊接节点的设计原则、不同结构类型焊缝质量等级的划分、防止板材产生层状撕裂的措施、机器人焊接及窄间隙焊焊接构造设计等提出了较为详细的技术要求。

表 5-3　焊接连接构造设计内容对比

标准	GB/T 50661—202×	AWS D1.1/D1.1M:2020
章	第五章　焊接连接构造设计	第四章　焊接连接的设计
节	5.1　一般规定 5.2　焊缝计算厚度 5.3　组焊构件焊接节点 5.4　防止板材产生层状撕裂的节点构造设计 5.5　构件制作与工地安装焊接构造设计 5.6　承受动载与抗震的焊接构造设计 5.7　机器人焊接构造的设计要求 5.8　窄间隙焊构造设计要求	4.1　范围 A—焊接连接设计的通用要求（非管材和管材部件） 4.2　概述 4.3　合同图纸和技术条件 4.4　有效面积 B—非管材连接设计的特别要求（静载荷或周期载荷） 4.5　概述 4.6　应力 4.7　接头形状和细节

续表

标准	GB/T 50661—202×	AWS D1.1/D1.1M:2020
章	第五章 焊接连接构造设计	第四章 焊接连接的设计
节		4.8 接头形状和细节——坡口焊缝 4.9 接头形状和细节——角焊缝焊接接头 4.10 接头形状和细节——塞焊缝和槽焊缝 4.11 填充板 4.12 组装构件 C—非管件连接设计的特殊要求（周期载荷） 4.13 概述 4.14 限定 4.15 应力的计算 4.16 许用应力和应力范围 4.17 细节、制作和安装 4.18 禁止的接头和焊缝 4.19 检验

5.6 "焊接工艺评定"的对比

与 AWS D1.1 相比，GB/T 50661 第六章"焊接工艺评定"所包含的内容大致相当于其第五章"WPS 的免除评定"和第六章"评定"中 6.1～6.15 和 6.26～6.29 的内容（表 5-4），而 AWS D1.1 的 6.16～6.25 是对焊工考核的技术要求，在 GB/T 50661 中没有相对应的章节。GB/T 50661 编写的最初版本中第十章为"焊工技能评定"，但因目前国家标准编制规定中明确指出，技术标准不能涉及人员资质的要求，故将第十章删除，焊工技能评定的有关规定可参照《钢结构焊接从业人员资格认证标准》T/CECS 331—2021 的第六章和附录 C。

在 AWS D1.1 和 GB/T 50661 两标准中，关于焊接工艺评定适用范围、执行程序、评定准则、评定替代规则及重新评定的规定基本相同，不同之处主要体现在以下三个方面。

① 关于免予评定的准则两标准基本相同，主要区别在于 AWS D1.1 对于免予评定的适用范围比 GB/T 50661 宽。例如 AWS D1.1 第 5.3 节和表 5.3 的规定，免予评定的母材屈服强度最大为 485MPa，且没有板厚限制；GB/T 50661 中第 6.6.3 条第 2 款和表 6.6.3-2 中规定，免予工艺评定的母材屈服强度上限仅为 355MPa，且板材厚度不大于 40mm，质量等级为 A、B 级。另外，GB/T 50661 中第 6.6.3 条第 6 款规定，免予焊接工艺评定的结构荷载特性应为静荷载；而 AWS D1.1 对此没有限制。

② 接工艺评定的时效性不同。GB/T 50661 第 6.1.8 条对不同难度等级焊接工程的焊接工艺评定作出了时间限制，"焊接难度等级为 A、B 级的焊接接头，焊接工艺评定可长期有效；焊接难度等级为 C 级的焊接接头，焊接工艺评定有效期应为 5 年；对于焊接难度等级为 D 级的焊接接头应按工程项目进行焊接工艺评定。"而在 AWS D1.1 中没有相应的要求，根据 AWS D1.1 第六章第 6.2.1 条的规定："除非符合第五章免除评定的 WPS，否则焊接生产中所用的 WPS 必须按第六章 B 部分进行评定。以前的 WPS 评定的适当文件资料可以采用"，可以理解为焊接工艺评定没有时效性限制。

③ 对于焊接工艺评定替代原则，AWS D1.1 和 GB/T 50661 并无显著差别，其主要区别在于 GB/T 50661 分别对承受静载的结构和承受动载的结构做出规定，见第 6.2.5 条，且承受动载的结构焊接工艺评定板厚覆盖范围比承受静载的结构窄；而 AWS D1.1 中，焊接工艺评

定板厚覆盖范围并未区分静载、动载结构，且板厚覆盖范围与 GB/T 50661 中静载结构相同。

表 5-4　焊接工艺评定内容对比

标准	GB/T 50661—202×	AWS D1.1/D1.1M:2020	
章	第六章　焊接工艺评定	第五章　WPS 的免除评定 第六章　评定	
节	6.1　一般规定 6.2　焊接工艺评定替代规则 6.3　重新进行工艺评定的规定 6.4　试件和检验试样的制备 6.5　试件和试样的试验与检验 6.6　免予焊接工艺评定	第五章　WPS 的免除评定 5.1　范围 A—WPS 编制 5.2　WPS 通用要求 B—母材 5.3　母材 C—WPS 发展 5.4　焊接接头 D—焊接方法 5.5　焊接方法 E—填充金属和保护气体 5.6　填充金属和保护气体 F—预热温度和道间温度要求 5.7　预热温度和道间温度要求 G—WPS 要求 5.8　WPS 要求 H—焊后热处理 5.9　焊后热处理 第六章　评定 6.1　范围 6.2　概述 6.3　焊接工艺评定和焊接人员技能评定的通用要求 6.4　评定的产品焊接位置 6.5　评定试验的类型 6.6　焊接工艺评定的焊缝类型 6.7　WPS 准备 6.8　基本参数	6.9　使用现有摆动或非摆动工艺进行焊接的 WPS 要求 6.10　评定 WPS 的试验方法和合格判据 6.11　CJP 坡口焊缝 6.12　PJP 坡口焊缝 6.13　角焊缝 6.14　塞焊缝和槽焊缝 6.15　需要评定的焊接参数 C—技能评定 6.16　概述 6.17　要求的评定试验类型 6.18　焊工和焊接操作工技能评定的焊缝类型 6.19　焊接人员技能评定表格的准备 6.20　基本参数 6.21　非管材连接的 CJP 坡口焊缝 6.22　技能评定范围 6.23　焊工和焊接操作工技能评定的试验方法和合格判据 6.24　定位焊工技能评定的试验方法和合格判据 6.25　重新试验 D—CVN 试验的要求 6.26　CVN 试验概述 6.27　CVN 试验 6.28　FCAW-S 与 CVN 试验 6.29　报告

5.7　"焊接工艺"的对比

GB/T 50661 第七章"焊接工艺"与 AWS D1.1 第五章"制作"相对应（表 5-5），且内容相近，其主要差别有以下三个方面。

① AWS D1.1 第七章第 7.22 节"焊接结构构件的尺寸公差"，在此节中包含了大量结构构件的尺寸偏差要求，如直线度、拱度、侧弯、平整度等。而国标 GB/T 50661 没有这方面的技术要求，有关要求属于《钢结构工程施工质量验收标准》GB 50205 的范畴。

② AWS D1.1 第七章第 7.21 节"接头尺寸公差"与 GB/T 50661 第 7.3 节"焊接接头的装配要求"均规定了焊接接头的尺寸允许偏差、组装间隙、错边量等，但 GB/T 50661 对承受静载结构盒、承受动荷载且需疲劳验算的结构分别提出技术要，而 AWS D1.1 对两类结构的接头尺寸公差要求相同，这应与两国钢结构焊接坡口加工和装配的行业现状有关。

③ 第 7.18 节"机器人焊接"和第 7.19 节"窄间隙焊接"为 GB/T 50661 所特有，规定了机器人焊接、窄间隙焊接的工艺要求，在 AWS D1.1 中没有与之相对应的章节。

表 5-5 焊接工艺内容对比

标准	GB/T 50661—202×	AWS D1.1/D1.1M:2020	
章	第七章 焊接工艺	第七章 制作	
节	7.1 母材准备 7.2 焊接材料要求 7.3 焊接接头的装配要求 7.4 定位焊 7.5 焊接环境 7.6 预热和道间温度控制 7.7 焊后消氢热处理 7.8 焊后消应力处理 7.9 引弧板、引出板和衬垫 7.10 焊接工艺技术要求 7.11 焊接变形的控制 7.12 返修焊 7.13 焊件矫正 7.14 焊缝根清 7.15 临时焊缝 7.16 引弧和熄弧 7.17 电渣焊和气电立焊 7.18 机器人焊接 7.19 窄间隙焊接	7.1 范围 7.2 母材 7.3 焊接耗材和焊条（丝）的要求 7.4 ESW 和 EGW 方法 7.5 WPS 参数 7.6 预热和道间温度 7.7 淬火和回火钢的热输入控制 7.8 消除应力热处理 7.9 衬垫 7.10 焊接和切割设备 7.11 焊接环境 7.12 符合设计要求 7.13 最小焊缝尺寸 7.14 母材的准备 7.15 凹角	7.16 焊缝穿越孔，梁的开槽口和连接材料 7.17 定位焊缝和结构辅助焊缝 7.18 组装构件中的拱度 7.19 拼接 7.20 变形和收缩的控制 7.21 接头尺寸公差 7.22 焊接结构构件的尺寸公差 7.23 焊接剖面外形 7.24 塞焊和槽焊技术 7.25 修补 7.26 锤击 7.27 捻缝（凿密） 7.28 电弧击伤 7.29 焊缝清理 7.30 焊缝引弧板和引出板

5.8 "焊接检验"的对比

表 5-6 为 GB/T 50661 和 AWS D1.1 两标准中关于焊接检验内容的比对，尽管两标准中检验部分的章节结构存在较大差异，但具体内容差别不大。主要不同处有以下五点。

① 两标准均明确提出了第三方监督检验的概念和要求，AWS D1.1 中第 8.1.2.2 款规定是否进行第三方监督检验由业主决定，而 GB/T 50661 中第 8.1.1 条中规定"焊接检验包括自检和监检，应在自检合格后，再进行监检"。在我国现阶段，第三方监督检验是保证焊接施工质量的有效措施之一，强制性的第三方监督检验是必要的，也符合我国建筑钢结构市场的现状。在 GB/T 50661 的第 8.1.1 条的条文说明中规定了根据设计要求及结构的重要性确定监检比例，对于焊接难度等级为 A、B 级的结构，监检的主要内容是无损检测，而对于焊接难度等级为 C、D 级的结构其监检内容还应包括过程中的质量控制和检验。

② AWS D1.1 中第 8.1.4 条中规定了对焊工、定位焊工技能评定的检验要求，而 GB/T 50661 中没有相关要求，有关技术规定可查询《钢结构焊接从业人员资格认证标准》T/CECS 331—2021 的第六章和附录 C。

③ 关于对焊缝质量的评判准则，AWS D1.1 与 GB/T 50661 虽略有差异，但并无本质上的不同。GB/T 50661 对焊缝的质量要求分为两部分，首先根据第五章第 5.1.5 条的要求，由结构的重要性、荷载特性、焊缝形式、工作环境及应力状态等确定焊缝的质量等级，然后依据结构的荷载特性选择第八章中静载或动载结构的外观及无损检测的评定标准进行评判。而 AWS D1.1 则不同，其质量评定是根据材料形式和荷载特性对外观及无损检测评定标准进行细分，值得注意的是，AWS D1.1 第八章主要针对板结构的检验，而管结构的检验在标准第十章中有具体规定。

④ 关于对焊缝抽检的比例，AWS D1.1 中第 8.15 节规定焊缝的抽检比例按照合同的技术要求执行，GB/T 50661 中第 8.2.3 条中明确规定了一级焊缝、二级焊缝、三级焊缝的抽检比例，即"一级焊缝应进行 100%的检测；二级焊缝应进行抽检，抽检比例不应小于 20%；三

级焊缝应根据设计要求进行相关的检测"。另外 GB/T 50661 第 8.1.10 条特别规定了机器人焊接焊缝检测比例要求。

⑤ GB/T 50661 中第 8.3.9 条提出了桥梁钢结构产品试板的检验规定，而 SWS D1.1 中无该技术要求，有关桥梁钢结构产品试板的检验规定可参考 AWS D1.5《桥梁钢结构焊接规范》。

另外，AWS D1.1 中第 8.33 节、第 8.34 节规定了先进无损检测方法用于钢结构焊缝检测的技术要求，如实时射线成像系统、相控阵检测、TOFD 检测、自动超声检测等，为先进无损检测技术在钢结构领域应用提供了通道。

表 5-6　焊接检验内容的对比

标准	GB/T 50661—202×	AWS D1.1/D1.1M:2020	
章	第八章　焊接检验	第八章　检验	
条	8.1　一般规定 8.2　承受静载荷结构焊接质量的检验 8.3　需疲劳验算结构的焊缝质量检验	A—通用要求 8.1　范围 8.2　材料和设备的检验 8.3　WPS 的检验 8.4　焊工、焊接操作工、定位焊工的技能评定的检验 8.5　工作的检验和记录 B—承包商责任 8.6　承包商的职责 C—验收标准 8.7　适用范围 8.8　工程师对选用的合格判据的标准 8.9　目检 8.10　PT 与 MT 8.11　NDT 8.12　RT 8.13　UT D—NDT 工艺 8.14　工艺 8.15　检测范围 E—射线检测（RT） 8.16　对接接头坡口焊缝的 RT 8.17　RT 工艺 8.18　射线照相的检查、报告和处理	F—坡口焊缝的超声检测（UT） 8.19　通用要求 8.20　资格评定要求 8.21　UT 设备 8.22　对比标准 8.23　设备鉴定 8.24　检测时的校准 8.25　检测程序 8.26　报告的编制与处理 8.27　用 IIW 型或其他批准的对比试块校准 UT 设备（附录 G） 8.28　设备鉴定方法 8.29　不连续尺寸评估程序 8.30　扫查方式 8.31　dB 精度鉴定示例 G—其他检验方法 8.32　一般要求 8.33　实时射线成像系统 8.34　先进超声系统 8.35　补充要求

5.9　"焊接补强与加固"的对比

GB/T 50661 的第九章与 AWS D1.1 的第十一章相对应，均为现有焊接结构的加强措施，两者区别不大。

另外，AWS D1.1 的第九章为螺柱焊，在 GB/T 50661 中没有独立章节与其对应，但相关技术内容在 GB/T 50661 第六章"焊接工艺评定"中有所体现，详细技术要求和条件可参考《栓钉焊接技术规程》T/CEC S 226。AWS D1.1 的第十章为管结构，将管结构的焊接规范作为独立的章节，其内容包括管接头的设计、WPS 的免评定、WPS 评定、技能评定、制作和检验，尽管在 GB/T 50661 没有关于管结构的独立章节与之对应，但管结构的相关技术要求在 GB/T 50661 第五章至第八章中均有体现。

第6章

应用实例

6.1 标准应用实例分析

本章主要结合《钢结构焊接规范》GB 50661、《钢结构工程施工质量验收标准》GB 50205 的相关要求，着重从焊接过程质量控制、焊工培训考核、焊接工艺评定等方面对一些重点工程实例进行分析对比，总结经验，找出不足，以利于提高我国钢结构焊接工程的整体水平。

6.1.1 国家体育场"鸟巢"

6.1.1.1 工程简介

国家体育场主体建筑造型呈椭圆马鞍形，长轴最大尺寸为 332.3m、短轴最大尺寸为 296.4m，最高点高度为 68.5m，最低点高度为 42.8m。屋盖中部的洞口长度为 190m，宽度为 124m。内部为三层碗状混凝土结构看台，外部则是由 4.2 万吨钢编织的鸟巢状结构主体支撑的膜结构组成。

由钢组成的外部主体结构，主要采用焊接工艺方法进行制造、安装，其围绕屋盖洞口的环梁呈放射形布置的主桁架由 24 榀直线贯通或接近直线贯通的箱型桁架梁组成。顶部主桁架矢高 12m，箱型钢构件的最大断面尺寸为 1200mm×1200mm，所用钢材有 Q345C、Q345D、Q345GJD、Q460E 及 Gs20Mn5V（铸钢），制造、安装过程中采用的焊接工艺方法有：手工电弧焊、熔化极气体保护焊、埋弧焊等。见图 6-1。

图 6-1 国家体育场"鸟巢"

6.1.1.2　钢结构现场焊接工程质量控制

"鸟巢"作为我国首次承办奥运会的开幕式场地，同时，也是国内首次采用双曲面箱型组合大跨度桁架建造的体育场，其技术难度和工程施工质量，特别是焊接工程质量控制，引起了各方的高度关注。

自 20 世纪 80 年代中期建筑钢结构兴起以来，国内在建筑钢结构领域对于焊接工程的施工质量控制，基本停留在以无损检测为主的水平上。而国外技术发达国家，或国内一些与安全、民生密切相关及涉外较早的行业，如压力容器、船舶等，早已实行的全面质量管理理念，更确切地说，是焊接过程质量控制，在建筑钢结构领域一直未得到足够重视，由此引发的各类质量问题或事故时有发生。这种现象从北京奥运工程，特别是"鸟巢"工程开始建设以来，有了一定程度的改善。

为确保"鸟巢"工程的施工质量，项目管理方制订了详细周密的全面质量管理计划与方案，并形成了以施工方自检为主，项目监理公司进行全面质量管理控制，对特殊专业，如无损检测，聘请具有相应资质的独立第三方进行检测的质量管理模式。

下面仅就现场焊接工程的质量管理与控制，进行总结与分析。

（1）焊前准备

所谓焊前准备主要是指在工程或某一具体工艺方法施工前进行的准备工作。"鸟巢"工程在全面借鉴参考国内外先进的焊接过程质量控制管理理念和相关标准，如《钢结构工程施工质量验收规范》GB 50205 及《建筑钢结构焊接技术规程》JGJ 81 的基础上，从焊工培训考核、管理制度与规程、焊接工艺评定、特种材料及环境对焊接工艺的影响、焊接工艺技术规程等方面做了大量的试验研究工作。

① 焊工培训考核。根据《建筑钢结构焊接技术规程》JGJ 81—2002 的规定，凡从事高层、超高层钢结构及其他大型钢结构构件制作及安装焊接的焊工，都应根据钢结构的焊接节点形式、采用的焊接方法和焊工所承担的焊接工作范围及操作位置要求，由工程承包企业决定附加考试类别，并报监理工程师认可；参加附加考试的焊工必须已取得相应的手工操作基本技能资格证书。

另外，施工中的诸多技术难点，如现场焊接量大，且多为高空作业；板材厚度大，最厚达 110mm；构件、节点复杂，仰焊位置多；钢材强度高，首次在建筑钢结构施工中采用 Q460 级钢；同时还有铸钢与轧制钢材的异种钢焊接等，所有这些方面对焊工的操作技能、身体素质和基本技术素养，都提出了较高的要求。

为确保焊接工程的施工质量，经北京奥组委、08 指挥部办公室、工程项目管理部及有关专家综合评定后，将焊工的培训、考核与筛选工作，委托中冶集团建筑研究总院（现已更名为中冶建筑研究总院有限公司）焊接所承担。该单位在征询各方专家的意见和建议后，编制了《国家体育场钢结构工程焊工培训考试大纲》，对所有参建焊工进行了包括焊接理论及工件实际施焊操作的严格考评（图 6-2）。在实操考核中，针对"鸟巢"特种钢结构的技术工艺要求，设置了电弧焊立焊、仰焊、CO_2 气保焊立焊等针对性强化科目，先后共验证考核焊工 911人，考核科目达 1110 项/次，考评合格焊工 832 名，合格率达 91%。针对"鸟巢"现场焊接作业的特殊性，创新了多项培训科目，包括在施焊工件周边设置障碍板，模拟不同风速、风向，以再现施工现场作业条件；根据实际柱脚施焊空间狭窄的特点，专门模仿设置了小空间焊接拼装科目等，对焊工的技能水平、焊接质量严格把关，为提高焊缝一次合格率，保证焊接工程质量创优做出了积极贡献。

图 6-2　焊工培训、考核

② 新钢种 Q460E-Z35 的焊接性试验。国家体育场"鸟巢"工程采用的 Q460E-Z35 钢材，是国内首次在建筑钢结构工程中大规模使用的屈服强度等级为 460MPa 的高强钢。根据《建筑钢结构焊接技术规程》JGJ 81—2002 第 3 章第 3.0.3 条的规定："钢结构工程中选用的新材料必须经过新产品鉴定。钢材应由生产厂提供焊接性资料、指导性焊接工艺、热加工和热处理工艺参数、相应钢材的焊接接头性能数据等资料；焊接材料应由生产厂提供贮存及焊前烘焙参数规定、熔敷金属成分、性能鉴定资料及指导性施焊参数，经专家论证、评审和焊接工艺评定合格后，方可在工程中采用。"但在实际工程中，由于种种原因，Q460E-Z35 钢材的生产厂家未能按要求提供相关技术文件。经项目部及有关专家研究决定，委托中冶集团建筑研究总院焊接所按规范要求对 Q460E-Z35 钢材进行焊接性试验（图 6-3），并根据试验结果出

具报告，为编制工程焊接工艺指导文件提供依据。

受托单位制定了科学、严谨的设计试验方案，通过焊材的选择、热切割、热矫正、焊接冷裂纹敏感性以及刚性节点焊接等系列试验研究，总结出一套适合 Q460E-Z35 厚板的热加工及焊接技术，并结合国家体育场钢结构工程实际情况，通过系列焊接工艺评定试验，总结出满足 Q460E-Z35 厚板焊接的成套工艺参数和技术规程，成功指导了工程焊接施工。

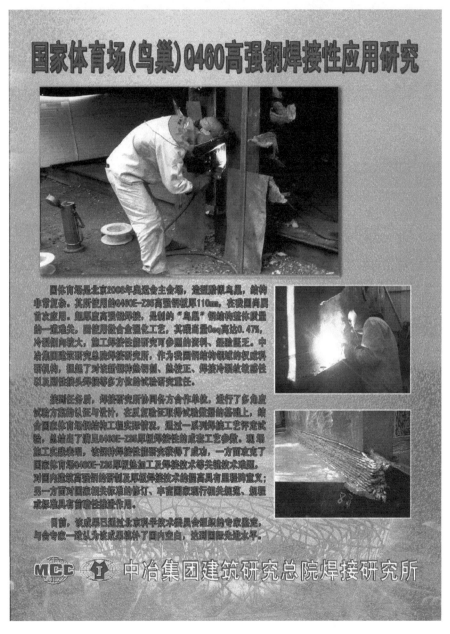

图 6-3   Q460E-Z35 钢材焊接性试验

③ 焊接工艺评定。

a. 常规试验。根据《建筑钢结构焊接技术规程》JGJ 81—2002 的规定，国内首次应用于钢结构工程的钢材(包括钢材牌号与标准相符但微合金强化元素的类别不同和供货状态不同，或国外钢号国内生产），国内首次应用于钢结构工程的焊接材料，以及设计规定的钢材类别、焊接材料、焊接方法、接头形式、焊接位置、焊后热处理制度和施工单位所采用的焊接工艺参数、预后热措施等各种参数的组合条件为施工企业首次采用，应在钢结构构件制作及安装施工之前进行焊接工艺评定。

本工程中采用的焊接方法有：手工电弧焊、熔化极实心焊丝气体保护焊、熔化极药芯焊丝气体保护焊和埋弧焊。钢材种类及板厚见表 6-1。

表 6-1 钢材种类及板厚

材质	Q345C	Q345D	Q345GJC-Z15	Q345GJD	Q345GJD-15	Q345GJD-25	Q345GJD-35	Q460E	GS-20MN5V
	6	—	—	—	—	—	—	—	
	8	—	—	—	—	—	—	—	
	10	10	—	—	—	—	—	—	
	12	12	—	—	—	—	—	—	
	14	14	—	—	—	—	—	—	
	16	16	—	—	—	—	—	—	
	18	18	—	—	—	—	—	—	
	20	20	—	—	—	—	—	—	
	—	22	—	—	—	—	—	—	
	25	25	—	—	—	—	—	—	
	—	28	—	—	—	—	—	—	
板厚 /mm	30	30	—	—	—	—	—	—	60～100
	—	32	—	—	—	—	—	—	
	—	34	—	—	—	—	—	—	
	36	—	—	36	—	—	—	—	
	—	—	—	—	40	—	—	—	
	—	—	42	—	42	—	—	—	
	—	—	—	—	46	—	—	—	
	—	—	50	—	50	—	—	—	
	—	—	—	—	60	—	—	—	
	—	—	—	—	—	70	—	—	
	—	—	—	—	—	80	—	—	
	—	—	—	—	—	90	—	—	
	—	—	—	—	—	—	100	100	
	—	—	—	—	—	—	—	110	

根据对参建企业以往从业经历的认真审核及工程实际情况，并结合《建筑钢结构焊接技术规程》JGJ 81—2002 的相关规定，对焊接工艺评定项目进行了筛选，最终拟定的评定项目，详见表 6-2 和表 6-3，并编制了《国家体育场"鸟巢"钢结构工程焊接工艺评定方案》。

表 6-2　同材质焊接工艺评定项目

| 钢材 | 焊接方法及位置 | | | | | | |
| | CO_2 气保焊 | | SMAW | SAN | ESW-MA | ESW-WE | SW |
	GMAW	FCAW-G					
Q345D	F · H V · O	H · V	H · V · O	F	V	V	—
Q345GJD	H · V	H · V	O	—	—	—	—
Q345GJDZ15	F · H V · O	F · H V · O	H · V · O	F	V	V	F
G460E	F	F	—	F	—	—	—
Q460E-Z35	F · H · V	F · H · V	O	F	—	—	F

表 6-3　异种钢焊接工艺评定项目

| 钢材 | 焊接方法及位置 | | | | | | |
| | CO_2 气保焊 | | SMAW | SAN | ESW-MA | ESW-WE | SW |
	GMAW	FCAW-G					
Q460E-Z35+ GS20Mn5V	H · V	H · V	O	F	—	—	—
Q460E-Z35+ Q345GJD-Z15	H · V	H · V	O	F	V	—	F
Q460E-Z35+ Q345GJD	H · V	H · V	H · O	—	—	—	F
Q460E-Z35+ Q345D	H	—	H	—	—	—	—
Q345GJD-Z15+ GS20Mn5V	H · V	H · V	O	F	—	—	—
Q345GJD+ GS20Mn5V	H	—	H	—	—	—	—

焊接工艺评定试件见图 6-4。

图 6-4　焊接工艺评定试件

　　通过百余项焊接工艺评定试验所获得的试验数据，成为本工程相关技术工艺文件和工法的编制依据。

b. 低温环境下的焊接工艺评定试验。过低的环境温度会导致熔池的冷却速率加快，特别是对于高强钢易形成脆硬的马氏体组织，导致冷裂纹的产生。另外，若无特殊的局部保温措施，过低的环境温度会严重影响焊工技术水平的发挥。但一直以来，国内外相关标准规范对允许施焊的最低环境温度的限制存在较大的差异，具体要求见表6-4。

表6-4　国内外各行业规程对低温焊接最低施工温度的规定

规范、规程名称	低合金钢 /℃	低碳钢 /℃	常温下至低温限值以上的措施/低温焊接措施
AWS D1.1（美国）	-18	—	不需要预热的钢材和板厚在常温以下施焊应预热至常温。-18℃以下施焊时设防护棚或加热
JASS 6（日本）	-5	—	在-5～5℃施焊时应对接头100mm范围内进行加热
BS 5135（英国）	0	—	—
《钢制压力容器焊接规程》JB/T 4709—2007	-18	—	焊件温度为-18～0℃时在施焊处100mm范围预热到15℃以上。低温焊接采取有效防护措施
《建筑工程冬期施工规程》JGJ 104—97	-26	-30	钢材应有相应温度的冲击韧性保证值，并根据钢材牌号及板厚预热36～150℃ 要求焊工经低温焊接培训
《北京市城市桥梁工程施工技术规程》DBJ01-46-2001 《公路桥涵施工技术规程》JTJ041—2000 《铁路钢桥制造规范》TB10212—98	5	0	—
《建筑钢结构焊接技术规程》JGJ 81—2002	0	—	0℃以下施焊 提高预热温度20～30℃ 扩大预热范围至2倍板厚 焊后立即用岩棉保温，特厚板复杂节点应后热 设防护棚
《钢结构焊接规范》GB 50661	-10	—	焊接环境温度低于0℃但不低于-10℃时，应采取加热或防护措施，确保接头焊接处各方向大于等于2倍板厚且不小于100mm范围内的母材温度不低于20℃或规定的最低预热温度（两者取高值） 焊接环境温度低于-10℃时，必须进行相应焊接环境下的工艺评定试验

　　"鸟巢"工程在借鉴、掌握各标准相关要求的同时，结合自身工程特点，确定了低温焊接试验的选项原则。

　　ⓐ 试验材料。在国家体育场钢结构现场冬季施工中所涉及的钢材主要有 Q345GJD 和 Q345D，主结构板厚为 60mm 左右，次结构牛腿板厚主要在 20mm 左右。确定试验材料的规格为 Q345GJD 60mm、Q345D 20mm。

　　ⓑ 焊接方法、位置及焊材的匹配。试验中采用的焊接方法、材料及焊接位置，是根据现场安装、拼装单位实际施工情况确定的。主要采取的焊接方法为：SMAW、GMAW、FCAW-G，使用的焊接材料为 CHE507、JM58、JM56、TWE711，焊接位置有 H（F）、V、O 三种焊接，据此组合了 14 组试验项目。

　　ⓒ 环境温度设定。根据近 30 年气象资料显示，北京地区近年的年平均最低温度平均水平在-9.4℃左右，考虑操作人员在低温环境下的承受能力，确定-10℃为试验基本温度。在试验期间，增加气温变化幅度±5℃。

ⓓ 焊接工艺，预热、后热参数及试验检验项目。各种参数和试验检验项目选择的主要依据是《建筑钢结构焊接技术规程》JGJ 81—2002 和"鸟巢"工程"焊接工艺评定规范"。

根据上述试验选项原则，确定了 14 项试验项目，具体见表 6-5。

表 6-5　低温焊接试验项目

序号	母材材质	板厚/mm	焊接方法	焊接位置	焊接材料	环境温度/℃	预热温度/预热方式	焊后处理
DW1-1	Q345GJD	60	SMAW	H	CHE507	−10±5	80℃/电加热	保温缓冷
DW1-2	Q345GJD	60	SMAW	V	CHE507	−10±5	80℃/电加热	保温缓冷
DW1-3	Q345GJD	60	SMAW	O	CHE507	−10±5	80℃/电加热	保温缓冷
DW1-4	Q345GJD	60	GMAW	H	JM58	−10±5	80℃/电加热	保温缓冷
DW1-5	Q345GJD	60	GMAW	V	JM56	−10±5	80℃/电加热	保温缓冷
DW1-6	Q345GJD	60	FCAW-G	H	TWE711	−10±5	80℃/电加热	保温缓冷
DW1-7	Q345GJD	60	FCAW-G	V	TWE711	−10±5	80℃/电加热	保温缓冷
DW2-1	Q345D	20	SMAW	H	CHE507	−10±5	—	保温缓冷
DW2-2	Q345D	20	SMAW	V	CHE507	−10±5	—	保温缓冷
DW2-3	Q345D	20	SMAW	O	CHE507	−10±5	—	保温缓冷
DW2-4	Q345D	20	GMAW	H	JM58	−10±5	—	保温缓冷
DW2-5	Q345D	20	GMAW	V	JM56	−10±5	—	保温缓冷
DW2-6	Q345D	20	FCAW-G	H	TWE711	−10±5	—	保温缓冷
DW2-7	Q345D	20	FCAW-G	V	TWE711	−10±5	—	保温缓冷

根据上述试验得出如下结论：

ⓐ 国家体育场"鸟巢"钢结构焊接工程焊接工艺可满足冬季施工的最低温度为-15℃；

ⓑ 准确均匀的预热温度，焊后热缓慢冷却措施，是钢结构低温焊接试验成功与否的关键。

④ 相关技术、工艺及管理规程。根据上述试验，结合设计文件要求以及工程实际情况，相继编制了以下管理规程：

a.《国家体育场钢结构验收标准》；

b.《国家体育场钢结构现场焊接管理规程》；

c. 各分部、分项工程的具体焊接技术工艺方案、技术交底及施工记录、验收文件等。

⑤ 原材复验。本工程中所涉及的钢材、焊材及相关辅材使用前均应按《国家体育场钢结构验收标准》的规定进行复验，合格后方可使用。

⑥ 焊前检验。

a. 在施工单位自检的基础上，监理工程师对坡口形式、尺寸、表面状况及组对质量，在保证合同要求检测比例的前提下，根据板厚及结构的重要程度，适当调整相应焊缝的抽查比例。对现场安装的 230 件体量较大的主构件，以及 Q460 钢板、80mm 以上厚板、铸钢件等重要结构，100%进行检验；对于板厚为 40～60mm 的焊接构件，其抽查比例不小于 30%；板厚小于 40mm 的焊接构件，抽查比例大约为 10%。如图 6-5 所示为焊缝错边检测；如图 6-6 所示为焊缝坡口打磨情况检验。

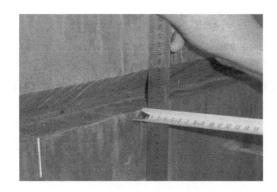

图 6-5　焊缝错边检测

图 6-6　焊缝坡口打磨情况检测

　　b. 对焊接材料的烘干、保存及领用情况，采用定期随机抽查的检验方式，基本上保证对现场施工单位每周一次的检验。

　　c. 对上岗人员进行确认，要求持证上岗。

　　（2）焊中检验

　　① 气候条件的监控：主要根据规范和现场实际情况，对环境温度、风速及空气湿度等条件进行监控。

　　② 对现场焊接作业条件进行检验：主要包括对操作平台、施工器具、检测工具、辅助工具准备情况的检验，如图 6-7～图 6-10 所示。

图 6-7　焊中检验（一）

图 6-8　焊中检验（二）

图 6-9　焊中检验（三）

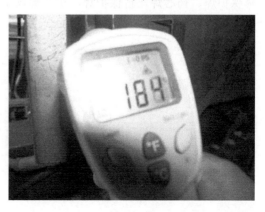

图 6-10　焊中检验（四）

③ 焊接操作中具体参数的检验，如预热温度、层间温度、后热温度等。

（3）焊后检验

① 焊缝外观检测：根据《钢结构工程施工质量验收规范》GB 50205—2001、《建筑钢结构焊接技术规程》JGJ 81—2002 和《国家体育场钢结构工程施工质量验收规范》的要求，在施工单位自检合格的基础上，监理工程师进行不小于 50％的抽检。

② 无损检测：根据《国家体育场钢结构工程施工质量验收规范》的要求，施工方需对一级焊缝进行 100％，二级焊缝进行 50％的超声波探伤。并在此基础上，由业主委托具有检测资质的独立第三方，进行不小于 12％的抽检。

6.1.1.3　结论

国家体育场主体钢结构连接全部采用焊缝连接，共完成焊缝近 30 万余米，且焊接难度大、施工环境恶劣，在总承包部、各参施单位及监理单位的努力下，在业主方、有关专家和科研单位的支持和配合下，国家体育场钢结构焊接工程所有焊缝全部按照规范要求进行了自检探伤和第三方探伤，一次合格率在 99.5％以上，第三方探伤一次合格率在 99.9％以上。少量第一次探伤有缺陷的焊缝，经返修和第二次探伤全部合格。在参建各方的共同努力下，圆满地完成了国家体育场钢结构工程的建设目标。

在本工程建设过程中，参建各方针对钢结构施工事前、事中、事后控制三个方面做了大量的工作，付出了巨大的努力，同时积累了大量的钢结构焊接施工管理经验，为后续的大型钢结构工程建设中的焊接工程质量过程控制的推广应用，奠定了坚实的基础。

6.1.2　香港昂船洲大桥

6.1.2.1　工程简介

香港昂船洲大桥是香港八号公路干线的主要组成部分。大桥由香港葵涌货运码头入口，横跨蓝巴勒海峡，向西伸延至青衣岛，全长 1596m，主跨长 1018m，为双向三线高架斜拉桥，桥面距水面 73.5m，是当时全球第二长斜拉桥。桥下通航航道净宽 900m，大型货船可由桥下顺利通过。

大桥总吨位约 3.6 万吨，钢结构总重 3.5 万吨，钢板主要材质为 S275N、S275NL、S355N、S355NL、S420M 及 S420ML 高强度结构钢。焊接方法主要有：手工电弧焊、药芯焊丝 CO_2 气体保护焊、药芯焊丝自保护焊、实芯焊丝 CO_2 气体保护焊、埋弧焊、栓钉焊。于 2005 年开始动工兴建，2009 年 12 月 20 日正式开通。如图 6-11 所示为香港昂船洲大桥。

图 6-11　香港昂船洲大桥

6.1.2.2 钢桥工厂焊接工程质量控制

本工程业主方为香港路政署,国际工程顾问公司 ARUP(奥雅那)公司作为项目管理公司负责工程管理的全部相关事宜,总包方为前田、日立、横河、新昌四大集团的联合体(JV公司),钢桥的制造分包方为山海关桥梁厂。工程的设计、施工、制作全部采用英标(BS)及国际标准(ISO)。工程管理采用目前世界上流行,也是公认较科学、先进的管理模式,其具体组织结构见图 6-12。

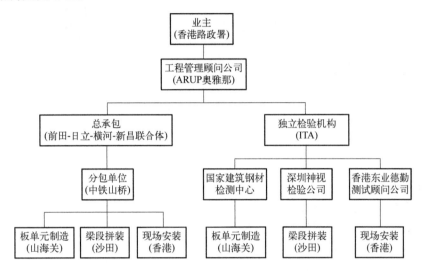

图 6-12 香港昂船洲建设组织结构

其管理内涵与国内的主要区别在于所谓工程管理顾问公司,该类公司既具有业主的权威性,又兼顾了国内设计、监理公司及检测机构的专业性。例如,作为香港昂船洲大桥工程的工程管理顾问公司 ARUP(奥雅那),不仅具有很强的设计和工程管理经验,其在钢结构工程管理从业人员中有许多是取得了国际焊接工程师(IWE)、焊接检验师(CWI)资格的专业技术人员。因此,其对钢结构工程的质量,特别是对焊接质量的控制,更具专业性。除此之外,受聘于工程管理顾问公司的独立第三方检测机构,在满足机构认证及个人无损检测资质的基础上,也要求有一定数量的具备焊接检验师(CWI)资格的专业技术人员,与国内建筑钢结构行业单纯依靠监理工程师和无损检测机构进行焊接质量控制相比更为科学、合理。许多工程实践证明,焊接工程质量控制,应在建立、健全职业资格培训和考核体系的同时,强调过程控制,单纯依靠专业针对性不强的监理工程师和焊后无损检测来保证焊接质量,是远远不够的。如图 6-13 所示为国际焊接工程师(IWE)证书;如图 6-14 所示为焊接检验师(CWI)证书。

(1)焊前检验

① 原材检验。欧标中仅对钢材提出了复验要求,对焊材则只做产品合格证及材质单等后证明文件的审核,不需复验。对钢材复验有两种方式:一种是由工程管理顾问公司、总包、第三方检测机构进行现场抽样,并监督检验过程;另一种则由第三方检测机构派员进驻生产钢厂,见证并监督试验样品取样及试验过程。本工程采用的是第一种复验方式。

a. 检验批次的确定。

ⓐ 钢板:根据《可焊接细晶粒结构钢的热轧制品》BS EN 10113 标准,按炉批号和板厚取样,即同一炉批号钢材制成的钢板厚度超过一定值时,要分别取样。代表吨位 40t。钢材种类和性能要求见表 6-6。

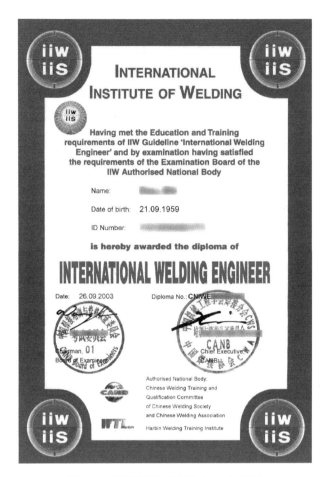

图 6-13　国际焊接工程师（IWE）证书

图 6-14　焊接检验师（CWI）证书

表 6-6　钢材种类和性能要求

设计		力学性能[1]				
		拉伸强度 R_m/MPa	材料公称厚度的屈服强度 R_{eH}			最小伸长率[2]（$L_0=5.65\sqrt{S_0}$）/%
钢材牌号（依据《钢材名称系统　第1部分：钢材名称和牌号》EN 10027-1 和《欧洲钢铁标准化委员会-材料符号标记》ECISS IC 10）	钢材编号（《钢材名称系统　第2部分：钢材名称和牌号》EN 10027-2）		≤16	>16 ≤40	>40 ≤63[3]	
			MPa			
S275M S275ML	1.8818 1.8819	360～510	275	265	255	24
S355M S355ML	1.8823 1.8834	450～610	355	345	335	22
S420M S420ML	1.8825 1.8836	500～660	420	400	390	19
S460M S460ML	1.8827 1.8838	530～720	460	440	430	17

① 对于厚度>150mm 的长板和厚度>63mm 的平板，其力学性能的值应通过订单和技术要求确定。

② 对于板厚<3mm 的材料，应进行试件 L_0=80mm 的拉伸试验，试验值应由订单和技术要求确定。

③ 可应用于板厚≤150mm 的长板。

ⓑ 钢管：根据《非合金和细晶粒钢热轧结构钢管》BSEN 10210 标准，按炉批号和管径或周长取样，即同一炉批号不同管径或周长取样的管材所代表的数量不同，要分别取样。钢管取样规则见表 6-7。

表 6-7　钢管取样规则

截面类型		检测单元批数/t
圆管外径 D/mm	正方形或长方形周长/mm	
≤114.3	≤400	≤40
>114.3 ≤323.9	>400 ≤800	≤50
>323.9	>800	≤70

b. 复验程序：对所有进场钢板、钢管按照检验批进行复验，取样时由工程管理顾问公司、总包、第三方检测机构、制造单位按图 6-15 所示程序共同见证并在取样记录上签字。试验时，总包、监理、第三方检测机构、制作单位共同见证并在试验记录上签字。如图 6-16 所示为原材复验取样现场。

c. 形成的文件：见证取样记录；原材复验报告。

② 焊接工艺评定。依据《金属材料焊接工艺评定　第 3 部分：钢的弧焊焊接工艺试验》BS EN 288-3：1992/A1：1997 标准并结合工程实际情况，进行包括不同钢材、焊材及焊接方法共计 76 组焊接工艺评定。具体试验项目见表 6-8。

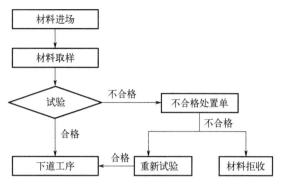

图 6-15 原材复验流程

图 6-16 原材复验取样现场

表 6-8 焊接工艺评定试验项目

序号	焊接方法	接头形式	垫板形式	焊接位置	数量/人
1	手工电弧焊	对接焊缝、T 形焊缝	钢衬垫、陶瓷衬垫	立焊、平焊、横焊、仰焊	18
2	药芯焊丝 CO_2 气体保护焊	对接焊缝、T 形焊缝	钢衬垫、陶瓷衬垫	立焊、平焊、横焊、仰焊	33
3	药芯焊丝自保护焊	对接焊缝、T 形焊缝	钢衬垫、陶瓷衬垫	平焊、横焊、仰焊	7
4	实芯焊丝 CO_2 气体保护焊	对接焊缝、T 形焊缝	钢衬垫、陶瓷衬垫	平焊、横焊	10
5	埋弧焊	对接焊缝	钢衬垫、陶瓷衬垫	平焊	7
6	栓钉焊	—	—	—	1

a. 试验程序：由工程管理顾问公司、总包、第三方检测机构、制造单位组成的联合体，按图 6-17 所示程序共同监督并见证试验过程。

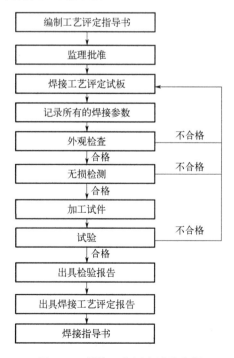

图 6-17 焊接工艺评定试验流程

b. 形成的文件：焊接工艺评定指导书；焊接工艺评定记录表；外观检查报告；无损检测报告；力学试验报告；焊接工艺评定报告；焊接指导书。如图 6-18 所示为焊接工艺评定现场工作场景。

图 6-18　焊接工艺评定现场工作场景

③ 焊工考试。依据《焊工资格考试——钢的熔化焊》BS EN 287-1 标准，并结合工程实际情况，共进行 267 人次的焊工考试。具体焊工工种分布情况见表 6-9。

表 6-9　焊工考试统计

序号	焊接方法	接头形式	垫板形式	焊接位置	数量/人
1	手工电弧焊	对接焊缝、T 形焊缝	钢衬垫、陶瓷衬垫	平、横、立、仰	46
2	药芯焊丝 CO_2 气体保护焊	对接焊缝、T 形焊缝	钢衬垫、陶瓷衬垫	平、横、立、仰	170
3	药芯焊丝自保护焊	对接焊缝、T 形焊缝	钢衬垫、陶瓷衬垫	平、横、仰	9
4	实芯焊丝 CO_2 气体保护焊	对接焊缝、T 形焊缝	钢衬垫、陶瓷衬垫	平、横	49
5	埋弧焊	对接焊缝	钢衬垫、陶瓷衬垫	平	38
6	栓钉焊	—	—	—	5

a. 考核程序：由工程管理顾问公司、总包、第三方检测机构、制造单位组成的联合体，按图 6-19 所示程序共同监督并见证焊工考核的全部过程。

b. 形成的文件：焊工考试名单；外观检查报告；无损检测报告；力学报告；焊工考试证书。如图 6-20 所示为焊工考试现场。

图 6-19　焊工考试流程

图 6-20　焊工考试现场

④ 定位焊缝的检验。所有构件的定位焊缝经制造单位打磨后，由第三方检测机构进行外观检验，确认无裂纹、气孔等外观缺陷后方可施焊。

⑤ 焊接设备检验。焊机上的电流表、电压表、气瓶上的压力表均需进行计量。

（2）焊中检验

实际施工过程中，首先由制作单位焊接技术人员，对实际焊接过程中采用的焊接工艺方案进行宣贯，其次在施工过程中，由施工企业的质量检验人员，对焊接电流、电压、焊接速度、预热温度、层间温度进行检查。其间，第三方检测机构采取不定期抽查的形式进行检查，确保焊接施工与焊接工艺文件相吻合，记录每条焊缝施焊工的姓名，并最终形成焊中检查记录。

除此之外，本工程进行了多达 200 多块的产品试板检验。其主要做法就是在生产施工现场的生产过程中，采用完全相同的焊接条件进行试验试板的焊接，并按图 6-21 所示程序对试验试板进行检验。产品试板检验（图 6-22）是检验焊接质量的最佳方法，它能够从焊缝外观、内部质量、各项力学性能指标等方面，全面检验焊接质量能否达到设计要求。

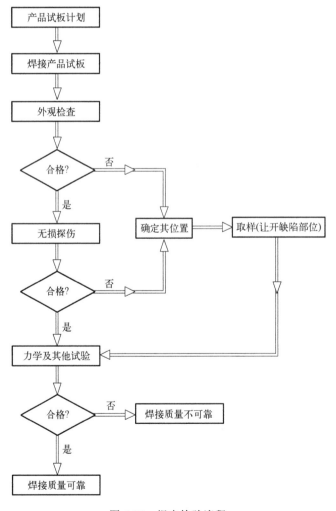

图 6-21　焊中检验流程

（3）焊后检验

第三方检测机构在施工方自检合格的基础上，按图6-23所示程序对焊接产品进行检测。

图 6-22　产品试板检验

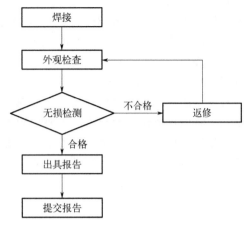

图 6-23　焊后检验流程

① 外观检验：第三方检测机构按照《熔化焊缝的无损检测——目视》BS EN 970 和《钢、镍、钛及其合金熔化焊接头（不包括电子束焊接）缺陷的质量等级》ISO 5817：2003 标准，对所有的焊缝进行 100% 的检查，并出具外观检验报告。

② 无损检测：对所有的焊缝进行超声波、磁粉或射线检测，见表 6-10。

表 6-10　无损检测比例和数量

序号	检验项目	依据标准	检验比例/%	报告数/份
1	超声波（含钢板夹层检验）	BS EN 1714、ISO 5817：2003、BS EN 10160（夹层检验）	15、100	3490
2	磁粉	BS EN 9934-1、ISO 5817：2003	5	5738
3	射线	BS EN 1435、ISO 5817：2003	1	140

③ 形成文件：焊缝外观检查报告；超声波探伤报告；磁粉探伤报告；射线探伤报告。如图 6-24 所示为焊后无损检测。

图 6-24　焊后无损检测

6.1.3　怡亨当代艺术会馆（复杂钢结构全过程焊接质量控制）

6.1.3.1　工程简介

　　怡亨当代艺术会馆（怡亨海岸花园）项目位于广东省惠州市惠东县巽寮湾 M-10-05 地块，巽寮湾海滨旅游度假区南段西侧，总建筑面积 7.26 万平方米。本工程地上由两栋塔楼和两个连廊组成，塔楼平面狭长，其中 A 栋塔楼（简称 A 塔）地上 26 层，建筑高度 99.8m，塔柱网平面尺寸（不含悬挑部分）为 63m×9m；H 栋塔楼（简称 H 塔）地上 22 层，建筑高度 85.55m，塔柱网平面尺寸（不含悬挑部分）为 50m×9m。在 7～9 层、15～17 层分别设有 3 层高连体结构，将两栋塔楼连为一体，主要功能为高级住宅和精品住宅，同时也设有少量的商业。地下 2 层的主要功能为车库及设备用房。建筑效果及施工现场见图 6-25、图 6-26，结构模型见图 6-27，剖面图及平面布置图见图 6-28，项目完工后实景见图 6-29。

图 6-25　艺术会馆效果

图 6-26　施工现场

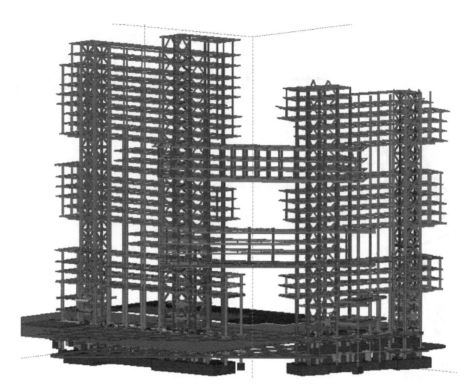

图 6-27 结构模型

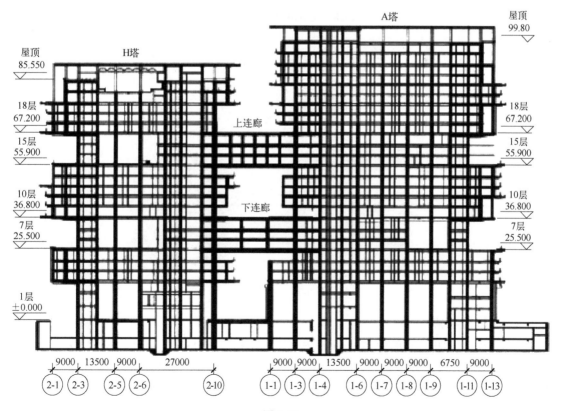

图 6-28

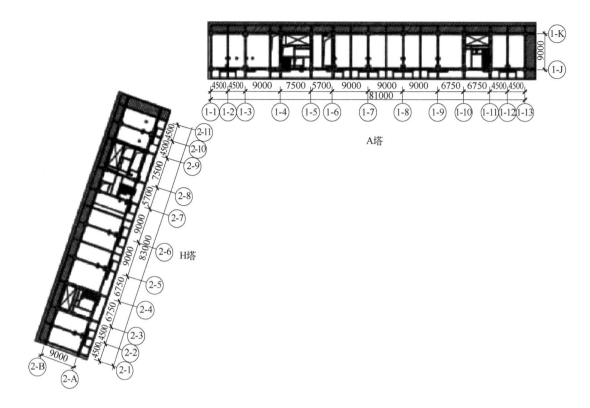

图 6-28　建筑剖面图及平面布置图

图 6-29　项目实景

6.1.3.2　施工特点

艺术会馆钢结构建筑面积 5 万余平方米，钢结构用量 18000 余吨，每平方米用钢量近 400kg。所用钢材包括 Q420GJC、Q345C、Q345B，厚度为 10～100mm。Q420GJC 高强钢占比约 30%，50mm 以上厚板占比约 75%，焊接体量大；工程结构新颖、复杂，同时由于临近海边（最近处距离海岸线仅 30m），风大，雨季时间长，对流天气多发，湿度高，焊接环境恶劣，焊接难度大。

6.1.3.3 钢结构施工质量控制

焊接作为特殊的施工过程，其施工质量影响因素复杂。本工程依据现行标准规范，结合工程实际情况，对焊接施工过程进行全面的质量管理，通过有效控制材料（包括钢材和焊接材料）质量、合理选择焊接工艺并遵照实施、严格考核焊工操作技能并配备必要的焊接技术人员、检验人员和其他相关人员，不断改进施工设备机具，并在焊前准备、过程监测、最终检验几个阶段给予必要的控制，以确保最终的焊接接头内在质量和外在质量满足设计要求。钢结构焊接质量控制体系框图见图 6-30。

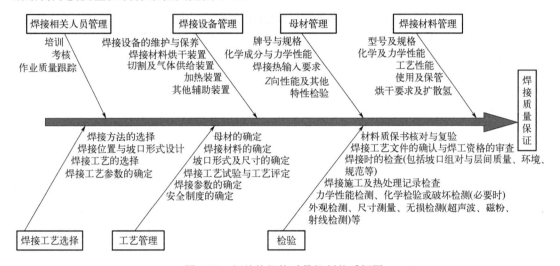

图 6-30　钢结构焊接质量控制体系框图

（1）"人"

各类技术人员、特种作业人员，包括测量作业人员、电工作业人员、高处作业人员、起重作业人员、焊接作业人员持证上岗。

按照《钢结构焊接从业人员资格认证标准》CECS：331 标准规定，对已取得国家应急管理部门"特种作业操作证"的焊工进行培训和考核（图 6-31），焊工考试合格并取得"工程建设焊工合格证"后方能上岗作业，并仅允许从事焊接考试认证合格范围的焊接作业；焊工在进行焊接作业之前对其进行焊接作业的全过程技术交底。

图 6-31　培训和考核

（2）"机"

生产中，设备是否正常运作、工具的好坏都是影响生产进度和产品质量的重要因素。本工程对现场作业设备建立备案审查制度，对现场作业的重要设备（吊装设备、焊机）、测量机具的合格证、计量证书、检修记录等资料进行严格审查，并设定责任人员（设备操作人员）记录设备运行状况，出现故障及时报修，并组织相关技术管理人员定期抽查。

（3）"料"

原材料质量控制内容见表 6-11。

表 6-11　原材料质量控制

原材料	类型	质量控制内容
钢材	钢板、H 型钢	材质单、复验报告
连接材料	焊接材料（焊条、焊丝）高强螺栓、地脚螺栓、栓钉	材质单、复验报告
防腐材料	—	合格证、形式检验报告、漆膜厚度报验
防火材料	—	形式检验报告，现场测厚

（4）"法"

施工过程中所需遵循的规章制度如下。

① 标准规范。

《建筑工程施工质量验收统一标准》　　　GB 50300—2013

《钢结构工程施工质量验收规范》　　　　GB 50205—2001

《钢结构工程施工规范》　　　　　　　　GB 50755—2012

《钢结构焊接规范》　　　　　　　　　　GB 50661—2011

《钢结构高强螺栓连接技术规程》　　　　JGJ 82—2011

② 施工组织方案、钢结构施工方案、悬挑安装专项方案、工艺指导书等。

（5）"环"

焊接过程中设有防风设施、利用电加热设备在预热钢板同时降低焊接环境湿度，改善恶劣焊接环境（图 6-32）。

图 6-32　焊接环境保障

（6）过程监督

对焊接过程进行全面监控，包括焊前准备、焊中监控、焊后检验（具体做法同前面介绍的工程案例），如图 6-33～图 6-37 所示。

图 6-33　焊机检查

图 6-34　焊前坡口检查

图 6-35　焊缝外观检查

图 6-36　焊缝无损检测

图 6-37　焊接接头区域防腐涂层厚度检测

6.1.4　江门中微子实验中心（不锈钢结构焊接检测）

6.1.4.1　工程简介

　　江门中微子实验中心探测器工程位于广东省江门市某地下 700m 深处的中微子实验中心，是目前世界上能量精度最高、规模最大的液体闪烁体探测器。本项目是国内最大的奥氏体不锈钢钢结构项目，施工难度大，工艺复杂，作为尖端科学领域的实验装置要求严苛，在国内同类型或同材质结构中，均具有相当的代表性。

　　本项目是中微子实验的核心装置，其整体形状为球形，采用奥氏体不锈钢制造，材质为06Cr19Ni10，主要结构体系是单层肋环型球面网壳，由 23 层纬向梁和 30 道经向梁构成网格结构，上下半球对称布局，网壳内径为 40.1m，径向厚度 500mm，梁构件采用焊接 H 型钢，如图 6-38 所示。焊接 H 型钢拼装焊缝主要有两种形式，分别为 T 形角接和板对接焊缝，均为一级全熔透焊缝，要求对焊缝内部缺陷进行 100%超声波探伤。

图 6-38　江门中微子实验中心探测器工程施工过程图

6.1.4.2　工程检测特点

奥氏体不锈钢焊接接头的柱状晶粒尺寸和取向受焊接工艺影响较大，奥氏体不锈钢焊缝组织对超声检测而言是一种弹性非匀质材料，对超声检测的主要影响体现在如下几个方面：

① 焊缝晶粒粗大；

② 焊缝组织为柱状晶且各向异性[图 6-39（b）]与母材的等轴晶[图 6-39（a）]组织差异较大；

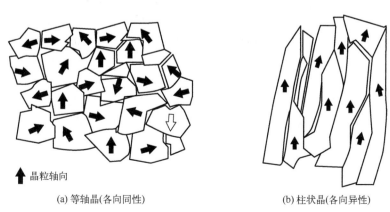

↑ 晶粒轴向

(a) 等轴晶(各向同性)　　　　　　　　　(b) 柱状晶(各向异性)

图 6-39　焊缝和母材组织

③ 与母材存在明显的异质界面，特别是在熔合面处组织变化明显；

④ 焊缝组织受焊接工艺影响大。

国内目前除特种行业使用奥氏体不锈钢外，在民用结构中奥氏体不锈钢可见到的多为装饰性用途，较少用于结构件；由于奥氏体不锈钢焊缝组织不稳定的特性会对超声波束产生影响，所以奥氏体不锈钢结构焊缝的检测国内没有标准可依。目前对接焊缝有特种设备检测标准可参照，对于 H 形构件 T 形角接焊缝无标准可引用。

6.1.4.3 技术措施

对于奥氏体不锈钢 H 形构件检测来说，尽量减少材料粗晶和焊缝柱状晶的影响是探头选择的关键；检测 T 形焊缝则必须制作 T 形对比试块。

（1）探头的选择

超声波检测的关键是声波主声束是否能够有效地发现缺陷，若材料晶粒粗大，可选择波长较长的纵波探头；若柱状晶粒且各向异性导致声波扭曲，宜用双晶探头，角度不宜太大；由于该工程不锈钢焊接 H 形构件坡口侧厚度为 8～25mm，因此目前纵波斜探头前沿为 ≥12mm，对于 T 形角接接头探伤要求探头前沿根据下式选定。

$$t = \frac{B+L}{K}$$

式中　B——焊缝宽度；

　　　L——探头前沿；

　　　t——探头顶紧焊缝时所检到的最小厚度；

　　　K——探头折射角正切值。

当检测 8mm 板 T 形角接焊缝时，要求 $t \leqslant 4mm$；检测 16mm 板 T 形角接焊缝时，要求 $t \leqslant 8mm$。鉴于焊缝宽度一定（8mm 时 B 为 10～12mm，16mm 时 B 为 15～18mm），则探头前沿 L 尽可能小，探头角度尽量大些。

为确保检测时超声声束能扫查到工件的整个被检区域，翼板超过 14mm 时采用双晶直探头和纵波斜探头，翼板为 8～14mm 时宜采用双晶直探头和爬波探头。

综合考虑以上因素，需订制三种类型的探头：双晶纵波直探头、双晶纵波斜探头、爬波探头。超声波探头规格见表 6-12。

表 6-12　超声波探头型号规格

探头序号	波型	规格	晶片尺寸、角度	探头参数（$L \times W \times H$）/mm	前沿/mm
2TRL60FD20	纵波双斜	2MHZ FD20	2（10×18）60°	30×30×30	16
2TRL60FD15	纵波双斜	2MHZ FD15	2（8×14）60°	25×25×32	13
2TRL70FD8	纵波双斜	2MHZ FD8	2（7×10）70°	25×25×32	15
2TRL45FD35	纵波双斜	2MHZ FD35	2（10×18）45°	30×30×30	17
2TRL45FD25	纵波双斜	2MHZ FD25	2（8×14）45°	25×25×32	15
2TRL45FD25	纵波双斜	2MHZ FD25	2（8×14）45°	25×25×32	15
H1800143	纵波双直	5Z14FG20ZN	—	—	—
333158	纵波双直	2.5Z14FG30Z	—	—	—
N 1821	纵波双斜	2MHZ FD20	2（8×12）70°	20×20×25	10
N 5650	爬波	2MHZ	2（6×8）	15×15×25	—
N 5651	爬波	2MHZ	2（6×8）	15×15×25	—

（2）试块制作

标准试块采用 CSK-IA，用于测量纵波斜探头的前沿和角度。

对比试块包括两种。一种是奥氏体不锈钢对接焊缝对比试块，试块的制作可参照按 NB/T 47013.3—2015 附录 I 的规定（图 6-40），用于调节纵波斜探头和爬波探头。另一种是制作奥氏体不锈钢 T 形焊缝对比试块，因为该工程 H 型构件坡口侧母材厚度为 8～25mm，所以试块以厚度 16～20mm 为宜；试块长横孔尺寸与对接焊缝灵敏度相同，为 $\phi 2 \times 40$；焊缝中心和坡口侧各 1 个，其要求见图 6-41，用于调节双晶直探头，试块制作时参照 JB/T 8428 的规定。

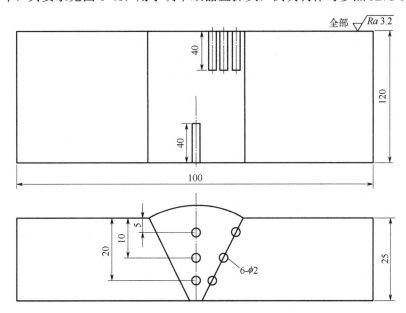

图 6-40　奥氏体不锈钢对接焊缝对比试块

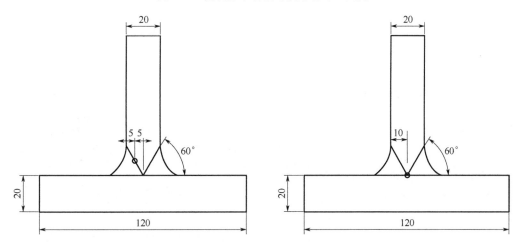

图 6-41　奥氏体不锈钢 T 形焊缝对比试块

其孔为 $\phi 2 \times 40$ 长横孔，分别在角焊缝试板两端，一端对应焊缝顶部中心和坡口熔合线中心，
另一端对应焊缝顶部中心和顶部熔合线钢板厚度位，其翼板厚度可与工件实际厚度相同

（3）探头、仪器的调节

① 纵波斜探头的调节。

a. 先采用 CSK-IA 探伤试块，测量探头的前沿。

b. 通过对接焊缝对比试块的 20mm 深度的孔测量折射角。

c. 再通过对比试块的 10mm 和 20mm 深度的孔调节声程比例，主要为零点和声速同时调整，获得时基线为深度 1∶1。

d. 制作 5mm、15mm、20mm 深度的横孔（图 6-40 试块中的中心孔）DAC 灵敏度曲线。

e. 耦合补偿 4dB，评定线提高 6dB，检测时一共增加增益 10dB，按 $\phi2 \times 40\text{-}6dB$ 的评定线进行检测。

② 双晶直探头的调节。

a. 在 T 形对比试块的翼板上采用一次波和二次波进行深度 1∶1 调节。

b. 在如图 6-41 试块（翼板同实际工件厚度更好）上对横孔进行灵敏度调节，或制作成 DAC 曲线。其结果将 $\phi2 \times 40$ 的横孔调节在屏幕的 80% 波高左右。

c. 将增益增加 6dB，按 $\phi2 \times 40\text{-}6dB$ 的评定线进行检测。

③ 爬波探头的调节。

a. 采用图 6-40 试块边沿调节水平 1∶1（采用 20mm、30mm）。

b. 采用图 6-40 试块 5mm 深度 $\phi2 \times 40$ 的横孔调节 DAC 曲线，至少包括 20mm、25mm、30mm、35mm 的水平位置。

c. 将增益增加 6dB，按 $\phi2 \times 40\text{-}6dB$ 的评定线进行检测。

（4）检测时注意事项

纵波斜探头应在腹板两侧按 NB/T 47013.3—2015 第 6.3.9.1 的四种基本模式进行扫查；双晶直探头应在翼板焊缝位置保证晶片分割线与焊缝方向一致，垂直焊缝方向扫查；爬波探头应在腹板两侧沿焊缝方向扫查（距离焊缝边沿 20～30mm）；扫查速度不超过 100mm/s。

（5）检测结果

经过对全部构件的检测，发现 178 处超标缺陷，发现缺陷经解剖都得到了验证（图 6-42、图 6-43），主要存在气孔和未熔合缺陷，气孔主要出现在打底焊道中，未熔合出现在填充焊道中。检测结果证明此方案确实可行，完全满足设计要求，所检结果得到了各方的一致认可。

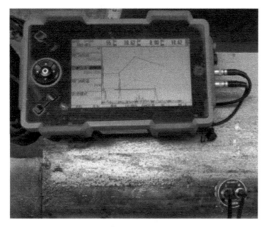 

(a) 未熔合反射波形　　　　　　　　　　　(b) 钢梁端面未熔合缺陷宏观图片

图 6-42　双晶直探头检测结果

(a) 连续气孔反射波形

(b) 焊缝剖开后链状气孔缺陷

图 6-43　纵波斜探头检测结果

（6）结论

江门中微子不锈钢网壳制作焊缝的检测，通过对纵波探头的选择和 T 形对比试块的制作，在检测过程中较好地达到了检测目的，尤其是实现了对 T 形焊缝的检测，证明了奥氏体不锈钢 T 形焊缝超声波检测是可行的。此次检测的实施为奥氏体不锈钢结构焊缝的检测提供了成功范例和有益参考。

6.2　工程事故实例分析

在钢结构工程中，其结构破坏或失效的种类大约有以下五种，即：塑性破坏、脆性破坏、疲劳破坏、腐蚀破坏和蠕变破坏。其中，由疲劳破坏引发的工程事故，占工程事故总量的70%～90%，但由于疲劳事故的发展需要较长的时间，因此，由此造成重大伤亡或财产损失的事故较为少见。相反，脆性破坏由于其突发性和不可预测性，往往易于引发灾难性事故。而由腐蚀或蠕变造成的建筑钢结构工程失效的实例较少。

下面，就建筑钢结构工程中较为常见的，由脆性破坏、塑性破坏及疲劳破坏引发的工程失效实例，进行简单的分析。

6.2.1　脆性破坏

6.2.1.1　特征

① 断裂一般都在没有显著塑性变形的情况下发生，具有突然破坏的性质。

② 破坏一经发生，瞬时就能扩展到结构大部分或全体，因此，脆性断裂不易发现和预防。

③ 结构在破坏时的应力远远小于结构设计的许用应力。

④ 通常在较低温度下发生。

⑤ 脆性断裂和断口形貌特征：断裂平面一般近似垂直于板材表面，塑性变形很小，其厚度减少一般不超过 3%，断口一般是发亮的晶粒断口，断口上常有人字纹或放射状花样，见图 6-44、图 6-45。

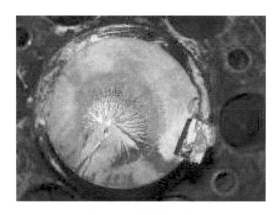

图 6-44　脆性断口（一）

图 6-45　脆性断口（二）

6.2.1.2　影响因素

（1）应力状态

表示应力状态软硬程度的公式为

$$\alpha = \frac{T_{max}}{\sigma_{max}}$$

式中　　σ_{max}——主平面作用最大正应力；

　　　　T_{max}——与主平面成 45°角的平面上作用的最大切应力。

若 $T_{max} \geqslant \sigma_{max}$，称为"软性"应力状态，一般发生塑性破坏；若 $\sigma_{max} \geqslant T_{max}$，称为"硬性"应力状态，一般发生脆性破坏。实验证明，许多材料处于单向或双向拉应力时，呈现延性；当处于三向拉应力时，呈现脆性。而在实际工程中，缺欠，特别是表面开口缺欠是造成三向力和应力集中的主要部位，也是引发脆性破坏的主要原因。

（2）温度

任何金属材料都有两个强度指标——屈服强度 R_{el} 和抗拉强度 R_m，抗拉强度 R_m 随温度变化很小，而屈服强度 R_{el} 却对温度变化十分敏感。当 $R_m > \sigma_s$ 时，材料表现为韧性断裂；当温度低于韧脆转变温度 T_K 时，若对材料施加载荷，在破坏发生前只产生弹性变形，不会产生塑性变形，故此时材料表现为脆性断裂。所谓韧脆转变温度 T_K 表示的是材料从韧性状态向脆性状态转变的温度。一般情况下，只有体心立方和密集六方晶格的金属及其合金才有低温脆性，面心立方晶格金属或合金，如奥氏体不锈钢则没有低温脆性。如图 6-46 所示为应力-温度关系曲线。

（3）加载速度

提高加载速度能促进材料脆性破坏，其作用相当于降低温度。

（4）材料状态

① 厚度的影响：脆性转变温度随板厚的增加而增加。

② 冶金因素：钢材生产过程的压延量及轧制终了温度影响组织的晶粒度和均匀程度，最终影响脆性断裂的开始强度。一般情况下，压延量越大，轧制终了温度越低，钢材的组织晶粒度越粗，韧脆转变温度越低。

③ 化学成分的影响：碳、氮、氧、硫、磷可增加钢的脆性；锰、镍可以改善钢的脆性，降低韧脆转变温度；钠、钛有助于减少钢的脆性。

如图 6-47 所示为脆性断裂开始温度-板厚关系曲线；如图 6-48 所示为脆性转变温度 $-d^{-\frac{1}{2}}$ 关系曲线（d 为晶粒度）；如图 6-49 所示为脆性转变温度-合金元素含量关系曲线。

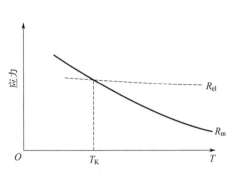

图 6-46　应力-温度关系曲线

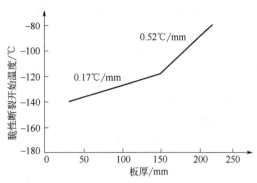

图 6-47　脆性断裂开始温度-板厚关系曲线

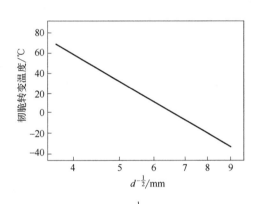

图 6-48　脆性转变温度 $-d^{-\frac{1}{2}}$ 关系曲线（d 为晶粒度）

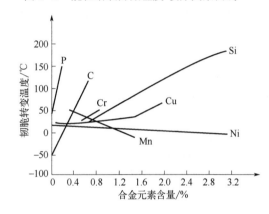

图 6-49　脆性转变温度-合金元素含量关系曲线

（5）焊接结构特点和工艺

① 焊接结构特点的影响：

a. 焊接结构比铆接结构刚度大；

b. 焊接结构比铆接结构整体性强。

因而焊接结构更易产生脆性破坏。

② 焊接工艺特点的影响：

a. 由冷加工引起的冷作应变和焊接工艺引起的应变时效是提高材料韧脆转变温度的主要原因之一；

b. 一般情况下，随着焊接热输入的增加，材料的韧脆转变温度相应提高。

③ 焊接缺陷的影响：焊接缺欠是造成应力集中的主要原因，特别是裂纹、未熔合、未焊透这类面积形缺欠，其应力集中系数远大于气孔、夹渣类的体积形缺欠，对结构产生脆性破坏的影响力也更大。尤其是当缺欠位于高值拉应力区时，易于引发超低应力脆性破坏。

④ 焊接残余应力的影响：当工作温度高于材料的韧-脆转变温度时，拉伸残余应力对结构强度无影响；但当工作温度低于韧-脆转变温度时，拉伸应力将与工作应力叠加，在外加载荷很低时，可引起脆性破坏，即所谓的低应力破坏。

6.2.1.3　预防措施

① 材料选择：在经济合理的前提下，尽量选择韧塑性好的材料。

② 焊接结构设计：尽量减少结构或接头部位的应力集中和结构的刚度，重视附件或不受力焊缝的设计。

③ 制造工艺：要充分考虑冷热加工所引起的钢材应变时效，适当提高母材与焊材的屈服强度，减少焊接热输入量，必要时采用热处理工艺。

6.2.1.4　实例分析

（1）实例一

① 工程概况。某运动场，主体结构为钢结构，钢结构总吨位约 3.5 万吨。观众看台为钢框-核心筒结构，能容纳近四万名观众。罩棚为桁架钢结构，用钢量近 1 万吨。高空俯视建筑造型为一条飘逸的白色哈达，罩棚东西长 600 余米，其中东侧悬挑端 90 多米，西侧最大跨桁架净距 129m。工程使用钢材种类主要为 Q345B、Q345GJC，此外还有少量铸钢（支座）和 Q345D 板材，板厚范围 8～80mm。现场安装主要采用焊接方法：手工电弧焊、实心焊丝 CO_2 气体保护焊、药芯焊丝 CO_2 气体保护焊。施工工期为 5 个月，工程所处地点，冬季最低温度零下 30℃左右。

② 事故经过。工程竣工初期，在罩棚卸载过程中曾发生悬挑梁主焊缝开裂事故，后经简单修复即交工验收，并未认真分析产生原因，从根本上解决问题。交工验收后大约一个月，罩棚悬挑结构部分垮塌。事故发生于夜间，当时环境温度大约为零下 25℃左右，并伴有瞬间八级以上大风。

③ 现场图片如下。

a. 工程效果图（图 6-50）。

图 6-50　工程效果图

b. 施工过程中（图 6-51）。

c. 事故现场（清理后）（图 6-52）。

d. 施工质量（图 6-53～图 6-55）。

e. 断口形貌（图 6-56）。

图 6-51　施工过程中

图 6-52　事故现场（清理后）

图 6-53　根部未焊透

图 6-54　错边

图 6-55　塞钢筋

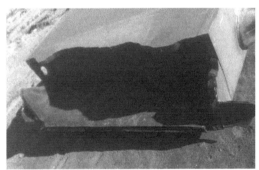

图 6-56　断口形貌

④ 原因分析。

a. 应力状况极为不利：首先，设计上采用了大跨距悬挑结构，最大悬挑长度为 90 多米，最大柱间距为126m；其次，焊接质量极差，焊缝中存在大量表面及内部缺陷，为应力集中及三维应力的生成提供了基本条件；另外工程大量采用厚板结构，增加了结构整体的拘束度。

b. 环境条件苛刻：事故发生时，当地环境温度为零下 25℃，且伴有大风。

c. 事故特征及断口形貌：垮塌事故于瞬间发生，大部分断口位于焊缝附近，且断口平整，无明显塑性变形。

综上所述，可以判定事故的性质为脆性破坏。事故发生的直接原因，应为不合理的工期要求，以及工程管理混乱，导致工程质量严重失控，加之相关质量检测人员严重失职，致使大量"假焊""虚焊"焊缝未检查出来，并让工程通过质量验收，最终导致灾难性事故的发生。

（2）实例二

① 工程概况。北京某商务广场占地面积 3 万平方米，地上建筑面积 14.4 万平方米。由四座钢筋混凝土塔楼（A、B 和 C、D）和罩于其上的环保罩组成。如图 6-57 所示高塔和低塔地上高度分别为 78m 和 41.7m；环保罩由四周侧罩和支撑于塔楼顶层柱上的顶罩组成。顶罩是一个刚性整体，四周设缝与侧罩分开，顶罩沿东西和南北两个方向分别倾斜 27.3°，其三维模型见图 6-58 所示。

图 6-57　工程全景

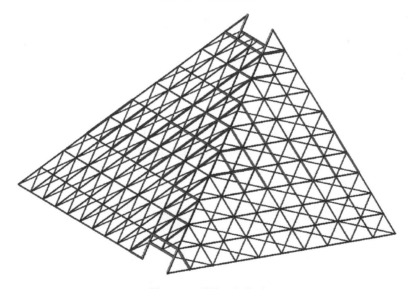

图 6-58　顶罩三维模型

顶罩是由正交加斜交的交叉梁组成的空间结构体系，通过上端铰接、下端固定的钢管柱支撑于塔楼层面上。铰接处采用铸钢支座，铸钢支座数量为 116 个。

② 事故经过。2009 年底至 2010 年初的冬季，发现支撑顶罩的 116 根钢管中有 23 根出现裂纹。具体分布位置见图 6-59 所示。据现场人员描述，事发过程伴有巨大声响，并从裂纹扩展处有大量高压水喷出。

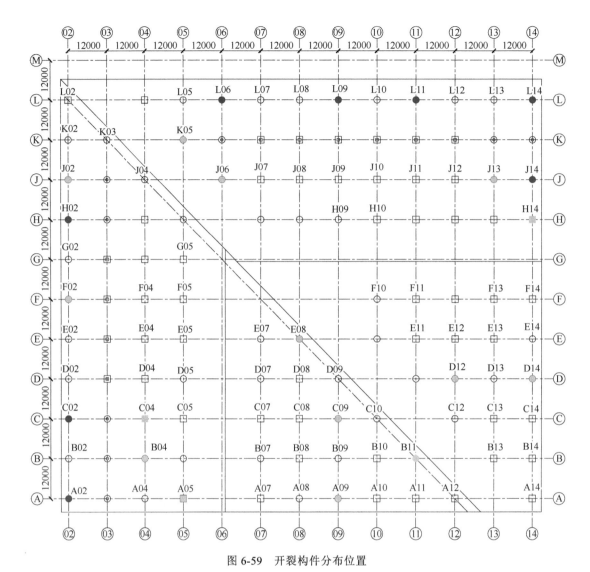

图 6-59　开裂构件分布位置

■● 表示柱体及支座均发生开裂的钢管柱；　□◒ 表示仅柱体发生开裂的钢管柱

③ 现场图片如图 6-60 所示。

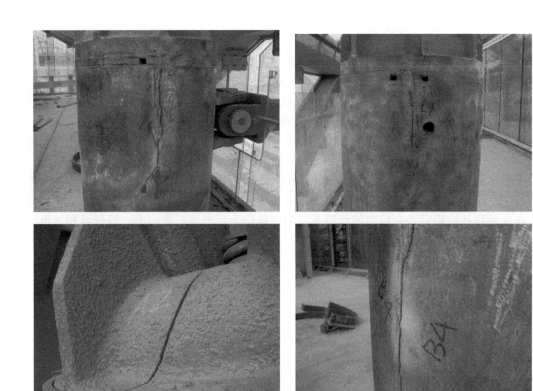

图 6-60　现场图片

④ 原因分析。事故的性质应为脆性破坏，其产生的原因如下。

a. 节点构造示意如图 6-61 所示，支撑钢管与铸钢支座环焊缝及插入焊缝存在大量焊接缺陷，特别是设计要求熔透的插入焊缝基本没有焊透，有些熔透深度只达到设计要求的 30%。

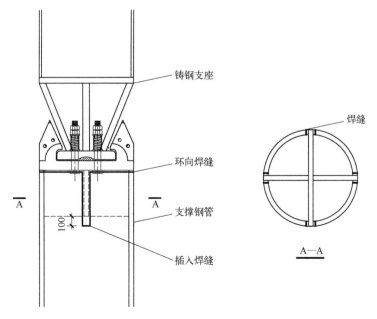

图 6-61　节点构造示意

b. 由于各种原因造成工期严重滞后，导致焊接工程的施工周期横跨雨季和冬季。雨季施工时未采取有效防护措施，导致大量雨水沿铸钢支座与支撑钢管的连接螺栓的螺栓孔渗入钢管内。

　　c. 未按设计要求将支撑钢管内部注满混凝土。

　　d. 未采取措施在冬季来临前将支撑钢管内的雨水排出。

　　由于存在上述工艺失误及焊接缺陷，当冬季来临时，在低温、水变冰的膨胀应力和焊接缺陷产生的应力集中的共同作用下，导致脆性破坏的发生。

　　虽然冰的线性膨胀系数只有 4% 左右，远小于钢材 20% 的延伸率，通常情况下其产生的应力应变不足以造成危害性的破坏。但正如前文所述，随着环境温度的降低，特别是当焊缝中存在大量焊接缺陷时，在应力的作用下，会在缺陷附近产生三维应力，而低温和三维应力都是导致金属材料变脆的主要原因。

6.2.2　疲劳破坏

6.2.2.1　基本概念

　　材料在交变载荷的作用下，产生断裂或损坏称作疲劳。疲劳强度则是指材料抵抗外加循环载荷作用而不产生裂纹或无裂纹扩展的能力。一般疲劳分为高周和低周疲劳，高周疲劳是指疲劳寿命超过 1×10^5 次，反之则称为低周疲劳。

6.2.2.2　特征

　　① 疲劳断裂是低应力下的破坏。

　　② 疲劳破坏宏观上无塑性变形。

　　③ 疲劳破坏对材料的缺陷非常敏感，且几乎总是在材料表面的缺陷处发生。

　　④ 破坏发生的过程相对缓慢，一般经过疲劳裂纹形成、疲劳裂纹扩展及疲劳裂纹断裂三个过程。如图 6-62 所示是典型的疲劳裂纹。

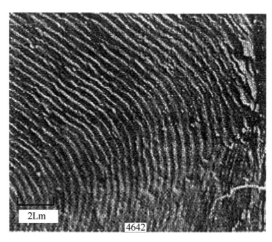

图 6-62　典型的疲劳裂纹

6.2.2.3　影响因素

　　（1）应力影响

　　大量的试验数据表明，应力或应力集中对疲劳寿命的影响非常明显。焊缝应力集中对疲劳寿命的影响如图 6-63 所示。

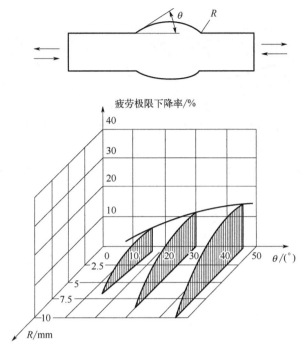

图 6-63　焊缝应力集中对疲劳寿命的影响

　　表 6-13 给出的是不同接头形式及工艺方法引起的应力集中对疲劳寿命的影响。

　　焊接缺陷对疲劳强度的影响，与缺陷的性质和所处位置有很大的关系。一般平面缺陷（裂纹、未焊透、未熔合）比体积缺陷（气孔、夹渣）造成的应力集中更大，对疲劳强度的影响也更大。表面缺陷比内部缺陷的影响大。

表 6-13　不同接头形式及工艺方法引起的应力集中对疲劳寿命的影响

接头形式	母材	对接接头			（十字）T 形接头				搭接接头					
		加工后去除余高	余高为 2mm	余高为 5mm	不开坡口	开坡口焊缝	开坡口焊透并加工焊趾平滑过渡	只有侧面角焊缝	正面角焊缝焊脚尺寸比为 1∶1	正面角焊缝焊脚尺寸比为 1∶2	正面角焊缝焊趾加工成圆滑过渡	正面角焊缝焊脚尺寸比例为 1∶3.8，并且加工焊趾成圆滑过渡（盖板加厚 1 倍）	加强盖板对接	铆接
抗弯强度/抗拉强度/%	100	100	98	68	53	70	100	34	40	49	51	100	49	65

　　（2）近缝区金属性能变化的影响

　　试验表明，由焊接热输入引起的焊接热影响区的化学成分、金相组织和力学性能变化，对材料的疲劳强度影响不大，只有当热输入量非常大时，才会由于焊接热影响区对应力集中敏感性降低，而使其疲劳强度高于母材。

　　如图 6-64 所示为不同材料焊接试件和母材疲劳强度对比试验。

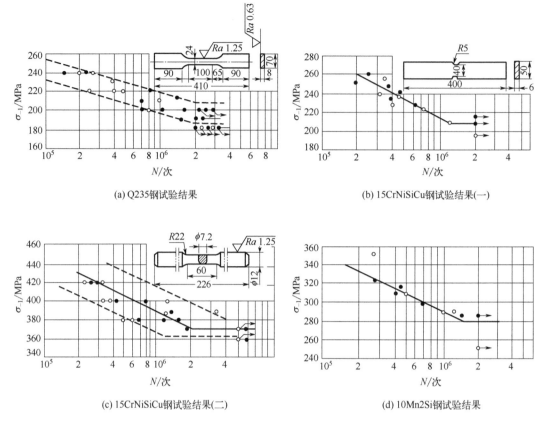

图 6-64　不同材料焊接试件和母材疲劳强度对比试验

（3）残余应力的影响

焊接残余应力对材料疲劳强度的影响比较复杂。一般情况下，残余应力为拉应力时，会降低材料的疲劳强度，而残余压应力则相反。

（4）其他因素

通常在没有缺欠或结构几何变形所造成的应力集中条件下，材料的疲劳强度与材料的屈服强度成正比，与结构尺寸的大小成反比。

6.2.2.4　预防措施

（1）降低应力集中

采用合理的焊缝外观尺寸和结构形式可减少应力集中，提高疲劳强度。如尽量减小焊缝余高，对焊缝的焊趾部位进行打磨，消除咬边等缺欠，必要时将余高磨平等措施，可有效地提高焊接接头的疲劳强度。对于结构件，则应尽可能保证其主应力方向上没有几何突变，图 6-65、图 6-66 给出了一些典型构件的对比实例。

另外，应尽量控制和减少焊缝内部缺陷，特别是裂纹、未焊透及未熔合等面积型缺陷。

（2）消除或调整残余应力

残余应力对材料或结构的疲劳强度影响比较复杂。在实际工程中应对承受重级疲劳载荷的构件采取相应的措施，如消除拉伸残余拉应力，增加应力集中处的残余压应力。消除残余应力的主要方法是进行局部或整体热处理。而调整残余应力或应力场，一般采用锤击或表面喷丸处理方法。

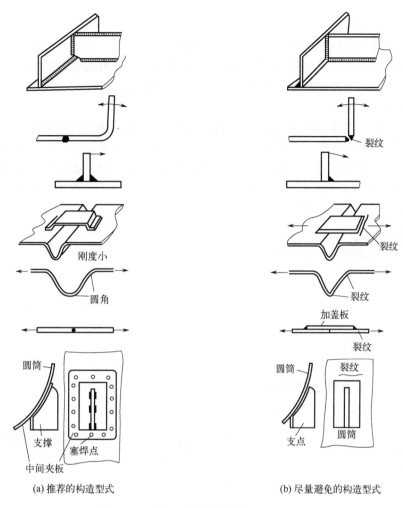

(a) 推荐的构造型式　　　　　　　　　　　　(b) 尽量避免的构造型式

图 6-65　降低应力集中的构造设计（一）

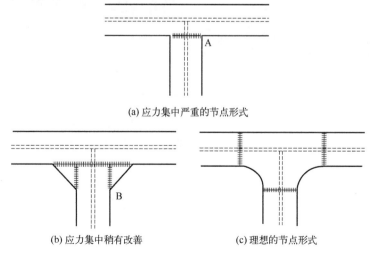

(a) 应力集中严重的节点形式

(b) 应力集中稍有改善　　　　　　　　　(c) 理想的节点形式

图 6-66　降低应力集中的构造设计（二）

6.2.2.5　实例分析

由于疲劳损伤需要较长的时间累积，过程缓慢，人们总能在其发展过程中发现并对其进行纠正和修复。因此，在现实社会中很少有由于疲劳破坏而引发的灾难性工程事故。若工艺措施不当，会由于疲劳裂纹频发，导致维护与修复成本过高。

（1）试验实例

① 桥梁 U 肋：为增加桥梁的刚度，目前国内外大多数公路或铁路钢桥，均采用的焊接方法是在其桥面板下沿纵向，即桥梁的长度方向加设 U 形加劲肋。其焊接接头形式有两种：一种采用单面坡口局部熔透，熔透深度一般焊漏不低于 U 肋板厚的 80%，但不允许焊漏，也是目前国内外较为常用的接头形式；另一种则是采用双面熔透焊。两种接头形式及疲劳裂纹产生的位置见图 6-67～图 6-69。

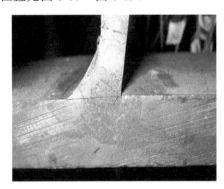

图 6-67　单面焊缝横断面内侧疲劳裂纹

(a) 内侧　　　　　　　　(b) 外侧

图 6-68　双面焊缝横断面

图 6-69　U 肋单面焊缝结构疲劳裂纹

从图 6-67～图 6-69 中裂纹发生的部位可以看出，裂纹主要发生于焊趾及未熔合等应力集中较大的接头位置。进一步的试验统计分析表明，在单面局部熔透的接头形式中，疲劳裂纹多产生于焊缝根部未熔透部位。而对于双面焊接接头，其裂纹发生的位置为内外焊缝的焊趾处。

② 承受疲劳载荷的焊接球节点网架：焊接球节点网架结构常用于大跨度结构，如体育场馆、飞机维修机库等。飞机维修机库由于工作性质决定，需

用吊车，因此，此类网架结构通常承受轻度疲劳载荷。实际工程中，为满足设计要求的接头力学性能，可采用两种接头形式：一种为球管节点间预留间隙，加衬管；另一种为球管节点间不留间隙，两种接头的焊接坡口组对形式见图6-70。

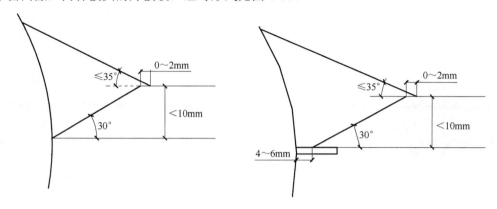

图 6-70 两种接头的焊接坡口组对形式

　　两种节点形式各有优缺点。预留间隙，加衬管的节点形式，施工中焊缝根部质量有保证，不易产生根部未焊透或未熔合等缺陷，但组装工艺相对复杂，特别是对衬管的组装，对焊缝的焊接质量要求高，因而导致工作效率低；而采用球管节点根部不留间隙的方式，其效果与前者正相反。但通过大量试验表明，无论采用何种接头形式，其疲劳裂纹的产生均位于球管焊缝靠管一侧的焊趾处（图 6-71、图 6-72）。这表明在焊接球管节点的这种特殊结构中，焊缝表面焊趾引起的应力集中，对疲劳寿命的影响远大于球管节点内侧少量未焊透缺陷所产生的影响。

图 6-71 疲劳试件

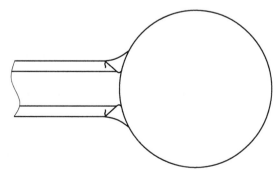

图 6-72 疲劳裂纹示意

（2）工程实例
　　如图 6-73 所示为国内某钢结构公路桥梁在焊缝附近产生疲劳裂纹的实物照片。

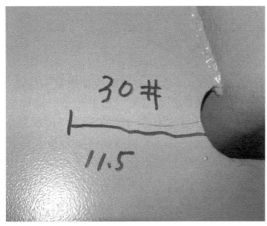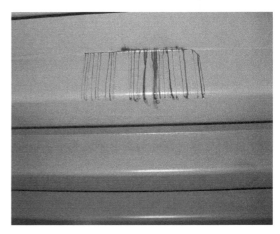

图 6-73　国内某钢结构公路桥梁在焊缝附近产生疲劳裂纹的实物照片

6.2.3　塑性破坏

与脆性和疲劳破坏相比，塑性破坏产生机理、特征、影响因素和预防措施相对简单、鲜明。塑性破坏发生均伴随着构件较大的塑性变形，其产生的主要原因是设计不合理或施工措施不当而导致结构失稳。因此，避免塑性破坏事故的发生，首先要从设计入手，在保证构件强度的同时，应关注施工安装过程中构件的稳定性。对于在安装过程中由于结构构造或气候原因可能引发的失稳事故要有充分的认识，施工方应编制详细的施工方案，并报设计审批。

以下是一些发生塑性破坏事故的工程实例。

（1）由设计、施工原因引发的工程事故

如图 6-74、图 6-75 所示为北京某工程施工过程中发生的塑性破坏事故现场。该工程为一个会议中心，其最大跨度为 26.5m，采用钢框架结构，顶部 14 榀高 1.8m，跨度为 26.5m 工字形实腹梁。

事故发生的主要原因是工程施工前期设计方及施工方对工程特点认识不足，工作不细致，且缺乏沟通。在明知大型实腹梁自身稳定性差的前提条件下，施工方没有编制详细且贯穿始终的施工方案。施工过程中，在未经效核、批准，也没有采取其他临时措施的情况下，施工方擅自拆除阻碍组合楼板安装的临时支撑，导致事故发生。

图 6-74　北京某工程施工过程中发生的塑性破坏事故现场（一）

图 6-75　北京某工程施工过程中发生的塑性破坏事故现场（二）

（2）由气候因素引发的工程事故

在单层工业厂房的施工过程中，较为常见的塑性破坏事故多为结构失稳。其发生的主要原因看似由于天气原因所致，如大风，特别是偶发性阵风，但大数情况下仍与施工方措施不到位有很大的关系。此类事故往往产生连锁反应，造成如图 6-76、图 6-77 所示的大面积结构倒塌的场面。

图 6-76　杭州萧山某工程事故的现场照片

图 6-77　山东兖州某工程事故的现场照片

参 考 文 献

［1］2021 钢结构发展蓝皮书. 中国钢结构协会，2021.

［2］段斌，马德志等. 现代焊接工程手册：结构卷. 北京：化学工业出版社，2016.

［3］段斌. 国内建筑钢结构工程焊接质量控制的现状. 钢结构，2012（3）：54-57.

［4］段斌. 我国建筑钢结构焊接技术的发展现状和发展趋势. 焊接技术，2012（5）：1-7.

［5］刘景凤，马德志. 国内建筑钢结构焊接技术的现状与展望. 中国焊接装备高峰会议，2010.

［6］周文瑛等. 建筑钢结构焊接工程施工综合技术. 北京：建筑工业出版社，2011.

［7］朱爱希. 国内外相关钢焊缝超声波检验标准的研究. 金属加工，2008（10）：46-52.

［8］贾安东. 焊接结构与生产. 北京：机械工业出版社，2007.

［9］王吉会. 材料力学性能. 天津：天津大学出版社，2006.

［10］Structure Welding Code-Steel. AWS D1.1.

［11］Welding Inspection（WIS5）. TWI Ltd，Training and Examination Services.

［12］Qualification Testing of Welders. ISO 9606.

［13］马德志，马志新，申献辉，等. 陶瓷衬垫在焊接中的应用. 中国钢协钢结构焊接协会第二届学术年会论文集，2005（8）：317-321.

［14］马德志，申献辉，王庆鹏. 欧洲焊接技术规范在建筑钢结构中的应用. 2006 钢结构焊接国际论坛论文集，2006（5）：210-217.

［15］陈伯蠡. 焊接工程缺欠. 北京：机械工业出版社，2006.

［16］张迪等. 机器人焊接技术在钢结构行业的应用. 焊接，2019（7）：15-20.

［17］国际焊接学会（IIW）2020 研究进展. 中国机械工程学会. 2020.

［18］钢结构焊接标准. GB 50661.

［19］钢结构焊接从业人员资格认证标准. T/CECS 331—2021.

［20］钢结构工程施工质量验收标准. GB 50205—2020.